Das Remstal

Helmut Bauer

(überarbeite Version)

IMPRESSUM

Das Remstal
von Helmut Bauer

Autor: Helmut Bauer Mitarbeit: Ulrich Bauer
Wiesenstraße 11, 73650 Winterbach

ISBN 978 9 46 318610 0

Vonjournalisten.de

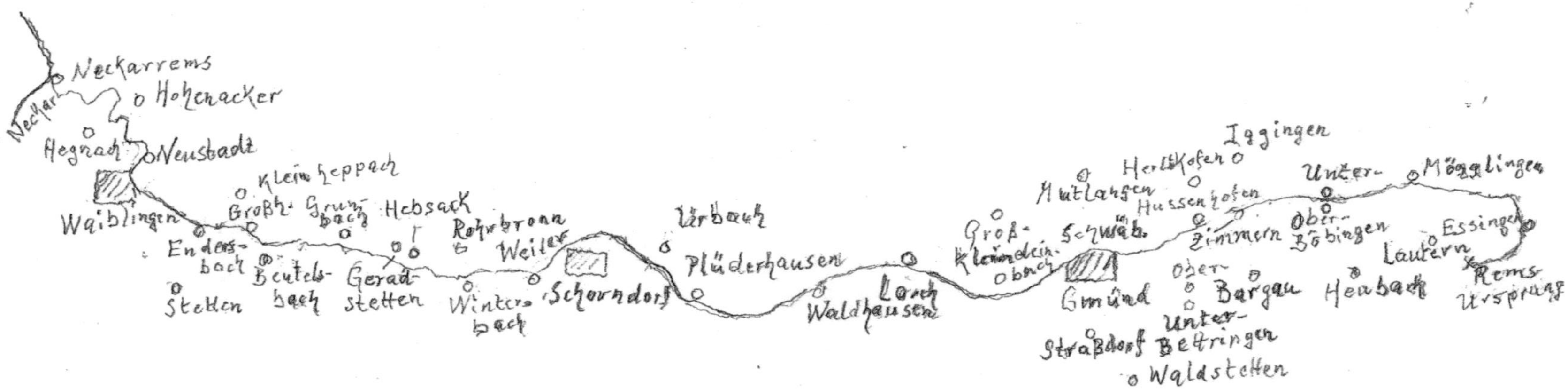
Neckar
Neckarrems
Hohenacker
Hegnach
Neustadt
Waiblingen
Kleinheppach
Großh.
Grunbach
Hebsack
Endersbach
Beutelsbach
Geradstetten
Stetten
Rohrbronn
Weiler
Winterbach
Schorndorf
Urbach
Plüderhausen
Waldhausen
Lorch
Groß-
Kleindeinbach
Schwäb.
Gmünd
Mutlangen
Herlikofen
Iggingen
Hussenhofen
Zimmern
Unter-
Ober-
Böbingen
Mögglingen
Essingen
Lautern
Heubach
Bargau
Ober-
Unter-
Bettringen
Straßdorf
Waldstetten
Rems-
Ursprung

Es war zunächst nur eine Erinnerung. Ein vergessenes Manuskript von Helmut Bauer. Doch dann suchten wir es, scannten es ein, schossen Fotos, ergänzten, strichen, recherchierten, bearbeiteten es in jeder Hinsicht und brachten es möglichst behutsam auf den Stand der Zeit - nach bestem Wissen und Gewissen. „Das Remstal" ist auf diese Weise ein Konglomerat verschiedener Anstrengungen geworden. Am Ende soll es als Buch der Öffentlichkeit übergeben sein. Es ist ein geologisch geschärfter Blick auf die unmittelbare Umgebung. Eine liebevolle Betrachtung. In dieser Umsetzung einmalig. Es mag genauere Betrachtungen und Analysen einzelner Orte und Phänomene geben. Unsere Überschau in dieser Form freilich versucht, das Ganze auf eigene Art fassbar zu machen.
Zur Hälfte ist dies Remstal im Großraum Stuttgart verankert, der ja seine wirtschaftliche Prosperität so gerne loben lässt. Zum anderen Teil fällt es aus diesem Raster und geht Spuren nach, die für alle erkennbar sind, - ob wirtschaftlich erfolgreich oder nicht.

Helmut und Ulrich Bauer

I. Erd- und Landschaftsgeschichte

I. Erd- und Landschaftsgeschichte

1. Das Gewässer der Rems

Die Gesamtlänge der Rems beträgt 82 km, ihr Einzugsgebiet umfasst 580 Quadratkilometer. Ein Drittel des letzteren ist bewaldet. Der Oberlauf des Flusses weist bis Schwäbisch Gmünd ein durchschnittliches Gefälle von 1 %, ab jener Stadt ein solches von 1,5% auf. Gegen 50 Bäche führen ihr Wasser der Rems zu. Sie alle kommen von verhältnismäßig hoch gelegenen Gebieten des Schwäbisch - Fränkischen Waldes im Norden und der Voralb bis Alb, sowie dem Schurwald aus dem Süden. In diesen Gebieten fallen reichlich Niederschläge, die im Schnitt pro Jahr bis 1000 mm und sogar darüber liegende Gesamtsummen erreichen können.
Da die relativ hohen Niederschläge in nicht geringem Ausmaß über Waldgebieten niedergehen, erfolgt die Abfuhr des Wassers mit einer gewissen Verzögerung, doch kann sie bei starken und anhaltenden Regengüssen eine erhebliche Steigerung hinsichtlich Menge und Abflussgeschwindigkeit erfahren, wodurch es an der Rems selber zu großen Überschwemmungen kommen kann.

2. Erdgeschichtliche Gliederung

Die Rems durchfließt auf ihrem Weg vom Ursprung bis zur Mündung drei wichtige geologische Schichtsysteme:

den Jura
den Keuper
den Muschelkalk

Diese drei Hauptschichten gehören dem Erdmittelalter an, das an seiner Basis noch dem Buntsandstein und in seiner obersten Partie die Kreide anstehen hat.
Da jedoch beide Schichtkomplexe in unserem Gebiet nirgends unmittelbar anzutreffen sind, werden sie in unserer Beschreibung nur am Rande behandelt. Nicht vergessen werden darf aber die Erdneuzeit, die von Tertiär und

Quartär repräsentiert wird, da in diesem Zeitraum insbesondere wichtige Formungsprozesse der Erdoberfläche vonstatten gingen.

3. Perm und Buntsandstein

Unsere Geschichte beginnen wir mit dem Perm, das sich aus Rotliegendem und Zechstein zusammen setzt. Im Rotliegenden wurde Südwestdeutschland von Südwesten in Richtung Nordosten von mehreren Schwellen und Trögen durchzogen; südlich der Donau bildete sich die ausgedehnte Vindelizisch - Böhmische Schwelle heraus, die bis an die heutigen Alpen heranreichte. In der Zechsteinzeit schob sich von Norden her ein Meer bis in den nördlichen Teil unseres Gebietes vor, doch war dieses ungewöhnlich flach und hinterließ deshalb nur wenig nennenswerte Ablagerungen.
In der Buntsandsteinzeit änderte sich die erdgeschichtliche Situation wesentlich. Es begann sich nämlich ein ausgedehntes Becken nördlich der Vindelizisch-Böhmischen Schwelle oder Masse zu entwickeln, das wir bereits jetzt als "Germanisches Becken" bezeichnen wollen. Das Zechsteinmeer war inzwischen verschwunden und das gesamte große Becken landfest geworden.
Das Germanische Becken wurde im Südosten von der bereits mehrfach genannten Vindelizisch-Böhmischen Masse und im Westen von der Gallisch-Ardennischen Masse begrenzt. Beide Landmassen stellten im Vergleich zum Germanischen Becken Hochländer dar, die während der Buntsandsteinzeit ihre Verwitterungs- und Abtragungsprodukte in das große Becken schütteten. Das Klima war allerdings im wesentlichen warm und auch trocken, sodass die Landschaft gebietsweise fast wüstenartigen Charakter annahm. In den randlichen Hochgebieten scheinen aber mindestens zeitweise größere Regenmengen niedergegangen zu sein, die das Verwitterungsmaterial über Flüsse und Bäche dem großen Becken zuführten. Im großen und ganzen bestand dieses aus Sand verschiedener Korngröße und Ton, aus denen später die bekannten, jedoch mehr oder weniger festen rotbraunen Sandsteine gebildet wurden.

4. Muschelkalk

Eine neuerliche wichtige Wende im Erdgeschehen ergab sich im Muschelkalk-Zeitalter. Während das Südmeer, die sogenannte Tethys, im Germanischen Becken zur Buntsandsteinzeit keinen Eingang fand, gelang ihm in der nachfolgenden Muschelkalkperiode der erfolgreiche Vorstoß über die Oberschlesische Pforte in jenes Becken, das es nun mit salzhaltigem - salinarem - Meerwasser erfüllte. Zunächst freilich blieben die Salze in Lösung, doch als die Konzentration der im Wasser gelösten Stoffe zunahm, wurden diese in einer ganz bestimmten Reihenfolge nacheinander aus jenem ausgeschieden: Zuerst wurden die Karbonate Calcit und Dolomit ausgefällt, die sich ihrerseits mit dem vorhandenen Ton verbanden und auf diese Weise den Mergel hervorbrachten.

Als sich aber in der Oberschlesischen Pforte eine untermeerische Schwelle wieder hob, wurde die Verbindung zwischen Germanischem Becken und Tethys weiter eingeengt. Das oberflächennahe leichtere Meerwasser vermochte zwar noch den Austausch zwischen Becken- und Tethyswasser aufrecht zu erhalten, das tiefere und konzentriertere Salzwasser wurde jedoch durch die Schwelle an demselben Austausch gehindert. Daraufhin wurde aus der Lösung Gips ausgeschieden, dem sich der eng verwandte Anhydrit anschloss. Fast gleichzeitig gesellte sich zu den beiden das wohlbekannte Steinsalz. Zu einer letzten Salzausfällung in Gestalt von Edelsalzen kam es dann offenbar nicht mehr, vielmehr scheint sich eine neue Verbindung zum Südmeer über die Burgundische Pforte ergeben zu haben, die das Beckenwasser wieder zu einer normalen Salzkonzentration zurückführte.

Diese Vorgänge spiegeln sich in der Schichtenfolge vom Unteren über den Mittleren zum Oberen Muschelkalk wider. Untere Schichten: Kalke, Dolomite und Mergel; Mittlere Schichten: Gips, Anhydrit und Steinsalz; Obere Schichten: Dolomite und Mergel. Als Klimagang werden bei diesem Prozess warme Temperaturen und relative Trockenheit vorausgesetzt, wobei auch mäßig feuchte Perioden zwischengeschaltet sein können.

Die Tierwelt, die während der Buntsandsteinzeit ein verhältnismäßig kümmerliches Dasein auf dem Festland fristete, erfuhr im Germanischen Beckenmeer einen erheblichen Aufschwung. Die Artenfülle sowohl der Muscheln (200) als auch der ähnlich aussehenden Brachiopoden, der Armfüßer, ist beeindruckend. Im Oberen Muschelkalk traten die berühmten Ceratiten, Vorläufer der überaus artenreichen Ammoniten, auf den Plan. Die Saurier als die bekanntesten Reptilien tummelten sich im Wasser und fühlten sich auch an Land recht wohl.

Dazu gesellten sich die Amphibien, die sogar in beiden Milieus zuhause waren - um nur ein paar wenige, aber wichtige Vertreter der Tierwelt jener Zeit zu nennen.

5. Keuper
Der Keuper spielt im Remstal eine ganz wichtige Rolle, da er ab Mögglingen/Böbingen bis Grunbach/Beutelsbach für die Landschaft und deren Untergrund bestimmend ist. Oberhalb der beiden ersteren Orte behauptet der Jura in seiner schwarzen, braunen und weißen Ausbildung die Vorherrschaft, wogegen im Unteren Remstal zwischen den beiden letztgenannten Orten und Neckarrems der Muschelkalk in den Vordergrund tritt. Erdgeschichtlich gesehen ist in der Keuperzeit das große Germanische Becken erhalten geblieben, doch ergab sich im ganzen genommen insofern eine bedeutsame Wende, als sich der Rückzug des Meeres nach Süden, der bereits im Oberen Muschelkalk eingesetzt hatte, weiterhin fortsetzte. Im Unteren Keuper liegen noch Land und Meer im Kampf um die Vorherrschaft im Germanischen Becken, wobei sich beide in Vorstoß und Rückzug miteinander abwechseln; Aus diesem Grunde ergab sich im sogenannten Lettenkeuper eine überaus bunte Schichtenfolge nicht nur in vertikaler, sondern auch horizontaler Richtung. Sandsteine, Dolomite, Mergel und schiefrige Gesteine halten in dem Schichtenstoß oft nur auf kurze Entfernungen durch.
Mit dem Gipskeuper setzt dann der Mittlere Keuper ein. Wie der Name bereits besagt, kam es in dieser Zeit erneut zu einem zeitweisen Einbruch des Meeres über die Burgundische Pforte von Süden her. Das Wirksamwerden einer Schwelle in jener Pforte verhinderte jedoch den üblichen Austausch zwischen Tethys und Beckenwasser, so dass es im großen Becken zur zeitweisen Eindampfung des Wassers kam.
Durch diesen Vorgang, der schon in der Muschelkalkzeit in ähnlicher Weise vor sich ging, wurden nicht nur Kalk und Dolomit, dem sich im übrigen auch bunte Eisenoxyde anschlossen, sondern auch Gips und Anhydrit ausgefällt.
Über dem Gipskeuper kam es zur Ablagerung von grünen bis braunen feinkörnigen Sandsteinen, dem Schilfsandstein, der eigentümliche Ablagerungsformen aufweist. Diese sind darauf zurückzuführen, dass nicht nur von der Vindelizisch-Böhmischen Masse, also von Südosten her, Abtragungsmaterial in das große Becken geschüttet wurde, sondern solches auch und zwar in wesentlichem Ausmaß von Nordosten vom Fennoskandinavischen Schild her und damit über große Entfernungen hinweg in das Ablagerungsgebiet transportiert wurde. Die Flüsse luden ihre Fracht in Form von deltaartigen Aufschüttungen im Germanischen Becken ab.
Durch diese Art des Materialtransportes seitens der Flüsse trat eine gewis-

se Sortierung desselben dergestalt ein, dass an den Flussmündungen vorwiegend körniger Sand, in den verhältnismäßig ruhigeren Räumen dazwischen jedoch vor allem der feinkörnige Ton abgesetzt wurden. Hierdurch bildeten sich in der Folgezeit bei der eigentlichen Gesteinswerdung zwei verschiedene Schilfsandsteinformen heraus - zwei Faciesarten, wie die Geologen in solchem Falle sagen - nämlich die Flutfacies des körnigen und festen Sandsteins und die Normalfacies des weichen und sehr feinkörnigen Mergelgesteins, das bei der Verwitterung sehr leicht zerfällt.
Über dem Schilfsandstein kam es zur Ablagerung der Bunten Mergel, deren untere und obere Partie durch den harten Kieselsandstein voneinander getrennt werden. Die Unteren Bunten Mergel weisen eine auffallend rote Farbe auf, weshalb man auch bei diesem Schichtkomplex von der "Roten Wand" spricht, wogegen die Oberen Bunten Mergel von einem lebhaft wechselnden Farbspiel beherrscht werden, das über Rotbraun, Violett, Grün bis Grau reicht. Man nimmt deshalb an, dass die roten Mergel, in denen der Tonanteil im Vordergrund steht, unter trocken-warmen Klimaverhältnissen im großen Becken entstanden sind. Allerdings wurde die Trockenheit zeitweise durch mehr wechselfeuchte Perioden abgelöst, so dass in dem tonreichen Ablagerungsmaterial auch das darin enthaltene Eisen mobilisiert wurde.
Durch die Einwirkung sowohl des Luft- als auch Wassersauerstoffes kam es zur Oxydierung und Hydratisierung des Eisens, die die Rotbraunfärbung des ursprünglich dunkelbraunen Eisens bewirkten. Das Germanische Becken wurde aber auch zeitweise von Flüssen überflutet, die nach dem Versiegen immerhin noch lokal begrenzte Seen hinterließen, in denen die Ablagerungsprodukte über einen gewissen Zeitraum hinweg unter Wasserbedeckung blieben. Hierdurch wandelte sich das in Ton und Kalk enthaltene Eisen um, es wurde aus einer höheren in eine niedrigere Eisenform reduziert und führte seine rotbraune in eine vorwiegend grün-graue Farbe über. Bei stärkerem Kalkgehalt des Wassers verschoben sich außerdem die Kalk - Tonanteile in demselben deutlich zugunsten des ersteren, was sich in einer größeren Verfestigung des Gesteins in Form von harten Kalkmergeln niederschlug.
Das Ablagerungsmaterial der Bunten Mergel stammte vor allem von der Vindelizisch-Böhmischen Masse. Von dort wurden aber nicht nur feinkörnige Verwitterungsprodukte in das Germanische Becken transportiert, sondern auch gröberkörnige Sande, die nun in der Folgezeit die Facies des Mittleren Keupers wesentlich bestimmten. Hatte schon der Schilfsandstein

wenigstens teilweise sandigen Charakter angenommen, so galt dies nun von dem Kieselsandstein erst recht. Er schob sich trennend zwischen Untere und Obere Bunte Mergel und bildete so die zweite wichtige Sandsteinschicht innerhalb des Mittleren Keupers. Die bemerkenswerte Härte dieses Gesteins wird von dessen innerem Bindemittel verursacht. Während beim Schilfsandstein die einzelnen Sandkörner vor allem durch Ton untereinander verbunden wurden, trat nun ein anderer "Kitt" in Gestalt von Kieselsäure in den Vordergrund. Unter den warmfeuchten Klimaverhältnissen dieses Zeitraumes gingen im Grundgebirge des Vindelizisch-Böhmischen Landes nicht nur Kalke und Tone in Lösung, sondern zum Teil auch der unter gemäßigtem Klima gegen Verwitterung sehr resistente Quarz. Bei der späteren Verfestigung des abgelagerten Sandes zu Sandstein steuerte der gelöste Quarz als Kieselsäure das notwendige Bindemittel zwischen den einzelnen Körnern bei. Durch Verhärtung der letzteren kam es zur Bildung eines im ganzen überaus festen Sandsteins, der seinen Namen in diesem Fall zurecht trägt. Die rotbraune Farbe des Kieselsandsteines ist ebenfalls auf Mobilisierung und Umwandlung des Eisens in die rote Oxydform des Hämatits Fe203 und die braune Form des Eisenoxydhydrats FeOOH zurückzuführen.
Über den Oberen Bunten Mergeln breitet sich der Stubensandstein aus. Diese Schichtfolge besitzt die größte Mächtigkeit im Mittleren Keuper, ja im Keuper überhaupt. Der dritte Sandsteinkomplex innerhalb dieser Hauptschicht ist keineswegs von jenem Charakter den der Name zu suggerieren scheint. Er besteht nämlich aus einer abwechslungsreichen Folge von verschiedenartigen Sandsteinen denen weiche Mergelschichten zwischengelagert sind. Letztere werden auch als "Letten" bezeichnet, was wohl im wesentlichen auf deren geringe Wasserdurchlässigkeit zurückzuführen sein dürfte. Die Zusammensetzung der einzelnen Sandsteinschichten schwankt in hohem Maße: Sehr feste Gesteine wechseln mit solchen geringer Härte, die Korngröße und auch Form ist zum Teil recht verschieden.
Diese Beobachtung lässt einige Rückschlüsse auf die Art der Entstehung der Schichtenfolge zu. Wenn man sogenannte Mächtigkeitslinien auf die südwestdeutsche Landkarte aufträgt, sieht man recht schnell, dass der Stubensandstein in der Hauptsache von Osten, also vom Vindelizischen Land her, in das Germanische Becken verfrachtet worden ist. Im Unteren und Mittleren Keuper bis zu den Bunten Mergeln kamen die Ablagerungsmassen in erster Linie aus dem Nordosten, demnach von der Böhmischen Mas-

se, zum Teil aber auch vom weiter entfernt liegenden Fenno-skandinavischen Schild. Die feinere bzw. gröbere Körnung der einzelnen Schichten hängt mit der Intensität der Ablagerung zusammen. Über dem Vindelizisch-Böhmischen Land herrschte zu jener Zeit ein warmes und trockenes bis wechselfeuchtes Klima. In den trockenen Zeitabschnitten kam vor allem die mechanische oder physikalische Verwitterung zum Zuge, die die Grundgebirgsgesteine vor allem auf dem Wege über Temperaturunterschiede in ihre Einzelbestandteile - meist Minerale - zerlegte. In feuchteren Perioden hingegen erhielt die chemische Verwitterung das Übergewicht. Das reichlich zur Verfügung stehende Wasser löste gleichsam die Gesteine auf und bereitete die Verwitterungsprodukte auf ihren Abtransport in die Beckenlandschaft vor. Als Transportmittel fungierte vor allem das Wasser selber, das sich des Abtragungsmaterials jeglicher Form und Größe annahm. Hierbei spielte insbesondere der Höhenunterschied zwischen Ausgangslage und Endablage der transportierten Stoffe, die Menge der Wassermassen sowie deren Laufgeschwindigkeit eine ausschlaggebende Rolle. Feinkörniges Material konnte verhältnismäßig rasch auch von geringen Wassermengen weggetragen werden, gröbere Körner erforderten dagegen für ihren Abtransport einen größeren Energieaufwand von seiten des Wassers. Dazu kam, dass durch die mechanische Verwitterung vor allem auch grober Schutt für den genannten Zweck zur Verfügung gestellt wurde.
Da der Transportweg vom Abtragungsland ins Germanische Becken nicht sonderlich weit war, wurde der bewegte Schutt auch nicht sonderlich gut zugeschliffen, sondern behielt oft seine ursprüngliche, kantige Form bis in den Ablagerungsraum bei. So wechselt innerhalb der Sandsteine unseres Schichtenstoßes die Korngröße, aber auch deren Form in bemerkenswerter Weise. Ausgesprochen feinkörnige Gesteine sind fast nirgends anzutreffen, dagegen schiebt sich mittleres Korn in den Vordergrund. Daneben taucht kantiger, grober Schutt auf, der meist aus Kalk aber auch Feldspatstücken besteht. Letzterer ist im Gesamtverband des Gesteins zunächst fest mit dem Sand verkittet - man spricht in diesem Fall von brekzienhafter Struktur.
Die Verkittung erfolgte teilweise durch Kalk,wodurch sich ein recht harter Kalksandstein ergab. Andererseits wirkte aber auch der helle Feldspat als Bindemittel mit. In diesem Fall blieb der Sandstein seinem inneren Gefüge nach recht weich. Dort wo nun diese Sandsteinart von der Verwitterung angegriffen wird, beginnt sich der Feldspat langsam aufzulösen, der Verband der Sandkörner untereinander lockert sich und schließlich bleibt nur

noch bloßer Sand übrig. Einst wurde dieser Sand aufgesammelt, zum Teil aber auch der vorgefundene Sandstein zermahlen und das Endprodukt als Fegsand zum Reinigen von Stubenböden verkauft. Diese Verwendungsweise hat dem Stubensandstein die ihm eigentümliche Bezeichnung eingetragen.

Der Knollenmergel stellt die letzte, oberste Schicht des Mittleren Keupers dar. Wie dieser Name besagt, setzt sich das Gestein in erster Linie aus dem üblichen Ton-Kalk-Gemisch zusammen und lässt seiner inneren Struktur nach keine Schichtung erkennen. Allerdings finden sich in den Mergeln eigenartige Knollen, die wesentlich aus Kalk bestehen, eingelagert. Zwischen den Mergeln des Keupers, die wir bisher kennen gelernt haben und denen des Knollenmergels besteht aber ein bedeutsamer Unterschied. Während sich nämlich im ersteren Fall Ton und Kalk dergestalt miteinander verbinden, dass der Kalk hautartig die einzelnen Tonteilchen umgibt, bleiben beim Knollenmergel beide Grundbestandteile im wesentlichen voneinander getrennt. Diese Zuordnung des Tones zu Kalk hat dann aber weitreichende Folgen. Wenn nun Niederschlagswasser von der Erdoberfläche her in unseren Schichtkomplex eindringt, wirkt es in durchaus verschiedener Weise auf die Mergel ein.

Die Tonteilchen auf der einen Seite sind gewissermaßen schutzlos dem Eindringen des Wassers ausgeliefert, nehmen dieses auf und verändern dadurch gewisse physikalische Eigenschaften. Die Tone beginnen zu quellen und erwerben damit eine ausgesprochene Fließfähigkeit. Wenn die Mergel in Hanglage auftreten - und dies ist ja zumeist der Fall - setzen sie sich, der Schwerkraft folgend, hangabwärts und zwar in Fließform in Bewegung. Dadurch nimmt die Oberfläche des Hangs eine wellige Form an, die man in gewisser Weise mit der Wellenbewegung von Wasser vergleichen kann. Im ganzen wird eine "unruhige" Erdoberfläche erzeugt, die sich über die ganzen Knollenmergelhänge hinweg erstreckt, ja sogar auf dem darunter lagernden Stubensandstein Überlagerungserscheinungen durch unsere beweglichen Mergel erkennen lässt.

Straßen und Bauwerke sind neben Bäumen durch dieses Verhalten des Knollenmergels besonders gefährdet, da in ersteren gefährliche Risse auftreten und letztere durch die Bewegungen im Hang regelrecht schief gestellt werden können. Da der Ton nach reichlicher Wasserabgabe zu schrumpfen beginnt und deshalb Schrumpfrisse erzeugt, werden die aufgeführten Erscheinungen noch zusätzlich verstärkt. Die Knollen im Knollenmergel bestehen im wesentlichen aus Kalk, der durch das Niederschlags-

wasser gelöst, in tiefere Regionen des weichen Gesteins weggeführt und dort wieder in Gestalt von Knollen ausgeschieden wird.
Der Obere Keuper, Rhät genannt, ist in unserer Gegend nur wenig mächtig ausgebildet. Da er als Sandstein vorliegt, tritt er in der Landschaft meist in Form einer ausgeprägten Hangkante zutage,die aber bereits auch in den Schwarzjura alpha darüber überleitet. Das Gestein ist oft fein geschichtet, was durch dessen extreme Feinkörnigkeit ermöglicht wird. Diese Schichtung hat bei unserem Sandstein zu der weiteren Bezeichnung "Buchstein" geführt. Die gelbe Farbe hängt mit der Umwandlung von Eisen in Eisenoxydhydrat zusammen. Die Flora des Keupers ist in unserem Gebiet dem Festland angepasst. Im Unteren Keuper sind vor allem Farne, Schachtelhalme und Cycadeen vertreten, letztere baumförmige Gewächse, die die Merkmale von Farnen und Palmen in sich vereinigen. Begünstigt werden diese Pflanzen zum einen durch das wechselfeuchte Klima dieser Periode, das im Germanischen Becken Feuchtgebiete erzeugt, die sich lange Zeit zu erhalten vermögen. Die zeitweiligen Überflutungen durch das Südmeer dürften aber nicht sonderlich nachhaltig gewesen sein, da sonst diese Pflanzen kaum zu nennenswerter Ausbreitung gelangt wären. Im Mittleren Keuper hingegen gesellten sich neue Pflanzengruppen zu den bereits genannten, so die eigenartigen Benettiteen, Gewächse mit einem unverzweigten Stamm,von dem große, gefiederte Blätter ausgingen. Die Benettiteen leiten durch die Umhüllung ihrer Blütenanlagen bereits von den Nackt- zu den Bedecktsamern über. In ähnlicher Weise nehmen die Nilsonien eine Zwischenstellung zwischen den entwicklungsgeschichtlich älteren Cycasgewächsen und den neu aufkommenden Pinaceen, also den Nadelhölzern, ein.
Die Nilsonien zeichneten sich nämlich durch besonderen Harzreichtum aus, ein Merkmal das bei den Nadelhölzern zu geradezu charakteristischer Ausbildung kam. Der Schachtelhalm Equisetites arenaceus war besonders in der Schilfsandsteinzeit reichlich an den großen Flussdelten vertreten. Seine fossilen Abdrücke hat er vielfach in diesem Sandstein hinterlassen. Da diese ihrem Aussehen nach stark an das Schilf erinnern, wurde jener mit der aufgeführten, etwas irreleitenden Bezeichnung versehen.
In der evolutiven Auseinandersetzung zwischen Amphibien und den später aufgekommenen Reptilien zogen die ersteren im wesentlichen den Kürzeren. Die Amphibien wichen zum Teil dem für sie gefährlichen Konkurrenzkampf aus, indem sie sich wieder stärker einem Leben im Wasser anpassten. Einer der größten Vertreter der Amphibien stellte der bis zu 3 m

lange Mastodonsaurus dar, dessen Kopfform bereits sehr an das Krokodil erinnert. Er hat eine Menge an fossilen Knochen hinterlassen, war zu seinen Lebzeiten ganz an Feuchtgebiete gebunden und starb aus, als diese infolge eines immer trockener werdenden Klimas zurückgingen.
Bei den Reptilien waren im Keuper bereits fast alle Unterklassen und Ordnungen vertreten, sogar die berühmten Dinosaurier kündigten sich bereits in mehreren Vorformen an. Nicht weniger bedeutsam aber war das Aufkommen von ersten Flugsauriern und erst recht der ersten Säugetiere, die im Oberen Keuper erstmals auftraten. Aus drei Basisgruppen entwickelten sich mehrere Ordnungen, die jedoch zum Teil schon am Ende des Mesozoikums wieder ausstarben. Eine der Basisgruppen, die Haramiyidae, ist durch einen glücklichen Fund in der Gegend von Tübingen gut dokumentiert. Die für die spätere Entwicklung der Säugetiere so wichtige Infraklasse bzw. Überordnung der placentalen Säugetiere trat erst ab dem Oberjura, genauer zwischen Oberjura und Unterkreide, entwicklungsgeschichtlich in Erscheinung, war aber von da ab in ihrem Durchsetzungsvermögen überaus erfolgreich. Die ältesten zuvor genannten Säugetiere, besaßen im übrigen Maus- bis Rattengröße. Sie waren als solche Zeitgenossen ausgerechnet von Groß- und Riesensauriern.

6. Jura

Mit der Ausbreitung des Jura hebt in unserem Gebiet eine neue erdgeschichtliche Periode an. Eingeleitet wird das Gesteinssystem von der Serie des Schwarzen Juras oder Lias, dem der Braune Jura oder Dogger folgt, der seinerseits oben in den Weißen Jura oder Malm übergeht. Der bedeutende Geologe Quenstedt, der lange Zeit im letzten Jahrhundert in Tübingen wirkte, hat jene drei Serien jeweils in sechs Stufen weiter gegliedert, so dass man nach diesem Schema sowohl von Lias als auch Dogger und Malm alpha bis zeta spricht. Die internationale Gliederung hat hier allerdings im Laufe der Zeit ein anderes Schema hervorgebracht, das wir in unseren Betrachtungen zwar nicht negieren wollen, dem wir aber nur in besonderen Fällen folgen, da wir meinen, der tiefen Verwurzelung des Quenstedtschen Schemas gerade im Schwäbischen Raum entsprechend Rechnung tragen zu sollen. Der Schwarze Jura bedeckt die Landschaft des oberen Remstales zwischen Mögglingen und etwa Schwäbisch Gmünd, vor allem die Hochflächen nördlich und südlich des eigentlichen Tales. Zwischen Mögglingen und Zollhof beschränkt er sich auf den Talgrund selbst. Der Braune Jura schließt im Norden und Süden zwischen Essingen und Mögglingen unmittelbar an die untere Serie an. Er nimmt sowohl die Hänge, als auch die Hochfläche über denselben im östlichen Welland und im Albvorland, das wir hier noch dem Remstal zurechnen, ein. Der Braunjura reicht in seinen obersten Stufen bis an die Steilstufe des Weißjura heran. Er ist dort jedoch nur noch in schmalen Bändern ausgebildet, die ein eigentümliches, hügeliges Relief aufweisen. Der weitaus größte Raum zwischen Talgrund und Steilstufe gehört aber dem Braunjura alpha zu. Der Weißjura beschränkt sich in unserer Beschreibung lediglich auf den Raum zwischen Essingen und der Remsquelle.

Schwarzjura alpha ist in dem hier behandelten Gebiet in erster Linie auf den Höhen des Schwäbisch-Fränkischen Waldes nördlich und des Schurwaldes südlich des Remstales anzutreffen. Er bedeckt vor allem die Hochflächen dieses Bereiches und wird insbesondere im Osten von den höheren Schwarzjurastufen überlagert. Seine Mächtigkeit ist zwar unterschiedlich, doch kann sie im Osten unseres Gebietes mit 15-20 m, im Westen mit 35-45 m angenommen werden. Schon am Ende des Keupers, im Rhät, kehrte das Meer und nun aus West bis Nordwest in das Germanische Becken zurück. Im Schwarzjura hatte es dieses bereits ganz ausgefüllt und hinterließ darin seine ihm eigentümlichen Ablagerungen.

Diese bestehen nun in erster Linie aus Mergeln und Tonen, denen vereinzelt Kalkbänke und - ganz selten - Sandsteine zwischengeschaltet sind. In ihnen herrscht durchweg eine dunkelgraue bis schwärzliche Farbe vor, welche der ganzen Schichtserie den Namen gegeben hat. Diese Farbe ist auf den mehr oder weniger hohen Bitumengehalt der Gesteinsfolge zurückzuführen. Unter Bitumen werden vornehmlich Kohlenwasserstoffe verstanden, deren Ursprung in organischen Stoffen zu suchen ist, deren chemischer Abbau unter Wasser aber wegen dessen schlechter Durchlüftung bzw. Armut an Sauerstoff nur unvollständig vonstatten ging. Dem Bitumen beigemengt ist in wechselnden Konzentrationen Pyrit (Schwefelkies, FeS2), der bisweilen goldgelbe Überzüge über Gestein und Fossilien hinterlassen hat.

Die in gewisser Hinsicht einheitlichen Eigenschaften des Schwarzen Jura zeigen an, dass das Meer, welches unser Gebiet bedeckte, zwar nicht sonderlich tief, jedoch von den großen Meeren im Norden und Süden des Germanischen Beckens relativ isoliert war. Dadurch war der Austausch zwischen Becken- und Meerwasser stark gehemmt. Dies führte in diesem Fall nicht etwa zu erhöhter Salzkonzentration wie im Muschelkalkmeer und Keupermeer bzw. -land, sondern zu der bereits genannten Anreicherung

von organischen Stoffen. Diese setzt allerdings ein verhältnismäßig reiches pflanzliches und tierisches Leben sowohl auf dem Lande als auch im Wasser voraus. Dabei muss ferner mitbedacht werden, dass auch der Lias, bzw. das Liasmeer in unserem Bereich da und dort größere Buchten aufwies, in denen die Wasserzirkulation sowohl horizontal als auch vertikal so sehr gehemmt war, dass die Bitumen- bzw Faulschlammbildung besonders stark gefördert wurde. Hier kam es dann in den relativ ruhigen Gewässern sogar zur Einbettung von zahlreichen Tierkadavern - man denke doch hierbei besonders an das berühmte Beispiel Holzmaden - die infolge dieser für ihre Erhaltung erstaunlich günstigen Umweltverhältnisse überaus gut in konservierter Form auf uns gekommen sind.
Die Temperaturen waren zur Liaszeit allgemein warm, wenn auch die Mittel für die wärmsten Monate nur bei gut 20 Grad Celsius lagen. In unserer kühl-gemäßigten Zone erreichen diese nur wenig niedrigere Werte, aber die Unterschiede zwischen sommerlichen und winterlichen Temperaturen waren in der Liasepoche deutlich ausgeglichener. Dazu trug nicht zuletzt das Fehlen von Eiskappen an den beiden Polen bei. Zu den nicht allzu hohen aber ausgeglichenen Temperaturen kamen die beträchtlichen Feuchtigkeitswerte. Beide Klimaerscheinungen zusammen bewirkten im Reich der Pflanzen einen erheblichen Wachstumsschub und zogen eine Fülle von Arten hoch. In vielen Teilen der Welt entstanden infolge dieser Entwicklung im Verlaufe allerdings langer Zeit zahlreiche Kohlenlager, wie sie in späteren Zeitabschnitten in solchem Ausmaß nur noch selten ausgebildet werden konnten.
Die Vindelizisch-Böhmische Masse bestand im Südosten des Lias-Beckens weiterhin fort, auch wenn sie gegen die Nordschweiz hin etwas von ihrer früheren Ausdehnung einbüßte. Auf diesem immer noch ausgedehnten Festland griff unter den beschriebenen klimatischen Bedingungen eine recht lebhafte Verwitterung um sich, die ihrerseits eine Menge Material für den Abtransport in das große Meeresbecken zur Verfügung stellte. Unter den Verwitterungsprodukten spielte der Ton eine besonders große Rolle. Er konnte leicht transportiert werden, und er war es auch, der die tiefsten Teile des Meeres auffüllte. Danach wurde dem Meer Kalk in ausreichendem Maße zugeführt, der sich mit dem Ton zu Mergel verband, der aber auch von den Meereslebewesen zum Aufbau ihrer Schalen, Gehäuse, Skelette usw. genutzt wurde.
Es kam also im Meer zur Ausscheidung des Kalkes nicht nur in Form von chemisch-physikalischer Ausfällung und anschließender Sedimentation

auf dem Meeresboden, sondern auch in Gestalt von organischer Aufbereitung durch die Lebewesen,deren Hinterlassenschaften in die Kalkschichten gleichsam eingebaut wurden. In den Randgebieten des Lias-Meeresbeckens gegen das Festland zu, kam es zum Absatz größerer Verwitterungspartikel wie Sand, der aber von ausgesprochener Feinkörnigkeit war und der seinerseits - ähnlich dem Ton - neue Verbindungen mit dem Kalk einging, wodurch ein Kalksandstein entstand.
Ein gutes Beispiel für diesen Umwandlungsprozess stellt der Angulatensandstein in der mittleren Schichtung des Lias alpha dar. Dass aber auch der Kalk in den Sedimenten deutlich überwiegen konnte, zeigt der darüber liegende Arietenkalk an, dessen sehr harte Schichten fast nur aus diesem harten Material bestehen. Die höheren Liasstufen variieren dann fast nur noch zwischen Ton- und Mergelablagerungen, wohl ein Zeichen dafür, dass sich unser Meeresbecken langsam absenkte, während andererseits das Vindelizisch-Böhmische Land keine neuerliche Hebung erfuhr. Es verharrte vielmehr etwa auf dem bisherigen Niveau. Durch die anhaltende Abtragung auf dem Festland wurde dieses fortlaufend tiefer geschaltet, wodurch die Abtragungsenergie erlahmte und fast nur noch feinkörniges Verwitterungsmaterial in das Liasbecken geschüttet wurde. Ein genaueres Studium der einzelnen Schwarzjuraschichten zeigt jedoch an, dass die allgemeine Absenkung zeitweise auch wieder durch leichte Hebungen unterbrochen wurde, was sich nicht zuletzt in Veränderungen der Meerestierwelt niederschlug.
Die Flora und Fauna erlebte bereits im Schwarzjura einen bedeutsamen Entwicklungsschub, der während der ganzen Juraperiode anhielt, ja im Dogger und Malm sogar noch eine gewisse Intensivierung erfuhr. Ursache hierfür war zunächst einmal das ausgesprochen günstige warm-feuchte Klima, das den Wuchsmöglichkeiten, der Ausbreitung und Entstehung neuer Formen der Lebewesen in besonderer Weise entgegenkam. So traten z.B. bei den Meerestieren jetzt die Ammoniten deutlich in Erscheinung, in einer Artenvielfalt, die den gesamten Jura geradezu prägen sollte. Manche Arten sind als Fossilien auf bestimmte Gesteinsschichten beschränkt, sie werden deshalb als Leitfossilien bezeichnet, wodurch eine genaue zeitliche Zuordnung der Schichten zueinander möglich ist.
Die "Ammonshörner" können nach ihrer Freilegung aus dem umgebenden Gestein oft schon auf Grund ihrer äußeren Erscheinung identifiziert werden, doch bedarf es nicht selten auch einer intensiven Untersuchung ihrer sogenannten Lobenlinien, die sich unter den auf der Gehäuseoberfläche er-

scheinenden Rippen befinden, um ihre systematische Einordnung unter ihresgleichen zu gewährleisten.
Auch die Rippung dieser "Kopffüßer" zeigt überraschend verschiedenartige Muster, die Windungen des Gehäuses schwanken zwischen einfachen und mehreren Umläufen. Das Tier lebte im vordersten Teil seines Gehäuses, aus dem es seine Fangarme zum Ergreifen von Beute vorstreckte - was ihm seinen eigenartigen Namen Kopffüßer einbrachte.
Im Innern war das Tier gekammert, die Kammern waren zu Teil mit Wasser aber auch Gas gefüllt, sodass es sich schwebend im Wasser halten konnte. In Bewegung versetzen konnten die Ammoniten sich mittels eines Siphons, einer Art von wassergefülltem Kanal, dessen Flüssigkeit durch Druck ausgestoßen wurde. Der hierdurch bewirkte Rückstoß veranlasste prompt die intendierte Ortsveränderung des Tieres.
Die Ammoniten waren nicht die einzigen Tiere die das Meer bevölkerten. Dessen warme Temperaturen, die wohl ganzjährig über 20 Grad C lagen, boten vielfältigem Wasservolk Lebensraum. Unter diesem waren Kleinsttiere wie die Foraminiferen und Radiolarien reichlich vertreten, die letzteren bauten aus ihren Skeletten im Endeffekt sogar regelrechtes Kieselgestein auf. Schwämme, Korallen, Schnecken und Muscheln gehörten nun zunehmend zum "lebenden Inventar" des Jurameers. Unter letzteren tauchte im Lias alpha z.B. die eigenartig geformte Auster Liogryphäa arcuata auf, an manchen Stellen später infolge Überfülle von Individuen geradezu Gesteinsbänke bildend und hinterlassend.
Unter dem größten Meeresgetier taten sich nicht nur Krokodile und Schildkröten hervor. Hier setzten sich insbesondere die verschiedenen Saurierunterklassen, Ordnungen und Unterordnungen wie etwa die langhalsigen, "paddel"-bewehrten Plesiosaurier in Szene, die mit ihrem flachgebauten, breiten Körper sich recht geschickt im Wasser zu bewegen vermochten.
Die durch Holzmaden weltberühmt gewordenen Ichthyosaurier, also Fischsaurier, ähnelten Delphinen und Haien, ansonsten aber auch Fischen. Von ihnen wurden ganze Skelette gefunden, gut erhalten bzw. komplett freigelegt durch Bernhard Hauff, dessen Museum sie heute in Holzmaden in besonderem Maße schmücken.
Manche der Tiere entpuppten sich bei der Präparation als Muttertiere, da sich in ihrem Innern Embryonen vorfanden. Daneben stellten sich aber auch Belemniten heraus, die den Sauriern ganz offenbar als Speise gedient hatten.
Die Belemniten, die "Donnerkeile", fallen durch ihre eigenartige Gestalt

dem Finder sofort in die Augen, wenngleich sie meist nur in Bruchstücken geborgen werden können. Bei vollständiger Erhaltung kann man den Köraufbau gut studieren. Danach steckte das Tier in einer geraden, hinten mehr oder weniger stark zugespitzten Schale, die ihrerseits aus drei Teilen bestand, die förmlich ineinander übergehen. Die Schale ist durch Querwände (Septen) gegliedert, die auf der Bauchseite des Belemniten von der Siphonalröhre durchbohrt werden.
Diese Schale setzt sich auf der Rückenseite des Tieres in Gestalt einer Kalkplatte fort, die wohl die Aufgabe hatte die Weichteile desselben zusätzlich abzustützen. Die Belemniten kommen bereits im unteren Schwarzjura, allerdings in verhältnismäßig kleinen Formen, auf. Sie gewinnen aber im Verlauf des Braunen Jura deutlich an Größe, sodass man hier auf Individuen von einer Länge bis zu 1,5 m (!) stoßen kann. Im Weißen Jura werden die bis dahin vorherrschenden Arten durch neue Formen abgelöst, die bis in die Kreide hinein durchhalten. Die Belemniten werden wie die Ammoniten den sogenannten Kopffüßern zugerechnet, ihre heutigen Verwandten sind in den Tintenfischen (Sepien und Kalmare) zu suchen.
Im Lias zeta von Holzmaden fanden sich wunderbare Exemplare von Seelilien, wie etwa die langstielige (bis 16 m!) Seirocrinus, die eine halbsessile Lebensweise hatte und vor allem in mittleren Wassertiefen anzutreffen war. Andere Seelilien machten auf dem Meeresboden fest oder siedelten sich in Küstennähe, im Riffbreich an.
Schließlich seien hier auch noch die echten Knochenfische genannt, die im Lias zeta von Holzmaden erhalten geblieben sind - dank den günstigen Konservierungsbedingungen die dort am sauerstoffarmen Meeresgrund herrschten.
Im Zeitalter des Braunen Jura oder Dogger bot die Landschaft, verglichen mit dem Lias, ein deutlich verändertes Gesicht dar. Im Nordwesten Europas vergrößerte sich die bereits bestehende Landmasse. Sie nahm nun die ganze nördliche Nordsee ein. Im Westen behauptete sich sowohl die London-Brabanter als auch die Rheinische Masse, die Vindelizisch-Böhmische Masse zerfiel in zwei ungleiche Stücke. Der böhmische Anteil blieb im großen und ganzen erhalten, das Vindelizische Teilstück hingegen versank teilweise im Braunjurameer, so dass zur großen Tethys im Süden eine sehr breite Verbindung hergestellt wurde.
Insgesamt ergab sich also ein Anwachsen der Landmassen im Nordwesten Europas, der eine Ausdehnung des Doggermeeres in Mitteleuropa nach Osteuropa hinein entsprach. Südlich dieses nördlichen Doggermeeres tra-

ten London-Brabanter, Rheinische und Böhmische Masse wenigstens zeitweise miteinander in Verbindung, wodurch das südliche Doggermeer eine gewisse Eigenständigkeit erlangte. Letzterem haben wir unseren Südwestdeutschen Raum zuzurechnen. Im Vergleich zum Liasmeer war das des Dogger insgesamt flacher ausgebildet.
Dies hatte natürlich auch für die Sedimentation im Becken, sowie dessen Lebenswelt entsprechende Folgen. Die Sedimentation abgetragenen Materials erfolgte nicht mehr nur von Osten, sondern bis zu einem gewissen Grade auch von Norden her: von der Schwelle aus, die zwischen dem nördlichen und südlichen Doggermeer lag.
Von diesen Ausgangsbedingungen her gesehen hätte eigentlich der Südwestdeutsche Raum ein im wesentlichen ruhiges Meeresbecken darstellen sollen, doch trifft diese Annahme nur teilweise zu. Zwar umfasst die Sedimentation zu einem wesentlichen Teil Tone und Mergel, aber dieses Material ist bemerkenswert stark gerade von Sanden durchsetzt, deren gelbe bis gelbbraune Farbe sowie eigentümliche Form der einzelnen Sandkörner bei der Beurteilung der Absatzbedingungen durchaus berücksichtigt werden müssen.
Gerade der lebhafte Wechsel von Tonen, Mergel und Sanden zeichnet den Braunjura vor dem Schwarzjura aus. Bedeutsam sollte in diesem Zusammenhang auch die Verbindung unseres Doggermeeres mit dem großen Südmeer, der Tethys, gewesen sein. Hierdurch dürfte einerseits eine lebhafte Bewegung des Wassers im Becken herbeigeführt, andererseits aber auch eine stärkere Durchmischung der verschiedenen Sedimentationsmassen bewirkt worden sein. Auffallend aber ist die bereits aufgeführte Form der Einzelkörner des Sandes.
Hierbei ist zunächst einmal davon auszugehen, dass dieser Sand vom Festland, insbesondere von der Böhmischen Masse im Osten stammt, aus dem die abgetragenen Materialien ins Doggermeer geschüttet wurden. Bewerkstelligt wurde der Transport derselben von den Flüssen. Im Ursprungsbereich muss aber ein verhältnismäßig hoher Anteil von Eisen in den Gesteinen vorhanden gewesen sein. Dieses wurde unter dem vorherrschenden wechselfeuchten und warmen Klima gelöst und in dieser Form ins Meer verfrachtet. Dabei wurde das zweiwertige Eisen (Fe(OH)2) oxydiert und in die dreiwertige Form Fe(OH)3 übergeführt. Allerdings ist ein solcher Vorgang nur in sauerstoffreichem Gewässer möglich, doch war dieser im transportierenden Flußwasser durchaus gegeben. Das im Flußwasser gelöste und oxydierte Eisen wurde beim Eintritt ins Meerwasser wieder ausge-

fällt bzw. ausgeflockt und zwar in Form von Limonit, Siderit (Eisenkarbonat) und Chamosit (Magnesium-Eisensilikat). Die kleinen Flöckchen aber waren sich nun in dem Bestreben einig sich an die im Meerwasser (Flachwasser!) reichlich vorhandenen Mineralpartikel anzulagern und zwar auf schalenartige Weise, wodurch die eigenartige, sandig wirkende Form des Ooids entstand.
Die Ooide sanken, nachdem sie eine gewisse Schwere erreicht hatten, auf den flachen Meeresgrund, auf dem sie nun freilich nicht sofort in die angestrebte Ruhestellung fanden, sondern von dem Wasser mehr oder weniger stark umherbewegt wurden, wodurch die Körner einesteils eine weitere Abrundung, andererseits aber auch ein Zerbrechen erfuhren. Schließlich kamen sie aber doch auf dem Meeresboden zur Ruhe und wurden bei der späteren Gesteinsbildung, der Diagenese, in den sedimentären Eisenoolith übergeführt.
Im Ganzen wechsellagern die Eisenoolithschichten mit solchen aus Tonen, Tonmergeln, Kalkmergeln und Kalksandstein fast über den gesamten Dogger von alpha bis zeta hinweg. Die Konzentration von Eisenoolith kann so bedeutend werden, dass sich sogar der Abbau des Eisens und nachfolgende industrielle Verwendung lohnen. Hingewiesen sei in diesem Zusammenhang z.B. auf die einstige Eisenindustrie im Raum Aalen, die freilich schon vor einiger Zeit zum Erliegen gekommen ist.
Die abgebauten Erzlager befanden sich im Dogger und zwar in dessen Betastufe. Eine exakte Gliederung des Braunen Jura setzt erhebliche Schwierigkeiten entgegen, wie solche aus dem Schwarzen Jura eigentlich nicht bekannt sind.
Dies hängt damit zusammen, dass die einzelnen Stufen sehr differenziert ausgebildet sind. Weiter stellen sich auch die Fossilgemeinschaften deutlich reichhaltiger als im Lias dar. Dies rührt vor allem davon her, dass das Meer von größeren Trans- und Regressionen, also Vorstoß- und Rückzugsphasen, beherrscht war.
Dadurch ergab sich eine größere Faciesdifferenzierung, also ein lebhafterer Wechsel in den Sedimentationsschichten. Bei stärkerer Absenkung des Meeresbeckens kamen vorwiegend Tone und Kalke zur Ablagerung, während bei Verflachung des Meeres mehr Sande und sogar Gerölle in den Vordergrund traten. Hierbei ist allerdings auch zu bedenken, dass die Sedimentation von feinkörnigem Ton und ausgefälltem Kalk auch ruhige Wasserverhältnisse voraussetzt, wie sie freilich in tieferen Gewässern eher als in flacheren gegeben sind.

Bei sehr niedrigem Wasserstand in der Nähe der Küste muss aber auch mit dem Absatz von Schlamm oder Schlick gerechnet werden. Dieser dürfte sich vor allem auch in Meeresbuchten ansammeln, in denen außerdem Flüsse mit ihrer Fracht einkommen und diese in Küstennähe alsbald abladen.
Diese - grob beschriebene - Differenzierung in den Sedimenten wird gerade in den einzelnen Doggerstufen gut greifbar. So zeigt sich z.B. der Dogger alpha von Tonen und Mergeln bestimmt, die anzeigen, dass hier das Meer eine deutliche Vertiefung erfuhr. Als später der Meeresboden gehoben und zu Festland wurde, setzte sogleich auch die Abtragung ein und gestaltete das Relief in charakteristischer Weise, die teilweise auch durch zugrunde liegendem Gestein vorgegeben wurde. Tone und Tonmergel sind verhältnismäßig weicher Natur und setzen deshalb ihrem Abtrag geringen Widerstand entgegen.
Die Folge hiervon ist die Ausbildung von tiefen Bachrissen vor allem an den Hängen und rascher Wegtransport des aufbereiteten Gesteins durch die Gewässer. Sind die Tone stärker verhärtet, etwa durch reichliche Beimengung von Kalk, setzen sie der Erosion durch das Wasser größeren Widerstand entgegen und können dann mehr oder weniger große Steilstufen bilden, über die dann die Gewässer in Gestalt von Wasserfällen oder Kaskaden stürzen. Da diese Erscheinung im Dogger alpha nicht ganz selten auftritt, spricht man in diesem Falle von "Wasserfallschichten".
Der Dogger beta ist vor allem von gelbbraunen Ton- und Kalksandsteinschichten gekennzeichnet. Er besitzt in allgemeinen eine beträchtliche Härte, die natürlich bei den letzteren am größten ist. Aus diesem Grunde bildet beta mit Vorliebe verhältnismäßig ebene Terrassen in der Landschaft aus, die kaum von Bächen durchschnitten werden. Die Sandsteine des beta sind im Unterschied zu den Tonen bis Tonmergeln des alpha wasserdurchlässig, sodass sich auf ihnen kaum Quellen entwickeln können, wie sie in letzteren vielfach gegeben sind.
Der Dogger gamma kehrt wieder mehr zu Tonen und Tonmergeln zurück, denen nur dünne Kalksandsteinbänkchen zwischengeschaltet sind. Letztere gewinnen allerdings im obersten gamma die Oberhand. Dogger delta hat eine ähnliche Schichtfolge, doch treten in den oberen Partien die Eisenoolithe in den Kalkmergeln stärker in Erscheinung. In diesen Schichten fällt die Anhäufung von Muscheln und Ammoniten auf, wobei die ersteren oft nur als Schill, also zertrümmerten Muschelschalen, vorliegen. Den Übergang von Dogger delta zu epsilon markiert eine ausgesprochene Oolith-

bank, der Parkinson-Oolith, der seinen Namen allerdings einem Ammoniten verdankt, der hier als Leitfossil fungiert. Während epsilon im allgemeinen aus dunklen Tonen besteht, geht in unsrem Raum diese Schichtstufe in härtere Kalke und Kalkmergel über. Zwischen Dogger epsilon und zeta legt sich erneut eine Oolithbank, die Macrocephalenschicht, die ihre Bezeichnung ebenfalls von einem charakteristischen Ammoniten erhalten hat. Die Zetatone weisen in ihrem obersten Abschnitt bemerkenswert viele Kalk- und Phosphoritknollen auf.
Die Mächtigkeit der einzelnen Doggerstufen beträgt in unserem Raum - zwischen Essingen NW und Schwäbisch Gmünd - für alpha ca. loo m, für beta ca. 5o m, für gamma ca. 25 m, für delta ca. l5 m, für epsilon ca. 2-3 m und für zeta ca. l5 m. Hieraus folgt u.a., dass während des Doggers eine Vertiefung des Meeresbeckens von Nordosten nach Südwesten stattfand. Diese Entwicklung ist wohl auf die langsame, allgemeine Hebung von Land und Meer im Norden zurückzuführen.
Dadurch wurde eine durchgehende Verbindung zwischen der London-Brabanter, der Rheinischen und Böhmischen Masse hergestellt, der offensichtlich eine Eintiefung des südwestdeutschen Meeresbeckens in der beschriebenen Richtung entsprach. Dass jedoch Hebungen und Senkungen nicht in kontinuierlicher Weise vonstatten gingen, ist aus der Verschiedenartigkeit und Mächtigkeit der Sedimente in den einzelnen Stufen zu folgern.
In der Zeitspanne des Dogger ergaben sich in der Fauna und Flora unseres Raumes verschiedene bedeutsame Veränderungen. Die unteren Partien des Dogger alpha sind relativ leer an Fossilen, eine Situation, die sich erst in den obersten Schichten ändert. Die dunklen Opalinustone entstanden wohl in einem vorwiegend lebensfeindlichen Milieu, das dem Gedeihen sowohl von Tieren als auch Pflanzen abhold war. Erst im oberen alpha tauchen vermehrt Ammoniten auf, von denen hier nur das Leitfossil Leioceras opalinum genannt sei. Sein Aussehen hat Ähnlichkeit mit einem Diskus. Verbunden damit ist Engnabeligkeit und eine eigentümlich feine Berippung, die nach außen hin gebündelt erscheint.
Die Einwirkung verschiedener Stoffe hat nicht nur hier die äußere Schicht des Tieres zerstört, sondern im darunter liegenden Bereich eine Umkristallisation im Körper desselben vollzogen, die sich in einer eigenartigen opalisierenden Masse niedergeschlagen hat.
Neben den Ammoniten traten besonders auch die Muscheln in Erscheinung, unter denen die eigenartige Scaphotrigonia navis hervorsticht, deren Aussehen an die Bug- oder Heckform eines Schiffes gemahnt. Darüber

hinaus ist das Fossil von mehreren Reihen schräg verlaufender Knoten besetzt.
Im Dogger beta bot das verhältnismäßig flache Schelfmeer bzw. Meer einem reichen Bodenleben Raum. Die Ammonitenfauna konnte sich gut entwickeln und erzeugte eine Vielfalt von Arten. Ludwigia murchisonae ist hier führend. Sie hat dem ganzen Schichtenstoß ihren Namen aufgeprägt. Der engnabelige Ammonit trägt eine sichelförmige Berippung, die sich gegen den Außenrand hin gabelt. Viel häufiger als die Ammoniten finden sich Muscheln vor, deren Artenreichtum geradezu eindrucksvoll zu nennen ist. Liogryphaea calceola erinnert an die arcuata des Lias alpha, ist aber weniger als diese eingebogen. Propeamussium personatum weist bei glatter Außenseite eine schöne Radialberippung auf der Innenseite auf. Sie hat dem ganzen Schichtenstoß die Bezeichnung Personatensandstein eingebracht.
Dogger gamma ist durch eine artenarme Ammonitenfauna gekennzeichnet, doch bedeutet dies nicht von vornherein auch Individuenarmut. Die Ammoniten können örtlich und vor allem im oberen gamma in größerer Anzahl auftreten, wo sie sich in Blaukalken vorfinden. Sonninia sowerbyi ist ein engnabeliger Ammonit, der auf der Außenseite einen ausgesprochenen Hohlkiel aufweist, auf den die leicht geschwungenen, teilweise mit Knoten auf der Windungsmitte versehenen Rippen, zulaufen. Im Obergamma ist Otoites sauzei Leitfossil. Er ähnelt zwar der Sonninia, seine Windungen sind aber im Gegensatz zu jener deutlich breiter, seine Rippen gabeln sich in Windungsmitte und der Mund dieses Ammoniten läuft in zwei auffälligen Lappen aus. Auch Muscheln finden sich in den Sonninienschichten häufig vor. Daß Dogger gamma in einem flachen Meer entstanden ist, darauf weist das Vorkommen von Korallen, Pentacrinus (Seelilien) Stielgliedern, Seeigelstacheln (von Rhabdocidaris horridus) und Bryozoen(Moostierchen); letztere fristeten auf Ammoniten und Muscheln festgewachsen ihr Dasein.
Die Fossilgesellschaften des Dogger delta zeichnen sich durch Vielgestaltigkeit aus. Diese Feststellung bezieht sich insbesondere auf die Ammoniten. Leitend ist hier in den unteren Schichten Stephanoceras humphresianum, desse weitnabeligen Windungen auffallend breit gestaltet sind. Die Rippen halten weiten Abstand voneinander und gehen zum Außenrand der Windungen in mehrfache Aufspaltung über. Nach diesen Ammoniten wird das unterste delta Stephanoceratenschichte genannt. Das mittlere delta wird nach seinen Leitammoniten in Subfurkaten- und Garantianaschichten

eingeteilt. Die Rippung von Strenoceras subfurcatum ist einfacher gehalten als bei Stephanoceras, wogegen Garantiana garantiana mehr dem letzteren von beiden ähnelt. Parkinsonia parkinsoni hat den obersten Deltaschichten als Parkinsonienschichten ihren Namen gegeben. Bemerkenswert in delta ist auch die Fülle an Belemniten.

Offenbar sind sie mit ihrer Umwelt besonders gut zurecht gekommen, da sich unter ihnen wahre Riesenexemplare vorfinden, wie etwa Megateuthis gigantea, der Längen bis zu einem halben Meter erreicht hat - gemessen an den üblichen Belemnitenvertretern ein wahrer Gigant unter seinesgleichen.

In der Meerestierwelt des Delta spielten auch die Brachiopoden eine wichtige Rolle. In ihrem Aussehen gleichen sie zwar Muscheln, unterscheiden sich aber von diesen in verschiedener Hinsicht. Während die Muscheln gleichsam eine linke und rechte Klappe aufweisen, spricht man bei den Armfüßern von einer oberen und unteren Klappe. Die Öffnung der Schale geschieht bei letzteren mittels Muskeln.

Die Stilklappe ist mit einem Loch versehen, durch das das Tier einen fleischigen Stil streckt, mit dem es sich am Untergrund festheftet. Die obere Armklappe enthält die namengebenden beiden Arme, die mit Tentakeln versehen sind, womit Nahrung hereigestrudelt wird. Als charakteristische Brachiopodenordnungen seien die radial gerippten Terebrateln und die eigentümlich stark gerundeten Rynchonellen genannt.

Für die Oxyceratenschichten des Dogger epsilon ist der Ammonit Oxycerites aspidoides namengebend, ein weitnabeliger Ammonit mit nur wenig ausgeprägter Berippung, aber scharf geformtem Rücken. Daneben macht sich im unteren epsilon auch die Gattung Parkinsonia noch breit, die nach unten bis ins obere delta reicht.

Außerdem treten Muscheln in den Vordergrund, aber auch die kleine Auster Liostraea Knorri, bei der die feine Berippung auffällt und die ihren Namen den Knorritonen aufgeprägt hat.

Mit dem Dogger zeta betreten wir die oberste Schichte des Braunen Jura. Man wird hier zweckmäßigerweise in einen unteren und oberen Abschnitt in der Schichtenfolge einteilen - gemäß den Ammoniten-Leitfossilien. Unter zeta wird von Macrocephalites macrocephalus eingenommen, einem sehr engnabeligen Ammoniten, dessen Windungen einander seitlich umgreifen.

Man spricht beim Unterzeta deshalb auch von Acrocephalenschichten. Das Oberzeta, der Ornatenton hingegen wartet mit den Kosmoceraten Cosmoceras ornatum und C.jason auf, mit zwei Knotenreihen. Eine in der Flankenmitte und eine auf der Windungsaußenseite. Eine einfache Berippung endet in der Mitte, während zum Außenrand hin die Berippung sich gabelt. Der Windungsquerschnitt hat eine interessante Trapezform. Die Kosmoceraten stellen geradezu Schmuckstücke unter den Doggerammoniten dar, daher ihr Name, der auf deutsch „Schmuckhorn“ heißt. Wenn dann diese Fossilien noch von gelbbraunem Schwefelkies umhüllt sind, wird ihr auffallender Eindruck noch mehr gesteigert. Man spricht in diesem Falle von "Goldschnecken".

7. Kreide

Die Kreide hat in unserem Raum keine Spuren hinterlassen, doch erfolgte eine nicht unwesentliche Formung der Landschaft während des Tertiärs.

8. Tertiär

Hier kam es zwar nicht zur Abtragung weiterer, wie auch immer gearteter Schichten, wohl aber zu einem Umbau der Landschaft in verschiedener Hinsicht. Im Alttertiär stieß das Meer von Norddeutschland über die Hessische Senke bis in das Gebiet des Oberrheingrabens vor, der sich durch die Absenkung eines Erdkrustenstückes herausbildete. Abgelagerte Sedimente aus jenem Zeitraum zeichnen das Auseinanderdriften der beiden Platten östlich und westlich des Grabens nach. Da gleichzeitig eine Hebung beiderseits des Grabens einsetzte, kam es zur Herausbildung von Gebirgen wie Schwarzwald und Odenwald auf der einen und Pfälzer Bergland und Vogesen auf der andern Seite. Im Süden schob sich die Afrikanische an die Europäische Platte heran und begann die Alpen zu erzeugen, die über mehrere Deckenschübe, von Süden nach Norden gerichtet, zu ihrer inneren Struktur fanden. Die eigentliche Hebung der Alpen erfolgte allerdings erst im Jungtertiär und auch hier vornehmlich erst während des Pliozäns. Trotzdem setzte die Abtragung der Alpen bereits während des Alttertiärs ein, worauf die Sedimente im Voralpengebiet deutlich verweisen. In letzterem bildete sich ein Senkungsraum heraus, der jene Ablagerungen bereitwillig in sich aufnahm.

Im Norden erfolgte eine Hebung der Schwäbischen Alb, die allerdings wohl nicht gleichmäßig vonstatten ging, sondern sogar von gewissen Absenkungen unterbrochen wurde. Außerdem griff diese Hebung nicht in allen Bereichen gleichstark an, vielmehr vollzog sich diese am Nordrand des Berglandes intensiver als auf der Gegenseite am Südrand. Morphologisch betrachtet nahm die Schwäbische Alb die Gestalt einer Pultscholle an, die in der Folgezeit diesen Eindruck noch mehr steigerte. Die Hebung und Schrägstellung der Schwäbischen Alb blieb jedoch nicht nur auf diese beschränkt, sondern zog auch die Landschaft nördlich dieses Gebirges in gleicher Weise nach sich. Damit wurde auch unser Raum gehoben und außerdem so verstellt, dass die Erdschichten von Nordwesten nach Südosten einfielen. Lokale Veränderungen modifizierten freilich bis zu einem gewissen Grade diesen allgemeinen Bauplan.

Die tektonischen Bewegungen wirkten sich auch auf das Klima aus. Während in der Kreide die Reliefunterschiede im mitteleuropäischen Raum - und nicht nur hier! - nur wenig in Erscheinung traten, somit die Landschaft nach allen Seiten offen dalag und deshalb das Klima weithin feucht-warmer Natur war, gestalteten sich die Verhältnisse im Verlaufe des Tertiär im ganzen wechselvoller. Zwar blieb das Klimaregime zunächst noch von der Art wie es sich in der Kreidezeit herausgebildet hatte, doch die Temperaturen begannen langsam aber sicher abzusinken.

Auch die bisherige, verhältnismäßig hohe Feuchtigkeit ging zurück. Die Jahreszeiten überhaupt gewannen zunehmend an Gestalt - eine Erscheinung die die Kreidezeit so nicht gekannt hatte. Dieser Klimawechsel ist sicherlich auch - wenigstens für unseren Bereich - mit der Alpenentstehung in Zusammenhang zu bringen, die die Luftzirkulation der warmen Winde von Süden her erheblich einschränkte und daher auch die bisherige relativ hohe Luftfeuchtigkeit reduzierte. Dabei muss aber auch im Auge behalten werden, dass sich diese Entwicklung nur langsam über das ganze Tertiär hinweg vollzog, bisweilen sogar von gegenläufigen Erscheinungen unterbrochen. In der Paläogeographie des frühen Tertiär traten gegenüber der Kreide erhebliche Unterschiede auf. Während in der Oberkreide das Nordmeer weithin Mittel- und Westeuropa bedeckte und in Südwestdeutschland nur noch eine verhältnismäßig kleine Rheinische und Böhmische Masse als Insel aus diesem ausgedehnten Meer herausragte, zog sich dieses am Ende dieser Periode zunächst u.a. aus Deutschland nach Nordwesten zurück. Mit Beginn des Paläozäns unternahm das Nordmeer erneut einen Vorstoß nach Süden, der aber Süddeutschland nicht mehr erreichte.

Trotz weiterer Ausdehnung des Meeres blieb unser Gebiet landfest. Diese Situation veränderte sich im nachfolgenden Eozän nicht wesentlich. Im Oligozän allerdings stieß das Meer dann über Hessen in den Oberrheingraben vor, dessen Anlage bereits im Eozän begann. Hinzu kam der Meereseinbruch vom Südmeer über den Rhonegraben, der seinerseits über die Burgundische Pforte mit dem Oberrheingraben in Verbindung stand.

Im Miozän zog sich das Nordmeer erneut nach Nordwesten zurück, während das Südmeer eine Einengung zwischen der Landmasse von Südwestdeutschland und Ostfrankreich einerseits und den sich weiter ausbildenden Alpen andererseits erfuhr. Dadurch wurde die Verbindung zwischen beiden Meeren nun für immer unterbrochen. Mittel- und Südwestdeutschland zwischen Donau und Rhein wurden endgültig Festland.
Die dargestellten erdgeschichtlichen Vorgänge hatten erhebliche Auswirkungen auf die Entwicklung des Flusssystems in Südwestdeutschland und damit auch auf die Rems. Die Darstellung der Entstehungsgeschichte dieses Flusses bedarf freilich einer eingehenderen Beschäftigung mit diesem Thema. Deshalb soll sie in einem besonderen Kapitel dieses Buches behandelt werden.

9. Quartär Pleistozän

Das Pleistozän, das mit den Eiszeiten gleichgesetzt wird, begann nicht schlagartig Das Klima, das während des älteren und zum Teil auch jüngeren Tertiärs zwischen subtropisch bis sogar tropisch hin und her geschwankt hatte, erfuhr im Spättertiär, insbesondere im Pliozän, eine deutliche und langsam fortschreitende Abkühlung. Diese einschneidende Änderung des Klimagangs schlug sich schließlich in Gestalt von verschiedenen Eiszeiten nieder, die von wärmeren Zwischeneiszeiten unterbrochen wurden. Man geht heute im Süddeutschen Raum von sieben, relativ gut abgesicherten Eiszeiten aus, die sich über einen Zeitraum von ca. 2 Millionen Jahren erstrecken. Allerdings steht diese Dauer des Pleistozäns nach wie vor in Diskussion, sodass an dieser Stelle weiterhin mit gewissen Änderungen zu rechnen ist. Auch sollte in diesem Zusammenhang nicht übersehen werden, dass durch diese zeitliche Ausdehnung des Pleistozäns in frühere Vergangenheit zurück nicht nur eine Vermehrung der "klassischen" vier Eiszeiten in deren sieben erfolgt, sondern darüber hinaus auch das frühere Pliozän von etwa neun Millionen Jahren auf drei geschrumpft ist.
Die Eiszeiten, Glaziale, sind durch Zwischeneiszeiten - Interglaziale - voneinander getrennt, doch haben auch die Glaziale selbst durch die fortschreitende Forschung eine weitere Differenzierung erfahren. So spricht man etwa bei der letzten, der Würmeiszeit, von einer früh-, hoch- und spätglazialen Phase, die durch mehr oder weniger ausgebildete Interstadiale voneinander getrennt sind.
Auch das Riss wird in drei Kälteperioden gegliedert, die durch wärmere Zeitabschnitte voneinander abgesetzt sind. Mindel, Haslach und Günz

scheinen klimatisch kompakter ausgeprägt zu sein, Donau und Biber jedoch weisen ebenfalls ein komplizierteres Klimabild auf.
Mit dem Einsetzen des Pleistozäns begann der Vorstoß des Eises einerseits von der Arktis im Norden her in die südliche Richtung. Dabei wurden von den sich ausdehnenden Eismassen sowohl Skandinavien als auch Großbritannien und Irland im Norden bzw. Westen, wie Nord- und Mitteldeutschland, Polen, die Baltischen Staaten und das westliche Russland im Süden und Osten erreicht. Im Süden dehnte sich das alpine Eis teilweise bis zur Donau, ja gebietsweise sogar darüber hinaus in Richtung Norden aus.
Das Gebiet zwischen Schwäbischer Alb und Mitteldeutschland blieb allerdings eisfrei, doch wurde auch hier die Landschaft wesentlich von den Auswirkungen der Eiszeiten mitgeformt. Während die Landschaft unter Eisbedeckung eine ganz bestimmte Gestalt erhielt,die sich unter dem Begriff der glazialen Serie zusammenfassen lässt, entwickelten sich in der eisfreien Zone zwischen dem nördlichen und alpinen Eis andere Landschaftsformen, die als periglazial bezeichnet werden. In diesen Bereich fällt auch das Remstal mit seiner Landschaftsentwicklung.
Es darf in diesem Zusammenhang nicht übersehen werden, dass die periglaziale Landschaftsformung auch in Südwestdeutschland nicht nur in Abhängigkeit von den beiden Eisblöcken im Norden und Süden erfolgte, sondern sich auch in den einzelnen Höhenzonen auf teilweise verschiedene Art und Weise vollzog.
So ließ sich z.b. im Südschwarzwald in den jüngeren Eiszeiten eine gewisse Vergletscherung feststellen, die eine glaziale Serie hervorgebracht hat, während gegen den Mittleren und Nördlichen Schwarzwald hin vorwiegend die periglazialen Prozesse griffen. Auf der Schwäbischen Alb haben sich dagegen keine eigentlichen glazialen Vorgänge ermitteln lassen, auch wenn sich in der höheren Westalb die Unterschiede zwischen beiden Formbildungsprozessen etwas verwischen.
Die periglazialen Formenabläufe haben sich auf ganz verschiedene Weise ausgewirkt. Bei Betrachtung der geologischen Karte unseres Gebiets fällt auf, dass die Rems zwischen Ursprung und Mündung - wie bereits hier dargetan - drei Hauptgesteinsprovinzen durchläuft: Jura, Keuper und Muschelkalk.
Die Einwirkung des Pleistozäns ist aber nicht nur auf diese drei Erdgeschichtssysteme als solche erfolgt, sie hat auch erhebliche Konsequenzen für die Morphologie, also die Oberflächenformen unseres Gebiets, gehabt. Bei der Betrachtung der Entwicklungsgeschichte dieses Formenkomplexes

erweist es sich als zweckmäßig, den Remsbereich in drei Höhenzonen zu gliedern und deren Entstehung vor allem während des Pleistozäns zu verfolgen.

Die Hochflächen

Die Hochflächen beiderseits der Rems werden zwischen Essingen und Mögglingen von den verschiedenen Stufen des Braunen Jura (Dogger) gebildet. Zwischen Mögglingen und Schwäbisch Gmünd schiebt sich der Schwarze Jura (Lias) in den Vordergrund. Von Schwäbisch Gmünd bis Großheppach bauen sich nördlich und südlich des Remstales die Keuperhöhen auf. Von Großheppach bis Neckarrems (Remseck) tritt an den Abhängen zur Rems Muschelkalk zutage, auf den darüber liegenden Hochflächen ist wieder unterer Lias anzutreffen, der aber vielfach von Löss und seinen verschiedenen Derivaten überlagert wird, die vor allem im Pleistozän und Holozän entstanden sind. Es ist möglich, daß sich im Spättertiär verhältnismäßig durchgehende Hochflächen entwickelt haben, wenn man von einem damals im allgemeinen herrschenden warmen und trockenen bis wechselfeuchten Klima ausgeht.
Diese Hochflächen mögen auch die verschiedenen Gesteinssysteme durch einheitliche Schnittflächen gleichsam gekappt haben - wie sich in manchen Gebieten immerhin zeigen lässt. Wichtiger aber ist die Feststellung, dass sich die genannten Gesteinssysteme in ihren Oberflächenformen insbesondere während des Pleistozäns wesentlich gewandelt haben. Hierbei gewannen die verschiedenen Gesteinsschichtstufen erheblich an Bedeutung, wie sie zuvor im späteren Tertiär noch nicht so deutlich in Erscheinung getreten war. Nun begannen sich nämlich Muschelkalk-, Keuper-, Schwarz-, Braun- und Weißjurastufe klar gegeneinander abzuheben und zwar mittels ausgeprägter Steilstufen, die im wesentlichen nach Nordwesten ausgerichtet waren.
Die Schrägstellung der Gesteinsschichten von Nordwesten nach Südosten trug das ihrige zur Herausbildung der Schichtstufenlandschaft im allgemeinen, aber auch der Steilstufen im besonderen bei. Im Zuge dieser Landschaftsentwicklung wurden die einzelnen Schichtstufen mehr oder weniger schnell von Nordwesten nach Südosten zurückverlegt. Man kann sich zwar wohl über das Zeitmaß dieser Rückverlegung streiten, der Grundvorgang als solcher kann aber schwerlich in Abrede gestellt werden.
Dabei muss jedoch beachtet werden, dass die Rückverlegung der einzelnen

Stufen keineswegs gleichmäßig erfolgte, sodass dies zur Herauspräparierung von geradlinig verlaufenden Schichtstufen führte, vielmehr wurden diese durch mancherlei Abtragungsprozesse gleichsam zerschlitzt, wobei der Flussarbeit besondere Bedeutung zukam. Durch die Erosion der vielerlei Flüsse wurde die Hochfläche zwischen ihnen abgetragen, gewissermaßen von oben nach unten aufgezehrt.
Durch die Flusserosion entstanden im Verlaufe des Pleistozän tiefe Täler mit unterschiedlich ausgestalteten Talsohlen. Zwischen letzteren und den Hochflächen vermittelten nun mehr oder weniger tief in die Landschaft eingesenkte Hänge, die eigene Formenbilder schufen. Durch die engeren oder breiteren Talsohlen wanden sich jetzt die einzelnen Flüsse hinab zu ihren Erosionsbasen in Gestalt von Hauptflüssen; diese strebten schließlich im Endeffekt dem Meere selber zu.
Die Flüsse mit ihren Tälern unterlagen einer eigenen Entwicklungsgeschichte, die zwar eng mit der der Hochflächen - der Schichtflächen - zusammenhing, die aber doch eine spezielle Prägung erfuhr. So bildete die Rems ihr zugehöriges Tal in der Hauptsache während des Pleistozäns aus. Dies bedeutet aber, dass der Fluss seine Tieferlegung im wesentlichen in diesem Zeitraum erfuhr. Hier waren die dazu erforderlichen Wassermassen mindestens zeitweilig vorhanden, die der Erosion vor der Denudation - der flächenhaften Abtragung - eindeutig den Vorrang gaben. Die einzelnen Eiszeiten waren ja durch Interglaziale - wärmere Zwischeneiszeiten - voneinander getrennt.
In diesen Interglazialen schmolz das während der Eiszeiten angesammelte Eis im großen und ganzen ab, bzw. wandelte sich in Wasser um, das infolge seines reichlichen Anfalls sich entsprechende Abflussrinnen verschaffte und damit der Erosion größten Vorschub leistete.
Der Boden war während der Glaziale in unserem Bereich allerdings höchstens mehrere Meter tief gefroren, im Vergleich zum rezenten Permafrost etwa Sibiriens mit bis zu 1000 m Dauergefrörnis eine doch recht geringe Tiefe! Trotzdem, gerade auf dieser Grundlage spielten sich die besonderen periglazialen Prozesse ab, die unseren Bereich in entscheidendem Maße formten und das Landschaftsbild bis in die Gegenwart hinein wesentlich mitbestimmten.
Auf den Hochflächen über den Tälern gestaltete der Frostboden die Landschaft auf eine verhältnismäßig einförmige Art und Weise. Durch den Wechsel von Gefrieren und Auftauen, der sich im jahreszeitlichen Wandel vollzog, bildete sich hier eine gewellte Oberfläche aus, die sich aus geho-

benen, abgesenkten und ebenen Geländeteilen zusammensetzte. Im gefrorenen Boden bildeten sich örtlich durch Wasseransammlung Eislinsen, die den Boden langsam aber sicher in die Höhe hoben und so die eigentümlichen runden Erhebungen erzeugten, die die periglaziale Landschaft teilweise charakterisierte. Schmolzen diese Eislinsen unter sommerlichen Temperaturen jedoch ab, so bildeten sich an ihrer Stelle Vertiefungen, in der sich das Auftauwasser ansammelte, das zwar im darauffolgenden Winter gefror, dadurch aber den Untergrund vor stärkerem Eindringen des Frostes schützte, so dass hier keine Eislinsen mehr entstehen konnten, vielmehr kleine Seen bis Moore an ihre Stelle traten.
Die Entstehung der letzteren war allerdings ganz von der Anlieferung organischen Materials durch die recht kümmerlich nur gedeihende Vegetation abhängig. Zwischen den Erhebungen und Einsenkungen blieb auch ebenes Gelände bestehen, in dem die übliche Verwitterung von Gestein, vom festen Gestein ausgehend, über Grob- und Feinschutt bis Sand, Silt und Ton als vorläufigen Endprodukten dieses Prozesses, weiter vor sich ging. Es muss nun allerdings festgestellt werden, dass auf den Hochflächen diese Formen oft nicht erhalten geblieben sind.
Die Einebnung, die Denudation als flächenhaft erfolgende Abtragung, trat hier in Erscheinung und verwischte weithin was die periglaziale Serie an Formen hervorgebracht hatte. Die linienhafte Abtragung durch die Gerinne, Bäche und Flüsse schob sich andererseits immer mehr in den Vordergrund. Diese bestimmte zunehmend den allgemeinen Charakter der Landschaft, sodass sich die für unser Gebiet typische Berg- und Tallandschaft ergab. Die periglazialen Formen sind jedoch nicht nur auf die Erdoberfläche beschränkt. Damit eng verbunden sind auch die Vorgange im Innern der Erde. So wirkte sich z.B. der Frostschub nicht nur in vertikaler Richtung, sondern auch seitlich aus. Dies hatte an den Hängen natürlich besondere Bedeutung, doch auch unter den Ebenen ergaben sich wichtige Formbildungsprozesse.
So kam es hier etwa zur Entstehung von sogenannten Eiskeilen. Dabei handelt es sich um eigenartige, keilförmige Gebilde, die oft einige Meter weit in das Erdreich reichen und auch am oberen Ende mehrere Meter an Breite aufweisen können. Fast immer sind sie jedoch von Bodenbildungen überdeckt, unter denen Löss- bzw. Lösslehm eine hervorragende Rolle spielen. Oft stellen letztere auch Füllungen der Eiskeile dar.
Man nimmt an, dass die Eiskeile zunächst als schmale Spalten unter der Schockwirkung von plötzlich einsetzendem Temperaturabfall in Erschei-

nung getreten sind. Durch das nachfolgende rhythmische Auftauen und Gefrieren sei es zur Erweiterung der Spalten gekommen, wobei diese aber gleichzeitig eine Verfüllung durch Löss und Sand erfuhren, wodurch sie sich morphologisch von ihrer Umgebung deutlich abhoben. Neben den Eiskeilen sind auch die Taschenböden zu nennen, d.h. taschenförmige Gebilde, die in die unterlagernden Schichten eingesenkt sind. Da hier horizontal Gesteinsschutt mit feinem Lössmaterial wechselt, ist davon auszugehen, dass durch Frosthebungen der Erdschichten Schutt an die Erdoberfläche geschoben worden ist. Zwischen den so entstandenen kleinen Aufwölbungen seien Löss und Sand zur Ablagerung gekommen. Später hatten sich in anhaltend kälteren Zeiten weitere Lössdecken darüber gelegt. Hierdurch sei der unebene, taschenförmige Untergrund gleichsam fossiliert worden und so bis in die Gegenwart erhalten geblieben.

Taschenböden von der beschriebenen Form sind übrigens schon zu Anfang unseres Jahrhunderts auf unserem Gebiet in der Nahe des Bahnhofs in Endersbach entdeckt und beschrieben worden, doch ist diese Fundstelle inzwischen völlig verschwunden. An dritter Stelle der periglazialen Erscheinungen auf ebenen Flächen mögen die Würgeboden genannt sein: Erdschichten, die gleichsam durchgeknetet sind, wobei die einzelnen Schichten aus Löss, Sand und Kies bestehend, sich gegeneinander abheben und jeweils eine eigene innere Struktur aufweisen. Die Entstehung dieser Form von Kryoturbation - wie wir unsere drei Periglazierscheinungen nennen wollen - ist nicht ganz geklärt, doch darf auch hier angenommen werden, dass der Frost im Wechsel von Gefrieren und Auftauen eine wichtige Rolle gespielt hat. Allerdings hat er hier mehr zu chaotischen Gebilden geführt.

Die Hänge

Die Hangformung der Täler während des Pleistozäns, das von seinem Wechsel zwischen Eis- oder Kalt- und Zwischeneiszeiten oder Warmzeiten geprägt wurde, hat natürlich auch im Remstal eine besondere Ausbildung erfahren. Zunächst ist davon auszugehen, dass das Tal als solches in erster Linie durch den Fluss, der darin verlauft, entstanden ist.

Durch das Einschneiden des Flusses sind die Hänge beiderseits desselben sehr wirksam gestaltet worden. Hier war also die Erosion, als Tiefen- wie als Seitenerosion, von einer großen Bedeutung. Beide haben in der ihnen eigentümlichen Weise zusammengewirkt und auf diese Weise die Talform, worin die Rems fließt, hervorgebracht.

Klimawerte für das Remstal

Mittl. Temperatur in C° pro Jahr – Wuchs-Klima

6°
- Essingen (508) – III/IV
- Heubach (465) – IV
- Mögglingen (413) – IV
- Waldstetten (387) – III

7°
- Schw. Gmünd (321) – III
- Lorch (288) – III
- Schorndorf (256) – II

8°
- Beutelsbach (236) – I
- Hegnach (279) – II
- Waiblingen (229) – II

9°
- Neckarrems (212) – I

Mittl. Niederschlag in mm pro Jahr

1000
- IV/III Essingen (508)
- III Waldstetten (387)
- IV Mögglingen (413)
- IV Straßdorf (409)

900
- III Schw. Gmünd (321)
- IV Großdeinbach (430)
- II Schorndorf (256)

800
- I Schnait (270)
- I Stetten (265)
- II Endersbach (241)

700
- II Waiblingen (229)
- II Hegnach (279)

600

500

Wuchsklima

- I sehr warm – Wein/Obstklima
- II warm – Obstklima
- III mäßig warm – Wintergetreide-Obstklima
- IV mäßig kühl – Obst-Wintergetreideklima

Zahlen in Klammern: Höhenlage in m NN

Während des Pleistozäns mit seinem Wechsel von Kalt- und Warmzeiten trat jedoch die Tiefenerosion in den Vordergrund. Ihr haben wir in erster Linie das auffallend tiefe Einschneiden der Flüsse in ihren Untergrund zu verdanken. Hierbei kann von einem rhythmischen Wechsel zwischen Einschneiden und Verharren desselben auf einem bestimmten Niveau ausgegangen werden. Dies bedeutet, dass in den Zwischeneiszeiten vorwiegend eine Eintiefung des Flusses erfolgte, wogegen in den Eiszeiten diese weitgehend ruhte. Allerdings ist hinzuzufügen, dass der Beginn einer Eiszeit von der vorausgegangenen Warmzeit noch wesentlich in dem Sinne mitbestimmt wurde, als hier der Niederschlag zunächst weiterhin in flüssiger Form niederging. Durch das langsame Absinken der Temperaturen mit fortschreitender Kaltzeit kam es zur Zunahme von Schneefall. Das Klima wurde jetzt insgesamt kühler und trockener. Dazu begann der Boden bis in mehrere Meter Tiefe zu gefrieren. Dieses Gefrieren konnte durch vorübergehendes sommerliches Auftauen des Bodens nur teilweise beseitigt werden. Dadurch wurde die Tieferlegung des Flusses bzw. Talbodens gestoppt. Jener transportierte zwar von den Hochflächen und Hängen abgetragenes Material herbei, vielmehr flussabwärts, doch wurde es früher oder später in der Talaue wieder abgesetzt, sodass es hier zur Entstehung verhältnismäßig breiter Schotterfluren kam. Gegen Ende einer Eiszeit gewann aber das wärmere und feuchtere Klima mehr und mehr die Oberhand, das dann in die eigentliche Warmzeit überleitete. Gerade in dieser Übergangszeit dürfte jedoch der Fluss in besonderem Maße zur Tiefenerosion übergegangen sein, als zu dem ganzjährig dahin strömenden Wasser des Flusses noch Wasser von geschmolzenem Eis und Schnee dazukam und sich deshalb im Frühjahr bis Frühsommer ausgedehnte Überschwemmungen der Talaue einstellten. Zwar wurden durch die anfallenden großen Wassermengen die Schotterfluren teilweise ausgeräumt, aber gleichzeitig erfolgte eine Tieferlegung des Flussbetts als Ganzes. Der geschilderte Prozess wiederholte sich mehrere Male wahrend des Pleistozäns analog dessen Wechseln zwischen Kalt- und Warmzeiten. Hierdurch wurden die Hänge beiderseits der Flüsse gleichsam abgetreppt, steilere Hangstücke wurden von verhältnismäßig ebenen Terrassen unterbrochen, eine Folge die von den Hochflächen bis in die heutigen Talauen hinabreicht. Anhand dieser vertikalen Gliederung des Tales bzw. seiner Hänge, kann die Geschichte der Flüsse wahrend des Pleistozäns relativ gut rekonstruiert werden.

Die allgemeine Hangformung in den Talern ergab sich allerdings nicht nur durch die Flussarbeit als solche, sondern auch durch denudative - flächenhafte - und erosive - rinnenhafte - Abtragung. Bei der letzteren muss in Anschlag gebracht werden, dass der Abfluss des Niederschlagswassers nicht nur durch den Hauptfluss erfolgte, vielmehr erhielt dieser sein Wasser durch eine Anzahl mehr oder weniger bedeutender Nebenflüsse oder Bäche, die ihren Weg über die Hänge zu jenem suchten und fanden. Dabei schnitten sie stark in den Untergrund ein, je nach Menge des abfließenden Gewässers und der Hangneigung. Auf diese Weise erzeugten sie sogenannte Kerb- oder V-Täler, die in unserem Gebiet auch Klingen genannt werden.

Diese hauptsächlich erosive Abtragung zeigt an, dass durch die Arbeit der Bäche zwar lockeres Material dem Hauptfluss zu transportiert, jedoch erst in dessen Bett abgelagert wurde. Nach zuvor dargestellter Lage der Dinge war der Abfluss von Wasser über die Hanggerinne zu Beginn einer Kaltzeit und gegen deren Ende hin am größten, sodass es gerade in diesen Zeiträumen zur charakteristischen Ausbildung der Klingen kam. Die Klingen,wie sie sich jetzt unseren Blicken darbieten, sind weithin ein Ergebnis der letzten Eiszeit (Würm), aber auch noch des nachfolgenden frühen Holozäns. Bis zu einem gewissen Grade freilich vollzieht sich eine Weiterbildung derselben bis in die Gegenwart hinein, doch erfolgt sie jetzt in durchaus geringerem Ausmaß denn in den beiden genannten Zeitabschnitten, da für den Transport von Schutt und Feinmaterial im allgemeinen nur noch verhältnismäßig geringe Wassermassen zur Verfügung stehen.

Die Zuflüsse der Rems konnten unter den eiszeitlichen Bedingungen durchaus mit der Tieferlegung des Hauptflusses Schritt halten und ihr Längsprofil auf das durch diesen vorgegebene Erosionsniveau einstellen. Da ihnen außerdem viel Hangschutt - durch eiszeitliche Verwitterung zubereitet - zur Verfügung stand, konnte dieses relativ leicht bis zur Talsohle befördert werden. Dort freilich wurde dieser Schutt im wesentlichen abgelagert, so dass der Verlauf des Hauptflusses dadurch beeinflusst wurde.

Er wurde nämlich durch die Schuttmassen vom einen Talsohlenrand zum gegenüber liegenden abgedrängt, wodurch seine natürlichen Pendelbewegungen - die Flussmäander - noch verstärkt wurden. Im ganzen aber setzte sich der Hauptfluss wegen seiner im allgemeinen größeren Wassermenge gegen die Schuttkegel seiner Nebenflüsse durch, die er vielfach einfach abtrug, oder nur Reste von ihnen stehen ließ. Auf solchermaßen entstandenen Schuttkegeln haben, sofern sie ausgeprägt genug waren, später menschliche Ansiedlungen bzw. Ortschaften ihren Platz gefunden. Bei der Identifizierung solcher Schuttkegel muss man indessen einige Vorsicht walten lassen, damit man sie nicht mit niedrigen, auf andere Weise entstandenen Bergvorsprüngen verwechselt.

Der Talgrund

Die Talsohle der Rems ist im Bereich von Braun- und Schwarzjura sowie Keuper durchweg recht breit ausgebildet, so dass man in diesem Falle, von der Talform ausgehend, von einem Sohlental sprechen kann. Damit steht das Haupttal in der Formgebung in deutlichem Gegensatz zu vielen seiner Nebentäler, von denen insbesondere die kleineren meist Kerbform aufweisen. Die auffallende Verebnung des Haupttalgrundes ist zunächst einmal auf die Aufschüttung durch den Fluss zurückzuführen. Hierbei muss allerdings bedacht werden, dass die Aufschüttungen auf der Talsohle nicht ganz gleichmäßig erfolgten. In Zeiten, da der Fluss kein Hochwasser führte, band er sich an ein verhältnismäßig enges Bett, das zumeist mehr oder weniger oft und stark gewunden war.
Bei Anfall großen Hochwassers, wie etwa in der Spätphase einer Eiszeit, aber auch in den frühen und mittleren Phasen der Nacheiszeit, trat der Fluss ungehemmt über seine Ufer und überschwemmte den ganzen Talgrund zwischen nördlichem und südlichem Steilrand. Im Verlaufe solcher Überschwemmungen wurde natürlich reichlich durch den Fluss mitgeführtes, abgetragenes Material auf der Talsohle abgesetzt. Jenes bestand aus mehr oder weniger grobem Schutt, aus feinerer und gelöster Fracht. Durch den Flusstransport wurde der Schutt geschliffen und erhielt dadurch die Form von Kies. Gleichzeitig wurden jedoch die Schuttstücke vom Wasser auch abgeschliffen. Bestanden jene aus Kalksteinen, so blieb unterschiedlich großer Kalksteinkies zurück, setzten sich jene jedoch aus Sandsteinfragmenten zusammen, so kam es einerseits zur Bildung von Sandsteinkies, zum andern zur Entstehung von Sand. Weiches Mergelgestein hingegen wurde auf seinem Transportweg schon bald von den Wassermassen zerrieben, so dass im Endeffekt meist nur staubfeines Material übrig blieb, das vom Fluss als "Schweb" - weil schwebend im Flusswasser bewegt - weiter transportiert wurde.
Schließlich wurde im Wasser auch Kalk gelöst, der in dieser Form von jenem leicht weiter flussabwärts befördert werden konnte. Boden- bzw. Schichtprofile, die im Talgrund der Rems niedergebracht wurden, zeigen, dass vielfach bereits in wenigen Metern Tiefe Kies- und Sandschichten beginnen, die bis zu 10 m unterhalb der Oberfläche anzutreffen sind. Aller-

dings sind sie nicht mehr durchgehend bis in diese Tiefe entwickelt, vielmehr werden sie immer wieder von Schichten unterbrochen, die sowohl feineres Korn als jene aufweisen, als auch auf Entstehung in Staugewässern aufmerksam machen. Profilvergleiche über die ganze Talsohle hinweg zeigen außerdem, dass die einzelnen Boden- und Sedimentschichten nicht gänzlich parallelisiert werden können, was mit ungleichmäßigem Abfluss des Gewässers in Zusammenhang zu bringen ist. Bei Hochstand des Wassers, also Ausfüllung der Talaue in ihrer ganzen Breite, trägt der Fluß die abgesetzte Fracht am gleichmäßigsten auf dem Talgrund auf. In der Anfangs- und Endphase des Hochwassers erfolgt jedoch der Abfluss des Wassers auf die Talaue verteilt ungleichmäßig, sodass auch die Sedimentation genauso vor sich geht. Dadurch kommen, bedingt vor allem durch die andere Fließgeschwindigkeit, an Stellen stärkerer Strömung gröbere Sedimente zum Absatz, während in schwächeren Strömungsbereichen feinere Fracht abgelagert wird.
Durch den Rückgang des Hochwassers erfolgt eine langsame, jedoch stetig fortschreitende Freigabe der Talaue durch den Fluss. Dieser zieht sich auf ein - an der Talbreite gemessen - relativ schmales Bett zurück, wobei er zunächst zwar noch über viele Rinnen seinen Weg sucht, später aber sich auf ein einziges Bett beschränkt. Bei zunehmender Verflachung des Längsgefälles beginnt der Fluss zu mäandrieren, d.h. in Schlingen durch die Talaue zu ziehen. Man spricht in diesem Falle von Flussmäandern, die von den Mäandern, die das Tal als Ganzes bildet, zu unterscheiden sind. Die Hochwasser lassen aber auch an verschiedenen Stellen der Talaue kleinere Restseen zurück, die infolge zufließender Hanggewässer da und dort erhalten bleiben und gelegentlich Moore ausbilden. Durch später eintretende Überschwemmungen werden sie aber in der Regel von Flusssedimenten überdeckt und damit zum Verschwinden gebracht. Flussbegradigungen, die in größerem Ausmaß an der Rems seit dem letzten Jahrhundert durchgeführt wurden, haben auch die letzten Moore in der Talaue praktisch gänzlich beseitigt.
Die beschriebene Entwicklung von Tal und Fluss dürfte sich im Prinzip über das ganze Pleistozän hinweg vollzogen haben, wobei die Flussgeschichte insbesondere durch die wärmeren Zwischeneiszeiten in vollen Gang gebracht und gefördert wurde.
Die Kies- und Sandschichten, die in geringer Tiefe unter der heutigen Talaue der Rems anzutreffen sind, setzen zu ihrer Ausbildung beträchtliche Hochwasser voraus, die in diesem Ausmaß nur am Ausgang der letzten

(Würm-)eiszeit, aber auch noch mehrere Jahrtausende nach Ausklingen jener Eiszeit, angefallen sein können. Man wird also die gröberen Flusssedimente dieser Zeit zuzuordnen haben, zumal an gewissen einzelnen Stellen auch fossile Reste von Tieren aus jenem Zeitabschnitt zutage gekommen sind. Die Fauna des Pleistozäns spiegelt sehr deutlich den wechselvollen Klimagang von Kalt- und Warmzeiten wider, wahrend die Flora nur in reduziertem Maße diese Veränderungen erkennen lässt. Bei den Großsäugetieren stehen z.B. Mammuthus primigenius, der Steppenelefant, Coelodonta antiquitatis, das Fellnashorn und Rangifer tarandus, das Rentier, als typische Vertreter der letzten Kaltzeit im Vordergrund.
In der letzten Zwischeneiszeit (Riß/Würm) sehen wir dagegen Elephas antiquus, den Waldelefanten, Dicerorhinus Kirchbergensis,das Waldnashorn, Sus scrofa, das Wildschwein, Capreolus capreolus, das Reh und Cervus dama, der Damhirsch, auf dem Plan. Als weniger vom Klima abhängig stellen sich Equus caballus, das Wildpferd, Megaloceros giganteus, der Riesenhirsch, Cervus elaphus, der Rothirsch, Bos primigenius, der Auerochse und Bison priscus, das Steppenwisent, dar. Reste dieser Tiere konnten vor allem in den Talsedimenten unserer größeren Flüsse geborgen werden. Auch das Remstal ist durch verschiedenerlei Funde dieser Tierarten aus dem jüngeren Pleistozän repräsentiert. Sie können in mehreren Ortsmuseen des Remsgebiets in Augenschein genommen werden.

Der Löss
Hier muss aber auch einer weiteren wichtigen Hinterlassenschaft der Eiszeiten, insbesondere deren letzteren, der Würmeiszeit, gedacht werden. Die geologischen Karten verzeichnen vor der größeren Keuperstufe im Bereich vor allem der Gäulandschaft, die sich zwischen Schwarzwald und jener Stufe ausbreitet, den Löss als oberste Erdschicht. In unserem Bereich ist es vor allem die Waiblinger - Fellbacher Bucht, die von diesem Sediment eingenommen wird. Aber auch auf Keuperhochflächen und solchen des Schwarzjura wird da und dort, freilich nur inselhaft, in kleinem Ausmaß, Lössbedeckung von älteren Schichten angetroffen. Dieses typische Eiszeitprodukt liegt zumeist in mehreren Schichtkomplexen vor, die durch Bodenbildungen voneinander getrennt sind. Daraus ist geschlossen worden, dass die verschiedenen Lösse auch verschiedenen Kaltzeiten zuzuordnen sind. Obgleich eine exakte zeitliche Gliederung der Schichten eine gewisse Schwierigkeit bereitet, hat sie doch einer Differenzierung des jüngeren Pleistozäns, einen nicht zu unterschätzenden Dienst geleistet.

Beim Löss handelt es sich um ein gelbgraues, staubartiges, nur wenig verfestigtes Sediment, das vornehmlich einer Korngröße zwischen 0,006 und 0,06 mm und damit dem Silt oder Schluff zuzuordnen ist. Mehr als die Hälfte des Lösses pflegt sich aus Quarzkörnern zusammen zu setzen. Der Rest besteht aus Feldspat und Glimmer, sowie Ton und weiteren Mineralien, wobei die sogenannten Schwermineralien vor allem bezüglich der Herkunft des Gesamtsediments eine gewisse Rolle spielen. Bedeutsam ist nun aber, dass die einzelnen Staubkörner von Karbonaten umhüllt werden, die in erster Linie die Lockerheit des Lösses bedingen. Werden die Karbonate jedoch durch Niederschlagswasser ausgewaschen, geht der Löss in Lösslehm über. In diesem Zustand verliert er weithin seine Standfestigkeit und gerät leicht ins Rutschen, insbesondere wenn volle Wassersättigung eintritt. Im eigentlichen Löss ergeben sich jedoch durch Auswaschung nicht selten tiefe Rinnen, die dann vielfach als Hohlwege für menschliche Zwecke genutzt werden. In diesen natürlichen Aufschlüssen wird bereits deutlich, dass die Lössmächtigkeit einige Meter betragen kann. Dies trifft in unserem Gebiet vor allem auf die Waiblinger - Fellbacher Bucht zu, die zu recht teilweise mit Lösslehm, aber auch eigentlichem Löss auf der geologischen Karte verzeichnet ist. In diesem Bereich darf aber nicht übersehen werden, dass der Löss bzw. Lösslehm dem Unteren Keuper und gegen die Keupersteilstufe zu zunehmend auch dem Gipskeuper aufgelagert ist. Diese voneinander recht verschiedenen Schichten lassen sich nicht immer leicht auseinander halten, vielmehr sind sie oft miteinander vermengt. Dieser Zustand hängt eng mit der Entstehung zusammen. In feuchten Zeiten während des Pleistozäns, aber auch erst recht des Holozäns, wurden Löss und oberste Keuperschichten sehr stark von Niederschlagswasser durchtränkt, sodass sie ins Rutschen gerieten. Dadurch ergab sich aus der ursprünglichen Schichtung ein ungeordnetes Gemenge der verschiedenen Schichtkomplexe, wie es jetzt vielfach zu beobachten ist.
Durch Abtragung wurde der Löss und seine Derivate aber auch weggeführt und in Flussbetten bzw. Flussauen mehr oder weniger weit vom Ursprungsort entfernt wieder gelagert. Aus diesem Grunde trifft man auch Löss und Lösslehm in Gegenden an, in denen diese ursprünglich nicht beheimatet waren.
Die vom Niederschlagswasser gelösten und weggeführten Karbonate werden in einer gewissen Tiefe des Bodens wieder ausgefällt. Sie ballen sich da und dort zu festen, formlosen aber auch recht harten Knollen zusammen, die als "Lösskindel" bezeichnet werden. Der Löss wurde insbesonde-

re in der mittleren - kalten und trockenen - Phase einer Eiszeit gebildet. Er entstand im Periglazialbereich. Die Verwitterung des Gesteins schritt hier lebhaft voran, bis die großen Gesteinsstücke staubfein zerkleinert waren.
Bei allgemein trocken - kaltem Klima waren wichtige Voraussetzungen zum Transport des Staubes durch den Wind gegeben. Als Ursprungsort des Lösses für unseren Bereich kommen das Oberrheingebiet, aber auch südlicher Schwarzwald und Schweizer Voralpen in Betracht, in denen die Bedingungen für die Entstehung des Lössstaubes gegeben waren. Dazu gehörte auch die weitgehende Vegetationslosigkeit gerade dieser Landschaften, die den Wind mit seiner Ausblastätigkeit in hohem Maße zur Geltung kommen ließ.
Da er mindestens im Hochglazial vorwiegend aus Südwest bis Süd kam, konnte er die in den genannten Gebieten entstandenen Staubmassen ausblasen und in nordöstliche bis nördliche Richtung wegführen, wodurch sie besonders in der Gäulandschaft zur Ablagerung gelangten. Bei diesem Vorgang überwand der Löss leicht den Luv von Schwarzwald und Alb, wurde aber im Lee der Gäulandschaft abgebremst und schlug sich in deren Steppe mit ihren Gräsern und Kräutern schließlich nieder. Die höher gelegene Keuperlandschaft wurde im allgemeinen von dem feinen Staub nicht mehr erreicht.
Nur vereinzelte, inselhafte Vorkommen auf den Höhen nördlich und südlich des Remstals, auf den höheren Lagen des Schwäbisch-Fränkischen Waldes, des Albvorlands und des Schurwaldes lassen sich nachweisen; diese enden bei etwa 500 m NN.
Interessant ist auch die Kleinfauna, die der Löss üblicherweise enthält und anhand derer seine Identifizierung erleichtert wird. So finden sich z.b. in der Kalt-Lösssteppe bei der Gastropoden- (Schnecken-) klasse insbesondere die Pupilla - Gattung, in der warmen Lösssteppe (warme Sommer, kalte Winter) dagegen vor allem die striate - Gattung vor, während die Columella - Formen eher ein kalt - feuchtes subarktisches Klima dokumentieren.

Die Mäanderbildung

Das Remstal hat seine Oberflächenformen wie so viele andere Taler in der Hauptsache im Verlaufe des Pleistozäns mit seinem vielfältigen Wechsel von Kalt- und Warmzeiten erhalten. Bei genauerer Betrachtung der Talform im Ganzen fällt alsbald auf, dass diese wesentlich von den unterlagernden Gesteinsschichten mitbestimmt wird. So zeigt sich z.B. eine be-

trächtlicher Unterschied zwischen der Talausbildung in den drei Hauptgesteinssystemen Jura, Keuper und Muschelkalk, wenn wir diese Gegebenheiten talabwärts betrachten.
Im Gebiet des Weißen Jura oder Malm vom Remsursprung bis Essingen verläuft der Fluss ziemlich eingezwängt zwischen den steilen Talflanken des genannten Gesteins. Der eigentliche Talgrund ist so schmal, dass das Gewässer verhältnismäßig geradlinig seinen Lauf nehmen muss. Man könnte die Talform insgesamt in diesem Bereich ein Kerbtal nennen, eine Talebene ist nur andeutungsweise gegeben. Dies hängt damit zusammen, dass die Rems hier in dem relativ harten Gestein des Weißen Jura, wenn auch etwas weicher ausgebildeten Malm alpha verläuft. Dadurch wird sie sehr stark zur Erosion, zum Einschneiden in die Tiefe, veranlasst, wogegen ihr die Seitenerosion weithin versagt bleibt.
Mit Verlassen des Weißjura tritt die Rems zunächst in den Braunen Jura, den Dogger über, dessen Stufen zeta bis beta sie alsbald hinter sich lässt und sich dann in der Alpha-Stufe bis gegen Hermannsfeld hin bewegt. Das Tal als ganzes wirkt in diesem Abschnitt offen und sehr breit. Man kann es als regelrechtes Muldental bezeichnen. Der Fluss mit seiner noch recht geringen Wasserführung gibt in diesem Bereich die Tiefenerosion zwar nicht auf - das Flussbett befindet sich immerhin mehrere Meter unterhalb der Talebene - doch tritt insofern ein Wandel im Flussverlauf auf, als dieser jetzt zu pendeln anfangt, Schlingen, sogenannte Mäander zu formen beginnt, dessen einzelne Bögen freilich von unterschiedlicher Größe sind. Die flache Muldenform des Tales, verbunden mit einem unter 1 % liegenden Gefälle bis auf die Höhe von Mögglingen, veranlasst den Fluss zu charakteristischem Mäandrieren.
Man spricht in diesem Falle von Fluss- oder auch Auenmäandern, da der Fluss seine Schlingen über die ganze Talaue hinweg auszudehnen vermag. Bei einer Talmuldenform ist ihm dies allerdings nur in eingeschränktem Maße möglich, da der Talgrund nach beiden Seiten hin zwar langsam aber doch deutlich anzusteigen beginnt. Wo der Fluss aber - wie wir noch sehen werden - ein Sohlental zu formen beginnt, entfällt diese Beschränkung und dieser kann die Talebene ihrer ganzen Breite nach für seine Mäander in Anspruch nehmen. Die Rems tritt wenig oberhalb Hermannsfeld in Schwarzjura, unterhalb Mögglingen in Knollenmergel und unterhalb Böbingen bereits in Stubensandstein über. Die Talform beginnt sich in ein Sohlental zu wandeln, mit einem ebenen Talboden, der dem mäandrierenden Fluss den bereits aufgeführten Spielraum belässt.

Die Talform der Rems ist zwischen Eintritt in den Keuper und dem Austritt aus demselben bei Großheppach sowohl die eines Sohlentals, aber auch von einer erstaunlichen Geradlinigkeit, die nirgendwo in diesem Abschnitt eine wesentliche Änderung erfahrt. Zwischen Großheppach und Waiblingen ergibt sich eine Übergangszone, da der Südhang dieser Zone von hier ab seine Formgebung von dem Muschelkalk erhält, der - teilweise - flache Nordhang hingegen immer noch vom Keuper bestimmt wird.
Hier hat sich durch den Remstalgraben eine sehr breite und ebene Talaue entwickelt, auf der einst die Rems lebhaft hin- und herpendelte. Durch die tiefgreifende Remskorrektur ist hier allerdings der Fluss ganz besonders gestreckt worden, wodurch seine Mäander verschwunden sind.
Eine ganz andere Lage ergibt sich für die Rems mit dem völligen Eintritt in den Muschelkalk. Hier verliert das Tal seine Geradlinigkeit und geht nun seinerseits in Mäanderform über, so dass man jetzt von Talmäandern spricht. Im Talgrund aber ahmt der Fluss mit seinen Schlingen genau die Talmäanderform nach, so dass sich nun Fluss- und Talmäander ziemlich genau decken.
Wahrend die Rems im Jura- und Keupergebiet nur wenige Meter unter die Talebene eingeschnitten ist und vor allem auf beiden Seiten von einem gleichartigen Steilrand eingeschlossen ist, wandelt sich diese symmetrische Form im Muschelkalkgebiet in eine solche asymmetrischer Art um. An dem Außenrand des Bogens bildet der Fluss einen Steilhang aus, wogegen auf der Bogeninnenseite eine Verflachung des Geländes in Richtung zu dem Mäander hin eintritt. In diesem Fall spricht man allgemein von einem Gleithang. Auf diese Weise wechseln Steil- und Gleithang im Längsverlauf des Tales auf eine rhythmische Weise miteinander ab.

10. Quartär: Holozän

Das Pleistozän, die Eiszeit, wurde vor ca. 8300 Jahren v. Chr. - jedenfalls in unserem Gebiet - vom Holozän, der Nacheiszeit, abgelöst. Diese reicht bis in die Gegenwart. Die Frage ist schon des öfteren aufgeworfen worden, ob damit die Eiszeit überhaupt zum Abschluss gekommen ist, oder ob auch in Zukunft mit weiteren Eiszeiten zu rechnen sei.
Nach unserem heutigen Kenntnisstand in erdgeschichtlichen Vorgängen kann diese Frage weder eindeutig bejaht noch verneint werden. Gewiss, es sprechen einige Indizien für einen Fortgang der Kaltzeiten auch in Zukunft und es gibt sogar Forscher, die mit einer neuen Eiszeitperiode in wenigen Jahrtausenden rechnen. Aber Gründe, die gegen diese Auffassung spre-

chen, sind ebenso stichhaltig. Aus diesem und auch anderen Gründen sei dieses Thema nicht weiter erörtert. Vor etwa 20 000 Jahren erreichte die letzte, die Würmeiszeit, ihren Höhepunkt. Die Gletscher, die aus den Alpen weit nach Norden vorstießen, erreichten in dieser Zeit ihre äußerste Endlage. Danach zogen sie sich langsam nach Süden in ihr Herkunftsgebiet zurück, die Alpen. Dieser Vorgang erstreckte sich freilich über einige Jahrtausende hinweg. Und auch in diesem Zeitraum wechselten, genau genommen, Rückzugs- mit zeitweiligen Vorstoßphasen einander ab. Allerdings erreichte das Eis bei diesen neuerlichen Vorstößen nach Norden nie mehr die frühere Eisendlage, die für den Rheinvorlandgletscher bei Schaffhausen endete und von dort in einem großen Bogen über das Hegau und das nördliche Oberschwaben hinweg den seinerzeit noch größeren Federsee im Süden berührte. Von diesem nördlichsten Punkt aus lässt sich seine äußerste Grenze nach Südosten zum Wurzacher See und schließlich bis zur Adelegg im nördlichen Allgäu verfolgen.

Von Schaffhausen wich das Eis über Singen bis nach Konstanz zurück. Damit endete auch das Hochglazial. Im Spätglazial setzte sich der Eisrückzug über die weiteren Stadien Weißbach - Koblach, Clavadel, Daun und Egesen fort, wobei die genannten Orte jeweils Punkte bezeichnen an denen das Eis zu vorübergehendem Stillstand kam.

Zwischen Clavadel und Daun schob sich das wärmere Interstadial Bölling, und Alleröd trennte als kleine Warmzeit Daun und Egesen voneinander. Damit stehen wir am Übergang zum Holozän. Das Spätglazial, dessen Klimagang wir soeben skizziert haben, war in unserem Gebiet von einer zunächst kalten Steppe gekennzeichnet, die aber zunehmend wärmeren Charakter annahm, der sich insbesondere in einer sich wandelnden Vegetation kundtat. Vor dem Bölling - Interstadial beherrschte noch eine dürftige Flora die allgemeine Szene. Mit dem Aufkommen wärmerer Temperaturen, die sich vor allem im Sommer auswirkten, setzte sich aber mehr und mehr eine Pionier-Vegetation durch, in der wohl Artemisia, also die Wermutgewächse, die Hauptrolle spielten. Die nächste Flora - Generation wird überwiegend von Kräutern dominiert, unter die sich bereits niedrige Büsche wie Juniperus (Wachholder), Betula nana (Zwergbirke)und Weiden mischten. Die letzteren - als Holzpflanzen - schoben sich weiter in den Vordergrund.

Noch im Alleröd kam es von Südosten her zu einer ersten Bewaldung unseres Gebietes, die allerdings nur von recht lichter Art war. Dieser Primärwald setzte sich im wesentlichen aus Waldbirken und Kiefern zusammen,

doch vermochte er die Kräutersteppe noch nicht zu verdrängen. Dies geschah erst ab Jüngerer Tundrenzeit und auch da nur zögernd, da es hier zu einem neuerlichen Kälterückfall kam. So vermochten sich z B. insbesondere Ericaceen und Rumex (Ampfer-)gewächse neben jenen wesentlich größeren Pflanzenarten zu behaupten.
Mit dem Übergang ins Holozän und damit in die Nacheiszeit aber setzten sich Birken und Kiefern mit ihrer Waldbildung bald voll durch. Das Präboreal, die Vorwärmezeit, stand ganz im Zeichen dieser Entwicklung. Dass die Birken und die Kiefern in dieser Zeit in den Vordergrund traten war keineswegs Zufall. Beide Baumarten sind nämlich lichtliebend. Solange die Konkurrenz anderer, schattentragenden Baumarten ausblieb, war die Dominanz jener beiden Lichthölzer und auch ihren Ausbreitungsmöglichkeiten kaum Grenzen gesetzt.
Trotzdem dürfte sich auch hier bald eine lokale Differenzierung dergestalt ergeben haben, dass die Birken als Standorte mehr feuchte Gebiete vorzogen, während die Kiefern auch mit trockeneren Arealen durchaus zurecht kamen. Dieser Tendenz schlossen sich in der Folgezeit auch weitere Lichtholzarten wie Pappel, Lärche und Weide an, wobei die Lärche mehr dem Entwicklungsgang der Kiefer zuneigte, die Weide hingegen stärker mit der Pappel zusammen und der Birke sich in ihren Biotop teilten, sodass sie schließlich für Feuchtbiotope repräsentativ wurden. Die Birke mit ihren aufgeführten Begleitern dürften für die Herausbildung eines Auenwaldes gerade auch im Remstal wachsende Bedeutung bekommen haben. Dabei wird man wohl im Auge behalten müssen, dass der Talgrund auch hier in dieser und in der Folgezeit, die ja im allgemeinen nicht nur wärmer sondern auch feuchter sich gestaltete, regelmäßig von bedeutenden Überschwemmungen heimgesucht wurde. Durch diesen Vorgang dürften zunächst weiterhin erhebliche Schuttmassen talabwärts befördert worden und einigermaßen verteilt auf dem Talgrund zum Absatz gelangt sein. Bei der Abfolge des letzteren spielte jedoch auch die allgemeine Talgestalt eine wichtige Rolle. So kam es z.B. im großen Schorndorfer Becken zu einer ausgedehnten Ablagerung von Sedimenten.
Die Talverengung flussabwärts bei Winterbach hinderte die anfallenden großen Wassermassen mit ihrer umfangreichen, mitgeführten Fracht daran diese weiter talabwärts zu transportieren. Sie wurde veranlasst sich vor der Talenge abzusetzen, wodurch es gerade hier zur Aufschüttung mächtiger Kies- und Sandschichten kam. Diese dürften also eine gute Widerspiegelung des allgemeinen Klimaganges in unserem Gebiet darstellen, das im

frühen und mittleren Holozän entschieden von einem feuchtwarmen Wetterregime geprägt war.
Ab etwa 7000 bis 800 v. Chr. hielt die soeben skizzierte Entwicklung im wesentlichen an, wobei in der Spätphase dieses Zeitabschnitts allerdings die Trockenheit zunahm, was sich nicht zuletzt im Vegetationsbild niederschlug. Zunächst gelangte die Hasel in der frühen und etwas trockenen Wärmezeit (7000 - 5500 v. Chr.) - übrigens als Lichtholz - zu hervorragender Bedeutung, aber in der anschließenden Mittleren Wärmezeit traten neue Baumarten wie etwa Eiche und Linde auf trockenerem Gelände, Ulme, Esche, Ahorn hingegen in Feuchtgebieten in Erscheinung und in den Vordergrund. Man ordnet diese Phase zeitlich zwischen 5500 und 3100 v. Chr. ein. Danach machte die mittlere der späten und trockeneren Spätwärmezeit (3100 - 800 v. Chr.) Platz. Noch einmal kam die Hasel im und teilweise gegen den Eichenmischwald auf und behauptete das Feld vor ihren feuchtigkeitsgewohnteren Gegenspielern.
Eine weitere wichtige Veränderung vollzog sich auf dem Talgrund der Rems. Während der vorwiegend feuchten Eichenmischwaldzeit ergaben sich immer wieder bedeutende Überschwemmungen der Talaue. Nach Rückgang des Hochwassers aber blieb ein Teil desselben noch längere Zeit in Mulden und Vertiefungen der Talebene zurück. Da die Auenvegetation unter den geschilderten klimatischen Bedingungen trefflich gedieh, begannen sich an den genannten Plätzen regelrechte Moore zu bilden, die freilich nur zum Teil über das Anfangs-, das Niedermoor, hinaus zum Hochmoor gelangten. Einige Profile, die im Raum Schorndorf - Winterbach von der Talaue erstellt werden konnten, zeigen diesen Gang der Dinge mit großer Deutlichkeit an. In der warmen, trockenen Spätwärmezeit gingen diese Moore vor allem um 2300 und 1200 v. Chr. in signifikanter Weise zurück, so dass man in diesen Fällen von einer Rekurrenz der Moore spricht. Zwar war die Nachwärmezeit wieder etwas feuchter, aber auch wieder kühler, sodass sich neue Baumarten zu den altbekannten gesellten und diese teilweise zurückdrängten. In erster Linie sind bei den Neuankömmlingen Buche, Tanne und Fichte zu nennen, insgesamt aber gesehen gedieh die Vegetation nicht mehr in der üppigen Weise wie zuvor. Diese Entwicklung bewirkte einen weiteren Rückzug der Moore, deren Pflanzenwelt empfindlich und vorwiegend negativ auf die neue Situation reagierte. Die Nachwärmezeit hielt bis etwa 500 n. Chr. an. Danach folgte eine besonders trockener Zeitabschnitt bis etwa 700 n. Chr. Das Klima bis zur Gegenwart entfernte sich - wenn auch mit "eiszeitlichen" Unterbrechungen -

im ganzen mehr von den eiszeitlichen klimatischen Gegebenheiten, als dass es sich ihnen wieder annäherte. In der Nacheiszeit spielte die Einwirkung des Menschen auf die Landschaft eine ständig zunehmende und wichtigere Rolle. Noch in der Altsteinzeit, im Paläolithicum, war der Mensch mit seinen Lebensabläufen eng in die Natur eingebunden.
Er war in hohem Maße vom Gang der Natur abhängig. Sie bot ihm die oft kargen Lebensmöglichkeiten, sie unterwarf ihn ihren vorwiegend rhythmisch sich vollziehenden Wandlungen. Sie suchte ihn aber auch immer wieder mit ihren Katastrophen heim, denen er sich weithin ungeschützt gegenüber gestellt sah. Das in diesem Sinne sehr stark von seiner Umwelt abhängige Leben des Paläolithikers spiegelt sich überaus deutlich in seinem Jäger- und Sammlerdasein wider.
Zunächst hatte er die wahrlich nicht geringen Unbilden der Eiszeit zu ertragen. Unter ihrem strengen Regime hatte er sich zu behaupten, ihnen gegenüber musste er sich durchsetzen, wenn er sein Leben erhalten sehen wollte. Die Nahrungsmittelbeschaffung war unter solchen Umständen schon ein reichlich schwieriges Problem. Der Jäger musste dem Wild nachspüren, es in seinem Verhalten umfassend kennenlernen. Erst auf diesem Weg konnte er darauf hoffen, seine jägerischen Unternehmungen mit Erfolg abschließen zu können. Bei Bejagung gerade von Großwild musste er diesem bei dessen Nahrungssuche folgen und es war nicht immer leicht, wenn man bedenkt, dass dieses Wild mindestens teilweise seine Standorte gemäß der Jahreszeit wechselte.
Aus diesem Grunde musste der Mensch möglichst mobil sein. Ein eigentlich sesshaftes Leben war ihm zwar nicht verwehrt, doch dürfte er bereits bei der Auswahl seiner Lagerplätze, ob sie nun Sommer- oder Winterquartiere darstellten, eine gewisse Kontinuität angestrebt haben, da genaue Ortskenntnisse sicherlich der Absicherung seines Lebensunterhaltes förderlich waren. Schließlich lebte der Paläolithiker auch nicht nur von den Erträgnissen seiner Jagd, die gewiss sehr unterschiedlich ausfielen, sondern er suchte auch seine Nahrungssituation durch das Sammeln und Auswerten von pflanzlicher Nahrung zu verbessern. Dies war aber - im Gegensatz zur Jagd, die durch die Männer erfolgte - in erster Linie Sache der Frauen und wohl auch bereits der Kinder. Auf diese Weise ließen sich die winterlich - herben Jahreszeiten, in denen die Jagd sicherlich gar manchmal zu wenig für den Lebensunterhalt abwarf, besser überbrücken. Hier bahnten sich bereits auch Formen der Vorratshaltung an, die ihrerseits Lagerplätze voraussetzten, die nicht nur dafür bekannt, sondern auch dafür

geeignet waren. Kommunikation und Kooperation unter den Menschengruppen - die im übrigen nicht allzu groß waren - wurden für sie von grundlegender Bedeutung. Neben diesen Voraussetzungen war der Familienverband bis herunter zur Einzel- oder Kleinfamilie sicherlich besonders geeignet die Herausforderungen, die das Leben stellte, zu bestehen.
Alles in allem: Unter diesen Umweltbedingungen und zwischenmenschlichen Gegebenheiten dürfte sich das Leben auch in unserem Landschaftsbereich abgespielt haben. Man wird wohl annehmen dürfen, dass die Menschen der Altsteinzeit im Sommer vorwiegend auf der Schwäbischen Alb und zwar in deren Höhlen sich aufhielten, dass sie aber in der kälteren Jahreszeit nach Norden in tiefere Gefilde zogen. Dafür bot sich freilich die Landschaft südlich und nördlich des Remstales zum Verweilen an. Man errichtete sich - gemessen an unseren Vorstellungen von solchen Behausungen - recht einfache Hütten, die nur zum Teil aus Holz, das für solchen Zweck nur schwer zu beschaffen war, bestanden. Als Baumaterial verwendete man aber auch andere Materialien, die die Erde bot, nicht zu vergessen freilich was Tiere an Fellen und Knochen zu diesem Behufe zur Verfügung zu stellen hatten. Im einzelnen wissen wir freilich bezüglich unseres Gebiets nur wenig Zuverlässiges darüber zu sagen, da eigentliche Siedlungsnachweise aus diesem Zeitraum bisher nicht gelungen sind. Andererseits wurden, wenn auch nur sehr vereinzelt, steinerne Gerätschaften aufgefunden, die den zeitweiligen Aufenthalt des Paläolithikers in unserem Raum belegen.

Sie scheinen zu belegen, dass jener sich - aus verständlichen Gründen - bevorzugt auf den Südhängen, die das Remstal in reichlichem Ausmaß darbot, niederließ. Als Siedlungsplätze kamen in erster Linie die Terrassen in Frage, die an den Hängen in das Tal hineinragten.

Hier war es hell und auch verhältnismäßig warm, jedenfalls wenn die Sonne schien, die sich auch im Winter nicht gänzlich hinter Wolken verbarg. Der Sandboden, den die Terrassen darboten, trocknete relativ leicht ab, erwärmte sich aber auch schneller als der Mergelboden, sodass sich auf ihm die Aufstellung der einfachen Behausungen als recht günstig erwies. Zwischen den Terrassen waren Seitentäler des Haupttales eingeschnitten, die von Bächen durchflossen waren. Hier konnte man sich mit dem lebensnotwendigen Wasser versorgen, das freilich in der kalten Jahreszeit unmittelbar von den Quellen beschafft werden musste.

Mit dem Ausklingen der Eiszeit bahnte sich auch für den Menschen ein neues Zeitalter an, das zum einen seine Umwelt wesentlich veränderte,

zum andern aber auch seinen Lebensstil wichtigen Wandlungen unterwarf. Das Klima wurde allgemein wärmer und teilweise auch feuchter. Die Kältesteppe, die auch den Landschaftsraum im Remsgebiet bestimmt hatte, begann langsam zurückzuweichen und machte einem zunächst lichten und vielfach auch niederwüchsigem Wald Platz. Der Wandel von der Kältesteppe zum Wald brachte auch einen Teil des Großwildes zum Verschwinden, bzw. ersetzte das bisher vorhandene durch neue Arten. Ihre Bejagung im Wald erforderte Umstellungen in den Jagdmethoden, die nicht immer leicht zu bewerkstelligen waren. Die großen Waldtiere waren meist schnell und der dichte Buschwald bot viel Schutz vor dem anschleichenden Menschen, dessen bisheriges Waffenarsenal sich unter den neuen Umweltbedingungen als nur beschränkt einsetzbar erwies.
Stand bisher die Lanze oder der Speer - erweitert zur Speerschleuder - im Vordergrund, so fand nun eine neue Jagdwaffe bei dem Mesolithiker - dem Menschen der Mittelsteinzeit - Eingang, die sich unter den gegebenen Umständen als sehr wirksam zeigte: Pfeil und Bogen. Zwar jagte der Mesolithiker mit den altvertrauten Waffen weiterhin das Großwild, doch versetzte ihn die neue Waffe nun auch in die Lage nicht nur ihre Fernwirkung überhaupt auszunützen, sondern mit ihr auch allerlei Kleingetier zu Leibe zu rücken, das mit den alten - fast möchte man sagen plumpen - Waffen nur schwer wenn überhaupt zu erreichen und zur Strecke zu bringen war.
Die Nacheiszeit brachte ja nicht nur das Aufkommen des Waldes mit sich, auch die Bäche und Flüsse wurden zunehmend eisfrei. Das aber bedeutete, dass die Tierwelt des Wassers sich erheblich auszubreiten vermochte. Um ihrer habhaft zu werden, musste der Mesolithiker neue Jagdgeräte erfinden und gerade an dieser Stelle spielten Pfeil und Bogen eine ganz wichtige Rolle. Besondere, auf den Fischfang ausgerichtete Pfeilspitzen, sogenannte Mikrolithen, wurden ersonnen und konstruiert, die neben die alten, größeren, jedoch weiterhin verwendeten, traten und diese ergänzten.
Dazu kam nun neues Getier in den Lüften, die mannigfaltige Vogelschar, die nicht nur von dem auch für sie günstigen Klima profitierte, sondern auch von dem zunehmenden Wald neue und erweiterte Lebensmöglichkeiten zugewiesen bekam. Selbst im Siedlungswesen des Mesolithikers traten bedeutsame Veränderungen ein. Der Wald stellte ihm in wachsendem Maße Nutzholz zur Verfügung, das er für einen stabileren Hausbau gut einzusetzen wusste. Seine Siedlungsplätze als solche dürfte er in unserem Raum kaum verändert haben, doch ist anzunehmen, dass er seine jahresbe-

dingte Wanderschaft zwischen Schwäbischer Alb und den nördlich davon gelegenen Gebieten mehr und mehr eingestellt hat, da er nicht mehr mit den Wanderungen seiner Jagdtiere in Winter- und Sommerquartiere konfrontiert war.

Der im wesentlichen noch lichte Wald war tolerant genug, um mancherlei neue Gewächse aufkommen zu lassen. Darunter befanden sich zunehmend Pflanzen, die der Mensch als für seine Nahrungszwecke geeignet neu entdeckte. So gewann nun auch das Sammeln erneut und in erheblich ausgedehnterem Maße denn zuvor in der Eiszeit an Bedeutung. Damit verbunden dürfte auch eine verbesserte Vorratshaltung an Nahrungsmitteln gewesen sein.

Die Pflanzen, die bevorratet werden konnten, standen nun, da sich das Klima in Richtung eines allgemein günstigeren Wachstums derselben entwickelte, in quantitativ reichlicherem Ausmaß zur Verfügung.

Am Ende des Mesolithicums bahnte sich eine ganz große Wendung an, die für die weitere Geschichte des Menschen auch in unserem Raum von überaus großer und folgenschwerer Auswirkung war. Die Sache begann mit einer Art von Völkerwanderung, die sich vom Balkan aus in Richtung Mitteleuropa in Bewegung setzte.

Eine zweite, wenn auch weniger wichtige Wanderwelle, kam über das Mittelmeer und brach in das südliche Westeuropa ein. Unser Gebiet dürfte mindestens zunächst vom Balkan her, der Donau entlang, erreicht worden sein. Diese Wanderbewegung als ganze ging ursprünglich von den Anrainergebieten des östlichen Mittelmeeres aus, kam jedoch fürs erste in Südosteuropa zur Ruhe.

Diese Ruhe hielt aber nicht lange an. Die fremden, inzwischen wenigstens zeitweise sesshaft gewordenen Völkerschaften, setzten sich bald wieder neu in Bewegung, - vermutlich von einem Bevölkerungsdruck ausgelöst, dem der erforderliche Lebensraum nicht mehr ausreichte. Dies geschah noch in der l. Hälfte des 6. Jahrtausends v. Chr. Wahrscheinlich schon bald nach der Mitte des 6. Jahrtausend v. Chr. betraten die neuen Völkerschaften auch unser Gebiet, das freilich von den Mesolithikern, wenn auch nur zum Teil, bereits besiedelt war. Da aber die Neuankömmlinge eine völlig neue Wirtschaftsweise mit sich brachten, wurde der Lebensraum der in unserem Gebiet bereits beheimaten Menschen in einem Ausmaß und in einer Art und Weise verändert, wie dies in der bisherigen Geschichte noch nie der Fall gewesen war.

So traten nun die Neuankömmlinge - die Neolithiker, wie wir sie einfach nennen wollen - neben die schon vorhandenen Mesolithiker. Für unseren Raum bedeutete dies, dass sich die Neolithiker zunachst im mittleren Neckartal festsetzten und von dort aus in verschiedene Nachbartäler vordrangen - worunter sich auch das Remstal befand. Allerdings dürfte sich die Besiedlung durch die Neolithiker nur auf das untere Remstal erstreckt haben.

Dies aber hing eng mit der neuen Wirtschaftsweise, die die Neolithiker einbrachten, zusammen. Für sie standen Ackerbau und Viehzucht beherrschend im Vordergrund. Die bisher ackerbaulich gänzlich ungenutzten Lössflächen wurden nun unter den Pflug genommen. Es wurde Getreide, wie etwa Weizenarten, Emmer und Einkorn, dazu Gerste, angebaut. Daneben ist man im archäologischen Befund auf Erbse, Linse, Lein und Flachs gestoßen, die zeigen, dass die Nahrungspalette nicht ganz einförmig war. Um aber gedeihlichen Ackerbau betreiben zu können, mussten sich die Neolithiker auf ein sesshaftes Leben einlassen. Es entstanden zu diesem Zweck Ansiedlungen, die sich aus rechteckigen, stabil und kunstvoll aufgeführten Holzbauten zusammensetzten. Auch das Innere der Gebäude, die in mehrere Räume aufgeteilt waren, wurde recht wohnlich gestaltet. Der Herd spielte hierbei natürlich eine große Rolle, in seiner Nähe standen die Keramikgefäße. Handmühle und einfacher Webstuhl ergänzten die wichtigste Innenausstattung.

Die zweite, entscheidend wichtige Wirtschaftsweise, die die Neolithiker in unseren Raum importierten, war die Viehzucht. Sie bedeutete - im Unterschied zum Ackerbau, - ein halbsesshaftes Leben, da der Viehzüchter als Hirte an sein bewegliches Vieh gebunden war. Ziegen, Schafe, Rinder und Schweine waren in domestizierter Form ins Land gekommen. Für sie musste natürlich in erster Linie Weide besorgt werden.

Dafür kam freilich nicht die für den Bauern wertvolle Lösslandschaft in Frage, die die Gäuebene bis zum Keuperbergland weitgehend bedeckte, vielmehr die Berglandschaft mit ihren tief eingeschnittenen Tälern, ihren mehr oder weniger steilen Hängen und ihren einsamen Hochflächen. Hier hatte der Wald in der Nacheiszeit in besonderem Maße Fuß gefasst und war bei seinem relativ raschen Aufkommen kaum durch menschliche Eingriffe gestört worden. Das Wild freilich hatte - etwa durch Verbiss - bis zu einem gewissen Grade auf ihn Einfluss genommen, doch sollte dieser insgesamt nicht allzu hoch veranschlagt werden.

Eine entscheidende Veränderung trat jedoch mit der Einführung der Waldweide ein. Während im Lössgebiet der vorhandene Wald weithin gerodet

wurde, sodass er nur noch ein inselhaftes Dasein zu führen vermochte, blieb das Waldgebiet als ganzes von der Rodung verschont und wurde nun dem Vieh als Weidegebiet zugewiesen. Der Wald stellte sich gerade im Neolithicum als Eichenmischwald dar. Die Schweine konnten sich deshalb an der Eichelmast vollauf gütlich tun, die wenig wählerischen Ziegen hingegen sorgten für kräftigen Verbiss der jungen Bäume, sodass man im ganzen gesehen nur auf einen recht lichten, stark von Büschen durchsetzten Eichenmischwald stieß. Hier fasste auch bald das Heer der Gräser und Kräuter festen Fuß, die ihrerseits wieder Schafen und Rindern die erforderliche Nahrung einbrachten.
So entstand im Laufe der Zeit vor allem in den einigermaßen zuganglichen Tallandschaften mit ihren Hängen und angrenzenden Höhen ein buntes Mosaik von Wald- und Steppenflächen, die der Wirtschaftsweise des Neolithikers entsprachen. Der Talgrund freilich - dazu zählte natürlich auch der der Rems - war dagegen nur wenig zu nutzen.
Er war von einem mehr oder weniger dichten, undurchdringlichen Auenwald bedeckt, der von den jahreszeitlich regelmäßig eintretenden und auch sonst nicht selten unregelmäßig in Erscheinung tretenden Hochwassern überschwemmt und in schwere Mitleidenschaft gezogen wurde. Das Klima jener Zeit war im ganzen betrachtet besonders warm und feucht, was sich stark auf die Flüsse, ihre Wasser- und Frachtführung auswirkte.
Die Abtragung war deshalb trotz der gut gedeihenden Vegetation, die schützend den Boden bedeckte, sehr lebhaft ausgebildet und wo das Vieh auf den Hochflächen und an den Hängen durch seine Trittspuren jene wesentlich zurückgedrängt hatte, war denn auch Tür und Tor für eine kräftige Erosion und Denudation aufgetan.
Die vom Wald fast gänzlich entblößte Lösslandschaft hatte unter diesen Erscheinungen nicht weniger zu leiden, führten doch auch hier reichliche Niederschläge und nachfolgende Hochwasser zu Zerstörung und Wegführung des fruchtbaren und humosen Oberbodens, der kaum durch menschliche Gegenmaßnahmen alsbald wieder ersetzt werden konnte.
Trotzdem vermochte sich hier die Landwirtschaft im Ganzen durchaus zu behaupten - dank der überaus großen Fruchtbarkeit des Lössbodens, der auch noch als teilweise ausgelaugter Lösslehmboden ordentliche Erträge abwerfen konnte.
Damit endet zunächst unsere Entwicklungsgeschichte von Landschaft und Kultur in der vorgeschichtlichen Zeit. Auf einige spätere Zeitabschnitte gehen wir in Zusammenhang mit den einzelnen Ortsdarstellungen ein.

II Entstehungsgeschichte der Rems

1. Die Urlandschaft

Vermutlich bereits ab der Kreidezeit, insbesondere aber im Tertiär, vollzogen sich erhebliche Wandlungen im Südwestdeutschen Gebiet. Dabei bildeten sich im Süden zum einen die Alpen heraus, wobei es allerdings zu den Haupthebungen erst im Spättertiär gekommen zu sein scheint. Im Norden vorgelagert war den Alpen eine große Geosynklinale, also eine Einsenkung, die sich bis zur Donau bzw. Schwäbischen Alb erstreckte. In dieser Geosynklinale setzte sich der Abtragungsschutt ab, der insbesondere von den Alpen herbeitransportiert wurde.

Dieser Vorgang erstreckte sich über das Tertiär ab dem Oligozän, wobei sogleich zu ergänzen ist, dass unsere Einsenkung während dieses Zeitraums von verschiedenen Meeren überflutet wurde, deren Ablagerungen in Untere Meeresmolasse, Untere Süßwassermolasse, Obere Meeresmolasse und Obere Süßwassermolasse eingeteilt sind. Alle zusammen werden einfach und zusammenfassend als Molasse bezeichnet. Im Norden fanden die Molassemeere samt Ablagerungen ihre Grenze etwa an der Schwäbischen Alb. Diese baut sich bekanntlich aus den Juraschichten auf, bei denen der Weißjura die größte Rolle spielt, da er die Steilstufe nach Norden und die weite Oberfläche nach Süden zur Donau hin ausbildet.

Die Juraschichten sind wohl bereits unmittelbar nach ihrer Entstehung teilweise gehoben worden, ein Vorgang der sich bis zum mittleren Miozän nur in soweit vollzogen hat, als das damals vorherrschende Meer, die Obere Meeresmolasse, immerhin noch die Schwäbische Alb bis etwa zur Mitte - in Längsrichtung gerechnet - bedeckte, angezeigt durch die sogenannte Klifflinie, die vom Wutachtal bei Blumberg über Tuttlingen, Münsingen, Heldenfingen bis nach Dischingen zu verfolgen ist.

Dies hängt natürlich damit zusammen,dass der Albkörper im Norden starker als im Süden gehoben worden ist, wodurch sich ein Kippen und damit eine Schrägstellung der Gesteinsschichten nach Südosten ergab. Dort wo nun der Albkörper mit der Molasse zusammenstieß, bildete sich als Hauptflussssystem das der Donau heraus. Ihm strömten die Bäche und Flüsse ganz allgemein von Norden zu.

Nun erstand aber der Urdonau im Verlaufe des Tertiärs ein ernsthafter Konkurrent in Gestalt des Rheines oder besser Urrheines, dessen Anlage

im sogenannten Rheingraben erfolgte. Dieser war und ist Teil eines viel längeren Grabensystems, das von Südnorwegen kommt, Deutschland von Nordwesten nach Süden quert, sich in einer besonders tiefen Senke, eben dem Oberrheingraben äußert, im Süden bei Basel den Rhein gleichsam links liegen lässt und durch die Burgundische Pforte und das Rhonetal weiter nach Süden bis zum Mittelmeer verläuft.
Der Oberrheingraben erreichte im Laufe der Zeit, bzw. während des Tertiärs bis ins Quartär hinein, eine beträchtliche Tiefe, befinden sich doch hier die tiefstgelegenen Schichten, die den Graben auffüllen, teilweise über 3000 m unter der jetzigen Talaue. Die Grabenform des Oberrheintales ist besonders deutlich zwischen den Vogesen im Westen und dem Schwarzwald im Osten ausgeprägt. Der Graben stellt hier also eine Einsenkung zwischen beiden Gebirgen dar, die ihrerseits eine umgekehrte Bewegung, nämlich eine Hebung, erfahren haben.
Im Oberrheingraben entstand von Norden her der Rhein, der durch die große Einsenkung zur tiefsten Erosionsbasis von ganz Südwestdeutschland avancierte. Das aber bedeutete, dass nun die Flüsse in diesem Gebiet teilweise von der Urdonau zum Urrhein abgelenkt wurden, ein Vorgang der als Flussumkehr bezeichnet wird.
Der Rhein bildete mehr und mehr ein eigenes Flusssystem aus, das von Nordwesten immer weiter nach Südosten in Richtung Donau zurückgriff. So entstanden neue Flüsse, allen voran der Neckar und der Main, die immer größere Wassermengen, verstärkt durch zahlreiche Zuflüsse, dem Rhein zusandten. Dieser Kampf zwischen Donau- und Rheinsystem verschob sich immer stärker zugunsten des letzteren, bedingt durch dessen tiefere Erosionsbasis.

2. Die Flussumkehr der Rems

Auch die Rems war zunächst über die Urbrenz an das Donausystem angeschlossen. Dies aber bedeutete, dass ihr Lauf einst nach Osten und nicht wie jetzt nach Westen gerichtet war. Die noch offene Frage ist, wo diese Urrems ihren Lauf aufnahm. Es wurde angenommen (Wagner, 1960), dass sie etwa in der Gegend von Lorch ihren Lauf begann. Andere Geologen sehen ihren Lauf weiter nach Westen gehend.
Sie gehen davon aus, dass bereits in recht früher Zeit die Rems zweigeteilt war und zwar in eine Neckar- und eine Brenz - Rems. Solange das Donausystem im Südwestdeutschen Raum das beherrschende war, gab es nur eine Brenz - Rems.

Es muss an dieser Stelle jedoch bedacht werden, dass das konkurrierende Rheinsystem schon früh in Erscheinung trat, spätestens ab dem Eozän, verstärkt dann im nachfolgenden Oligozän und Miozän. Es ist anzunehmen, dass der Neckar bereits ab frühem Oligozän in Ausbildung begriffen war. Sein Einzugsgebiet hat er jedoch erst in der Folgezeit Stück um Stück erobert. Der obere Neckarlauf bis Plochingen gehörte einst zur Urdonauzeit der Urlone zu.

Man muss jedoch annehmen, dass diese Urlone von Norden her, aus dem Raum Stuttgart heraus, weiteren Zufluss bekam. Wo dieser ursprünglich begann, ist immer noch reichlich unklar. Hypothesen zufolge war er in einem Gebiet weit nördlich von Heilbronn zu suchen. Ältere Untersuchungen wagen sich nicht so weit nach Norden. Kenner machen demgegenüber geltend, dass schon sehr früh ein Enz - Neckar bestand, der wohl nördlich von Marbach in das jetzige Neckartal einmündete. Deckenschotter an Enz und Neckar weisen darauf hin. Diese Entwicklung könnte im wesentlichen bereits im Miozän vonstatten gegangen sein.

Der Rhein - Neckar arbeitete sich weiter nach Süden zurück, bis er wohl im Raum Bad Cannstatt - Stuttgart auf den Lone - Neckar stieß und diesen zu sich herüberzog.

Dieser Gang der Dinge ist mit hoher Wahrscheinlichkeit ins Pliozän zu verlegen. Unsere eigentliche Fragestellung aber ist auf den Ablauf der Remsentwicklung gerichtet. Ich nehme an, dass im Pliozän zwei Remsläufe gegeben waren. Die Brenz - Rems floss vermutlich aus dem Schorndorfer Raum heraus nach Osten. Von Norden her mag sie in diesem Gebiet vor allem noch von der Wieslauf gespeist worden sein. Diese Brenz-Rems ergoss sich bei Aalen in die Urbrenz. Im Jungpliozän flossen dem Rhein-Neckar bereits Nebenflüsse wie Murr und Rems zu.

Bleiben wir bei der Rems. Sie mag als kleiner Bach im Waiblinger Gebiet ihren Lauf begonnen haben, also vor der Keuperstufe, die am Übergang vom Pliozän zum Pleistozän sich östlich von Waiblingen nach Backnang hinüberzog. Doch dieser Bach schnitt sich, da er an das Rheinsystem über den Neckar angeschlossen war, schnell nach Osten zurück.

Er überwandt ohne große Mühe die Keuperstufe, die sich ihm in den Weg stellte. Er drang alsbald weiter nach Osten tief in das Keupergebiet ein, bis er im Raum Schorndorf auf die Brenz - Rems stieß. Er zögerte nicht, diese zu sich herüberzuziehen. Die letzte Phase dieser Flussumkehr ergab sich wahrscheinlich erst im Haslach - Mindel - Interglazial. Sie hing eng mit der Ablenkung der Brenz zum Kocher zusammen.

Im Brenztal lassen sich verschiedene Terrassen, die übereinander liegen, ausmachen. Sie zeigen letztlich an, dass der Fluss bereits im Altmiozän existierte und nach Süden zur Donau entwässerte. Die Flussterrassen lassen sich im einzelnen vom Miozän bis ins Altpleistozän einstufen. Die Brenz griff in dieser Periode weit nach Norden über den Schwäbischen Wald bis in die Gäulandschaft hinein aus. Im Bereich der letzteren lag die große Keuperstufe, die, wie die andern Stufen, langsam zurückwanderte. Kocher und Jagst schnitten sich, vom Neckar ausgehend, zunächst nach Osten, dann nach Süden zurück.

Hierbei stießen sie im Endeffekt auf die Brenz. In der Zwischenzeit ergaben sich bedeutsame erdgeschichtliche Vorgänge. Einer von diesen bestand darin, dass die Schwäbische Alb mehr und mehr angehoben wurde und zwar im Norden stärker als im Süden.

Aber auch von Westen nach Osten stellten sich bei dieser Heraushebung Unterschiede heraus. So wurde die Westalb deutlich höher als die Ostalb angehoben. Diese Hochschaltung reichte jedoch im Gebiet von Aalen dazu aus, dass sich die Brenz vor der sich bildenden Jurastufe zu stauen begann. Zeugnis davon geben die sogenannten Goldshöfer Sande im Raum östlich und vor allem nördlich von Aalen an Jagst, Kocher und Lein. Sie wurden von der Brenz vor dem Albhindernis abgelagert. Die Brenz hatte nun zunehmend Mühe in ihrem Lauf nach Süden die Steilstufe zu überwinden. Von Norden aber kamen nun Kocher und Jagst und schnitten sich nach Süden in Richtung Brenz zurück.

Auf ihrem Weg dahin rissen sie zahlreiche Nebenflüsse der Brenz an sich. Durch ihre tiefgelegene Erosionsbasis am Neckar waren sie hinsichtlich ihres Flussgefälles der Brenz weit überlegen. Von den beiden Neckartrabanten machte schließlich der Kocher das Rennen. Er beerbte die Brenz mit praktisch all ihren Zubringern. Der Kocher war hierbei gegenüber der Jagst im Vorteil.

Jene war einst als Urjagst nach Süden zur Ureger gegangen. Durch die Rieskatastrophe im Mittleren Miozän vor ca. 14,7 Millionen Jahren wurde jene jedoch von der Ureger weg und zur Brenz umgelenkt. Noch im Altpleistozän, als die Goldshöfersande gebildet wurden, floss die Jagst zur Brenz. Später verlor sie ihren Unterlauf an die Neckar - Jagst und gab nun deren Oberlauf ab. Jagst und Kocher gingen von da ab ihre eigenen Wege nach Norden.

Die Rems floss während des Altpleistozäns nach Osten zur Brenz. Bei Aalen dürfte sie ganz knapp nördlich der Weißjura - Steilstufe in jene ein-

gekommen sein. Da sie nicht unmittelbar gegen die Steilstufe anzukommen hatte, hinterließ sie auch keine Goldshöfer Sande. Die eigentliche Remsumkehr vollzog sich im Mittelpleistozän. Die Wasserscheide, die die heutige Rems vom Sauerbach, der nach Aalen fließt, trennt, liegt beim Bahnhof Essingen etwa 35 m höher als der Kocher bei Aalen. Die Rems biegt westlich vom Bahnhof Essingen in einem großen Bogen aus Nord- in Westrichtung ab. Bei Essingen tritt sie aus der Schwäbischen Alb ins Remstal über.
Dort durchbricht sie die Weißjura - Steilstufe, die sie in diesem Bereich beseitigt hat. Zeugnis davon geben die Weißjura - Trümmermassen, die den Höhenzug, auf dem das nördliche Essingen liegt, aufbauen. Auf der Ostseite der Anhöhe fließt der Erlenbach nach Norden zum Sauerbach ab. Die oberste Rems ging einst nach Osten über Hohlgasse und Wolfertstal zur Urbrenz.
Mit der Ausbildung der Weißjura - Steilstufe verbunden war die Entstehung eines Baches, der von jener ab- und der Brenz - Rems zufloss. Dieser Bach schnitt sich weiter nach Süden zurück und stieß hier auf die "Hohlgassen" - Rems, die er sich tributpflichtig machte. Damit war nun die Gesamtrems fertiggestellt, ihre Einzelteile miteinander verbunden.

III Naturraum und Landschaftsgestalt

1. Die Rems im Jura-Gebiet

Nach Austritt der Rems aus der Enge der Weißjura-Alb, kommt diese sofort in ein auffallend breites Tal ein, das bis nach Schwäbisch Gmünd hin im ganzen weiter an Breite gewinnt. Dies ist vor allem darauf zurückzuführen, dass die Alb im Süden nach Südosten zurückweicht. Die ab Böbingen deutlicher in Erscheinung tretende Stufe des Schwäbisch - Fränkischen Waldes - hier noch die relativ waldarme Frickenhofer Höhe, mit ihren südlichen Ausläufern, dem Welland - bildet von nun ab unausgesetzt den nördlichen Rand des Remstales.
Das verhältnismäßig flache Tal zwischen Essingen und Schwäbisch Gmünd ist aber auch noch auf eine andere Ursache zurückzuführen. Mit dem Verlassen der Alb ist der Übertritt der Rems in ein gelogisch anders aufgebautes Gebiet verbunden. War sie zunächst umhegt von den hellen Weißjurakalken und -felsen, die manchmal sogar schroff ins Land schauen, so wird sie jetzt von den in ganzen weicheren Schichten des Braunjura

umfangen, die ihr die Anlage eines breiteren Bettes ermöglichen. Allein, auch der Braunjura muss alsbald seine landschaftsbeherrschende Rolle abgeben und zwar an die noch dunkleren und weicheren Schichten des Schwarzjura, dem noch stärker die Seitenerosion eignet und demzufolge zu einer noch größeren Talerweiterung und -verflachung beiträgt.
Allerdings wechseln auch innerhalb dieser Schichtenfolge härtere und weichere Einzelschichten miteinander ab, so dass man sowohl auf wenig widerständige Ton- und Schieferlagen, als auch härtere Sandsteine und Kalkbänke stößt. Vereinzelt prägen sich diese auch an den Talhängen, an denen sie ans Tageslicht treten, aus. Nördlich und südlich des Remstales ist die Landschaft in diesem Bereich entschieden hügeliger geformt, in einer besonderen Weise im Norden, die deshalb auch den bezeichnenden Namen "Welland" trägt.
Das Schwarzjuragebiet ist bemerkenswert waldarm. Dies hängt damit zusammen, dass deren Erd- und Gesteinsschichten einen verhältnismäßig fruchtbaren Boden abgeben, der sich gut fur den Ackerbau eignet, aber auch für Grünland, das für die Viehhaltung eine große Bedeutung besitzt. Nicht übersehen sei auch, dass westlich von Mögglingen an den Südhangen des Tales bereits Obstbau betrieben wird, der freilich bis in die Gegend von Schwäbisch Gmünd nur ein Randdasein fristet. Immerhin kann in diesem Bereich bereits von einem Obstklima gesprochen werden, das das Wintergetreideklima im Osten bis zu einem gewissen Grade modifiziert. Hinzuzurechnen sind ferner die Niederschlagsverhältnisse und die Temperaturen. Hier ergeben sich für das ganze Remstal oberhalb von Schwäbisch Gmünd Werte von 700 - 900 mm Regen und Schnee pro Jahr und 7 Grad C. Jahrestemperatur - Durchschnitt. Das Tal insgesamt wirkt noch ausgeprägter und tiefer eingeschnitten. Tatsächlich ist die sogenannte Reliefenergie - der Höhenunterschied zwischen Talgrund und umgebenden Höhen - nun größer als am Oberlauf der Rems im Gebiet des Braun- und Schwarzjura sowie des Knollenmergels. Während die Reliefenergie bei Mögglingen nur etwa 40-50 m beträgt, steigert sie sich bei Hussenhofen-Herlikofen bereits auf ca. 100 m. Von Schwäbisch Gmünd bis Lorch erfahrt sie eine weitere Zunahme bis etwa 150 m. Bei Waldhausen sind es gegen 200 m und bei Schorndorf sogar um 240 m. Von hier ab ergibt sich bis Grunbach im allgemeinen keine weitere Steigerung mehr. Allerdings könnte man gerade im Bereich des letzteren Ortes von einer Rekordhöhe sprechen, wenn man - was durchaus berechtigt wäre - den Höhenunterschied zwischen Rems und Buoch berücksichtigt, der etwa 270 m beträgt.

2. Die Rems im Keupergebiet

Unterhalb von Lorch tritt der Schilfsandstein in Form einer schwach entwickelten Stufe aus den Talhängen heraus, verliert sich aber bald unterhalb von Waldhausen. Immerhin zeigt dieser Wechsel, dass die Rems inzwischen tiefere Erdschichten anschneidet. Dies wird auch daran deutlich, dass die unteren Hänge des Tales nun den bunten Mergeln zugehören, die da und dort den eingelagerten Kieselsandstein Stufenterrassen ausbilden lassen. Schon oberhalb von Plüderhausen setzt der Gipskeuper ein, der die Hänge besonders um Schorndorf wesentlich mitgestaltet und auch wegen seiner leichten Abtragung entscheidend bei der Herausformung des großen Schorndorfer Beckens mitgewirkt hat. An dieser Situation ändert sich flussabwärts bis Beutelsbach - Großheppach nichts mehr.

Allerdings tritt in diesem Abschnitt eine auffallende Stufenbildung an Nord- und Südhängen des Tales heraus, deren Bezug zum Gesteinsuntergrund nicht immer deutlich ist. Störungen, wie etwa die des sogenannten Remstalgrabens, könnten mit zur Formung dieser eigenartigen - dabei reizvollen Landschaftsbilder - beigetragen haben.

Die Vegetationsgeographischen Verhältnisse beginnen sich etwa unterhalb von Lorch talabwärts mehr und mehr zu ändern. Wenn wir von hier ab in Längsrichtung des Tales nach Westen blicken, sehen wir eine verstärkte vertikale Zonierung im Bewachstum durch die Pflanzen vor uns. Der Wald als oberste Zone steigt zwar immer wieder bis fast auf den Talgrund herab, wobei zu bemerken ist, dass im allgemeinen auf den Nord- und Südhängen ein bunter Laub- bzw. Mischwald vorherrscht, dass aber gerade an den Nordhängen stellenweise durch den Menschen eingebrachter und dementsprechend bewirtschafteter Nadelwald in den Vordergrund tritt. Auf den kühl - feuchteren Nordhängen fühlt sich gerade die Fichte besonders wohl. Ihre vermehrte Aufforstung bzw. Anpflanzung in diesem Bereich ist deshalb zwar nicht unbedingt zu begrüßen, im Hinblick jedoch auf Klima- und Geländeverhältnisse durchaus vertretbar - von den damit verbundenen wirtschaftlichen Interessen hier einmal abgesehen. Der Fichte zur Seite tritt die Tanne,die in früheren Zeiten sicherlich einmal größere Areale eingenommen hat. Die Tanne war meist mit der Buche vergesellschaftet, die ebenfalls mehr das kühl - feuchte dem warmtrockenen Klima vorzieht, wie es auf den Nordhängen fast mit Selbstverständlichkeit gegeben ist.

Dort wo die Buche überwiegend bestandsbildend ist, finden wir einen ausgesprochen artenarmen Wald vor, da dieser Baum mit seiner mächtigen Krone und seinem dichten Blätterdach andere Laubbäume weithin ver-

drängt und auch dem Unterholz wenig Chancen, hochzukommen, belässt. Dass gerade der Buchenwald aber als Grundtyp des eigentlichen Waldes in unserer Landschaft empfunden wird, hängt nicht zuletzt mit seinem im Sommer hellgrünen, im Herbst überaus farbenfrohen Blatterdach und dem als angenehm erlebten Hellgrau seiner oft prächtig in die Höhe gewachsenen Stämme zusammen, die ein Bild von eigentümlichen Reiz abgeben.
Der Baumbestand auf den Südhängen des Remstales ist im Vergleich zu dem soeben geschilderten ein anderer.
In diesem warm - trockenen Areal nimmt vor allem die Eiche ihre Vorteile wahr, sodass sie bisweilen geradezu bestandsbestimmend wird. Man spricht deshalb von einem Eichenmischwald, in dem, neben Stiel- und Traubeneiche, als den vorherrschenden Eichenarten, auch noch andere Laubbäume wie etwa Hainbuche, Ahorn, Ulme, Esche, Aspe, Linde u.a. ihren Platz finden. Die Nadelhölzer werden von der weniger anspruchsvollen Waldkiefer repräsentiert.
Darunter hat aber auch noch eine Strauchschicht Platz, aus der Hasel, Weißdorn, Holunder und Wolliger Schneeball, sowie Efeu als Kletterpflanze, herausgegriffen seien. Selbst die Krautschicht ist meist noch gut entwickelt, aus deren bunter Gesellschaft hier nur Sauerklee, Lungenkraut, Waldveilchen, Sternmiere, Braunwurz, Labkräuter und die Farne genannt seien. Die mittleren Hänge unseres Remstalabschnitts sind weithin Wiesen und lichten Gehölzformationen vorbehalten. Hier spielt nun aber der Obstbau eine dominierende Rolle und prägt dadurch entscheidend den Landschaftscharakter mit. Dabei sind es weniger die modernen Obstbaumkulturen der sogenannten Niederstammanlagen, die der Landschaft in dieser Zone ihr Bild verleihen, als vielmehr die älteren, als Streuobstwiesen bezeichneten baumbestandenen Wiesen, die oft eine Jahrzehnte in die Vergangenheit reichende Tradition aufzuweisen haben.
Diese Streuobstwiesen sind sowohl auf den Süd- als auch Nordhängen anzutreffen. Sie umgeben manchmal kranzartig die Orte, weichen aber in Richtung Talaue der Acker- und reinen Wiesenlandschaft. Nach oben reichen die Streuobstwiesen da und dort sogar bis zum Talrand, wo dann der Wald einsetzt und das Gelände für sich in Anspruch nimmt. An den Nordhängen greifen die Streuobstwiesen nach oben allerdings nicht über die mittleren Hanglagen hinaus, im oberen Hangbereich behauptet der Wald hier seine beherrschende Stellung.
Wie alte Landkarten ausweisen, waren die Streuobstwiesengebiete einst auch an den Nordhängen zum Teil von Weinbergen eingenommen. Am

Anfang des vergangenen Jahrhunderts gerieten jedoch diese Weinberge aus mehreren Gründen allgemein in Verfall und mussten der Anlage von Obstbaumwiesen weichen. Hier wurden nun Apfel, Birnen, Zwetschgen, Pflaumen, aber auch Kirschen, Pfirsiche und Aprikosen gezogen, nachdem sie bisher auch schon in anderen Bereichen des mittleren und unteren Remstales angebaut worden waren. Guten Einblick in diesen Vorgang, wie er bereits im letzten Jahrhundert in Gang gesetzt worden war, vermitteln im übrigen die alten Oberamtsbeschreibungen von Schorndorf und Waiblingen. Die Streuobstwiesen sind inzwischen jedoch teilweise in Hanggartenanlagen übergeführt worden, wodurch die ersteren in ihrer Existenz örtlich deutlich bedroht werden. Die Erhaltung gerade der Streuobstwiesen ist für Tiere - insbesondere die Vögel - aber auch die Landschaftsgestaltung überhaupt, von großer Wichtigkeit. Sie sind deshalb vielerorts inzwischen unter Landschaftsschutz gestellt worden.

An den Südhängen hat sich im gleichen Zeitraum im ganzen eine andere Entwicklung ergeben. Hier sind im mittleren Remstal etwa ab Schorndorf die Weinberge in beachtlichem Ausmaß erhalten geblieben. Sie bestimmen das Aussehen der Landschaft bis Kleinheppach, ja Korb, ganz wesentlich. Auch Remsseitentäler, die nach Schnait, Strümpfelbach und Stetten führen, werden vom Weinbau dominiert. Die Exposition der Weinberge schwankt von Osten über Süden bis nach Nordwesten. Außerdem liegen in diesem Gebiet besondere klimatische Umstände vor, die den Weinbau sichtlich fördern.

Im Talgrund herrschen weithin Äcker und Wiesen vor, die am Rande der Ortschaften von Schrebergärten mehr oder weniger durchsetzt werden. Die Rems durchzieht in größeren Bögen die Talaue, gegen dieselbe durch niedrige Dämme abgesetzt. Luftbilder zeigen nicht nur am besten den Flussverlauf an, sondern heben ihn noch besonders durch den sogenannten Galeriewald, der links und rechts den Fluss begleitet, hervor. Örtlich gewinnt dieser sogar an Breite und Ausdehnung und ist dann als Auenwald zu bezeichnen. Wo noch natürliche und künstlich hervorgebrachte Seen hinzutreten, sind da und dort einige beachtliche Biotope entstanden, die ebenfalls unter Landschafts- bzw. Naturschutz gestellt wurden, oder noch zu stellen sind.

3. Die Rems im Muschelkalkgebiet

Ab Großheppach ergibt sich remstalabwärts ein neuer Talcharakter ,bedingt vor allem durch neue und gleichzeitig tiefer liegende Gesteins-

schichten, nämlich die des Muschelkalks. Der Muschelkalk, hier ausschließlich vertreten durch den Oberen, den Hauptmuschelkalk, zeigt an, dass wir nun ein tieferes Erdgeschoss der Erdgeschichte betreten, das die bisherige charakteristische Talformung im Keupergebiet durch neue Entwicklungsformen ersetzt.
Zum einen ist diese Formenänderung auf den vorwiegend harten Untergrund, der nun in erster Linie vom Hauptmuschelkalk gebildet wird, zurückzuführen. Das Tal zeigt sich tief und auch relativ eng, vor allem ab Waiblingen, in den Untergrund eingeschnitten. Dadurch ergeben sich verhältnismäßig schroffe Formen. Die Talaue oder -sohle ist sehr eben ausgebildet, der Übergang in die seitlichen Hänge durch einen ausgesprochenen Knick gegeben.
Die Hänge selber streben steil in die Höhe, wobei insbesondere die dünnen, aber widerstandsfähigen Nodosuskalke im oberen Hangbereich die steilsten Partien hervorbringen. Die darunter befindlichen Trochitenbänke stehen jedoch den höheren Schichten hinsichtlich Hangwinkel kaum nach und sorgen so im Verein mit den anderen Gesteinsschichten für einen insgesamt recht eindrucksvollen Steilanstieg.
Dazu kommt nun aber ein zweiter, wichtiger Gestaltungsvorgang, der vom Fluss unmittelbar hervorgerufen wird. Während z.B. der Nordrand des Remstales zwischen Großheppach und Waiblingen einen ausgesprochen geradlinigen Verlauf aufweist - sehr wahrscheinlich bedingt durch die Anlage des Remstalgrabens - nimmt der Fluss weiter talabwärts, bzw. von Waiblingen an, Mäanderform an, indem er sich in großen Schlingen durch die Landschaft windet.
Es scheint allerdings, als ob die Mäanderbildung in unserem Remsbereich fast zum Stillstand gekommen sei, da die Gewässer den Steilhang kaum noch unterschneiden und deshalb auch den gegenüberliegenden Gleithang nicht mehr vergrößern und zwar einfach deshalb, weil die allgemeine Wasserführung des Flusses, gemessen an früheren Zeiten, wie etwa den Eiszeiten, erheblich zurückgegangen ist. Es ist wohl insgesamt zu folgern, dass die Gestaltung des untersten Remstales zu seiner jetzigen Großform im wesentlichen während des Pleistozäns vor sich gegangen ist.
Ein paar Beobachtungen und Überlegungen zur Mäanderbildung speziell in unserem Bereich erscheinen hier angebracht. Es fällt auf, dass die Rems ihre eigentliche Mäanderformung erst unterhalb von Neustadt aufnimmt. Hier quert eine Aufwölbung, die vom Neckar zwischen Münster und Hofen über das Schmidener Feld herüberzieht, über die Rems bei Neustadt -

Hirschlauf und verliert sich weiter östlich gegen Korb zu im Gelände. Die dadurch bewirkte Stauung der Rems hat die Anlage von Schlingen ausgelöst, weil auf diese Weise die Tiefenerosion des Flusses stärker in eine Seitenerosion übergeführt wurde. Diese Tendenz zur Mäanderbildung wurde aber unterhalb der Aufwölbung - die relativ früh in der Flussgeschichte aufgetreten sein muss - nicht aufgegeben, und zwar deshalb nicht, weil die Gesteinsschichten hier zwar nach Nordosten einfallen, die Rems jedoch nur zögernd diesem Gefälle gefolgt ist, sondern sich an die Streichlinien gehalten hat, die sich nach Nordosten in diesem Raum nur wenig mehr absenken, nach Nordwesten gegen den Neckar zu aber genau dieses tun.
Drei Rahmenbedingungen gestalten also den Verlauf der Rems zwischen Waiblingen und Neckarrems: Zum einen die Aufwölbung Münster-Hofen - Neustadt/Hirschlauf, dadurch Beginn der Mäanderbildung. Zum zweiten die Hochdorf-Bittenfelder Einmuldung, die dem Fluss insgesamt nördliche Richtung aufzwingt. Drittens aber das noch stärkere Schichtfallen gegen Neckarrems und damit zum Neckar als Erosionsbasis für unsern Fluss überhaupt, wodurch sich zuletzt Nordwestrichtung als vermittelnde Resultante einstellt.
Auf dem Muschelkalk hat die Bodenbildung zu einem speziellen Bodentyp geführt, der Rendsina. Es handelt sich hierbei vorwiegend um einen Kalksteinbraunlehm, dem als oberste Schicht ein mehr oder weniger mächtiger Humusboden aufliegt. Der Braunlehm schwankt in der Farbe zwischen helleren und dunkleren Tönungen von braun bis gelblich. Die gelbliche Färbung ist vor allem auf dem obersten Hauptmuschelkalk, dem Trigonodus - Dolomit, anzutreffen. Durch die Verwitterung wird in den Kalkschichten das reichlich vorhandene dunkelgraue Eisen freigesetzt und geht nun, verursacht durch Hinzutritt von Niederschlagswasser und Luftsauerstoff, in neue Verbindungen wie Eisenoxyd und -hydroxyd über, die dann die gelbbraune Farbe bedingen.
Auf dem verhältnismäßig kalkreichen Braunlehm stockt vielfach ein lichter, manchmal auch dichterer Laubwald, in dem die Sträucher eine wichtige Rolle spielen. In den lichteren Bereichen hat sich auch die Krautschicht gut entwickelt. Hier haben auch kleinwüchsige Pflanzen ihre Chance. Wo immer dies möglich ist, nehmen sie dies durchaus wahr. Im ganzen ist gerade der Artenreichtum an Pflanzen im Muschelkalkgebiet erstaunlich groß, aber auch mehr neutral - zwischen saurer und alkalischer Bodenreaktion - eingestellte Pflanzen finden hier vielfach ihr Fortkommen, zumal dort wo der Boden einen Teil seines Kalkreichtums eingebüßt hat und die

dichteren Tone mit ihrer andersartigen Zusammensetzung in den Vordergrund treten.

Auf den Steilhängen sind allenthalben noch einige alte, verfallene Weinbergmauern zu sehen, die in mehreren kleineren Gebieten wieder erneuert wurden, damit der Weinbau auf reaktiviertem Gelände betrieben werden kann. Einst spielte hier der Weinbau eine ganz erhebliche Rolle - wie etwa der alten Oberamtsbeschreibung von Waiblingen zu entnehmen ist. Später wurde auf diesen Hängen Obstbau betrieben, und schließlich musste dieser, vor allem nach dem 2. Weltkrieg, einem Naturwald weichen, der nur gelegentlich von kleinen Gartenanlagen unterbrochen wird.

Die Obstbäume sind insbesondere in den unteren Hanglagen noch teilweise erhalten geblieben, jedoch oft von den höheren Waldbäumen überwölbt und auf diese Weise früher oder später zu einem Absterben verurteilt. Diese sogenannte Sukzession der Pflanzengesellschaften kann aus diesen Gründen im untersten Remstal gut studiert werden. Während also auf den Steilhängen ein lichter bis dichter Wald stockt, erlauben die Gleithänge weithin den Ackerbau. Daneben trifft man auch einige Obstbaumwiesen an.

Der Talgrund gestattet der Rems, wenn er breit genug ist, auch eigene, kleinere Schlingen zu bilden. Diese gehen jeweils meist nahtlos in Hangwald über. Wo zwischen Hangwald und Fluss genügend Raum bleibt, breiten sich Wiesen aus.

Der Talgrund bietet keiner Ortschaft Platz - ein Phänomen, das an der Rems nur im Bereich des Muschelkalks anzutreffen ist. Die Ortschaften sind auf den hügeligen Ebenen über dem Tal angesiedelt. Dort ist freilich als oberste geologische Schicht der Untere Keuper landschaftsbestimmend. Er wird oft auch Lettenkeuper genannt. Dieser ist hier meist vermengt mit dem fruchtbaren Löss.

Letzterer ist allerdings im Laufe der Zeit in den weniger fruchtbaren und dichter gelagerten Lösslehm übergegangen. Insgesamt genommen ist aber auch dieser Lösslehm recht fruchtbar, sodass hier schon immer ein lohnender Ackerbau betrieben wird. Um die Orte schließt sich auch hier vielfach ein Kranz von Streuobstwiesen. Doch bleiben diese im allgemeinen auf weniger fruchtbare Gebiete beschränkt. Ihnen sind auch Hanglagen, die nicht zu steil sind, vorbehalten. Teilweise sind sie leider auch den Ortserweiterungen oder Baugebieten zum Opfer gefallen. Aus diesen und einigen anderen Gründen stellt ihre Erhaltung, wie auch an vielen anderen Orten, ein nicht geringes Problem dar.

4. Flussgestaltung durch den Menschen in neuerer Zeit

Die Hochwassergefahr ist durch neuere Entwicklungen weiter erhöht worden. An dieser Stelle ist auf die überaus dichte Besiedlung des mittleren und unteren Remstales hinzuweisen, die die Größe der Ortschaften allgemein beträchtlich hat anschwellen lassen. In diesem Bereich ist etwa die Kanalisation in verschiedener Form in hohem Maße ausgeweitet worden, sodass die abfließenden Gewässer nun verhältnismäßig schnell der Rems als dem Hauptfluss zugeführt werden. Durch die große Erweiterung des Straßensystems kommt ein guter Teil des Niederschlags nicht mehr unmittelbar dem Erdreich zugute, sondern wird über mancherlei künstlich angelegte Abflussrinnen demselben entzogen und in einem hohen Ausmaß an die Rems abgegeben.

So kommt es, dass die Rems nach größeren und ausgedehnteren Regenfällen relativ rasch und recht deutlich ansteigt, wodurch ohne Anlage von geeigneten Begrenzungsdämmen jetzt wesentlich häufiger noch als zu früheren Zeiten Überschwemmungen eintreten würden.

Durch die Remsbegradigung wird das Wasser zwar schneller als früher fortgeführt, doch bedeutet dies auch, dass in niederschlagsarmen Zeiten der Wasserspiegel ungewöhnlich tief abgesenkt wird, ein Vorgang, der sich letztendlich auf das ganze Einzugsgebiet unseres Flusses auswirkt. Die Anlage von Rückhalte- und Staubecken soll zwar dieser Entwicklung entgegentreten, doch zeigt es sich, dass auch in diesem Falle verschiedene Faktoren am Werke sind, deren ausgewogenes Zusammenspiel intensive Beobachtung und entsprechende Korrekturen praktischer Art - und zwar rechtzeitig - erforderlich machen.

Die Brennholzflößerei, die auf größeren Bächen - man denke hierbei besonders an die Wieslauf - einst aus dem Schwäbisch-Fränkischen Wald heraus und danach auf der Rems getätigt worden ist, ist zwar schon im letzten Jahrhundert mit dem Aufkommen der Eisenbahn zum Erliegen gekommen, doch hatte diese Art von Waldbewirtschaftung gleichfalls ihre Folgen, die nicht in jeder Hinsicht positiv waren. Während zunächst in dieser Waldlandschaft weithin Laubwald vorherrschte, wurde dieser durch den erheblich angestiegenen Holzbedarf gerade in seinen älteren Baumbeständen deutlich reduziert. An seine Stelle traten nun zunehmend Nadelholzwälder, in denen die Fichte und teilweise auch die Tanne sich in den Vordergrund schoben, wodurch der Charakter des Waldes in verschiedener Hinsicht verändert wurde. Die Rodungen, die durch das Abholzen des

Waldes entstanden, spielten zwar jetzt eine größere Rolle als zuvor, doch wurde dem immerhin durch eine durchdachte Forstwirtschaft entgegengewirkt, die zumindest versucht, ein Gleichgewicht der Kräfte und Interessen herzustellen.

IV. Das Remstal in Qrtsbildern

Der folgende Teil des Buches stellt nun die Landschaft um die Rems in Gestalt einzelner Ortsbilder vor. Hierbei werden die verschiedenen Gemeinden oder Teilgemeinden im Remstal vom Ursprung bis zur Mündung des Flusses berücksichtigt. Allerdings geht es hier weniger um eine genaue Grenzziehung zwischen den Orten, die exakt im Tal liegen und solchen die sich bereits außerhalb desselben befinden. Im allgemeinen wurden im oberen Abschnitt des Tales auch Orte, die mehr am Rande desselben angesiedelt sind, in die Beschreibung aufgenommen. So dürfte es sinnvoll sein, in diesem Talabschnitt im Süden sogar bis zum Steilrand der Schwäbischen Alb hinüber zu greifen und auch im Norden noch Ortschaften, die bereits dem Welland zuzurechnen sind, in unsere Darstellung einzubeziehen. Unterhalb von Schwäbisch Gmünd erscheint uns aber diese weite Grenzziehung nicht mehr berechtigt, da sie den naturräumlichen Gegebenheiten nicht entspricht - von wenigen Ausnahmen freilich abgesehen. Hier machen sich im Süden bereits die Albvorlandschaft und insbesondere der Schurwald als eigene landschaftliche Einheiten geltend, denen im Norden der Schwäbisch - Fränkische Wald mindestens gleichzustellen ist. Erst im unteren Remstal etwa ab Großheppach-Beutelsbach wird diese Beschränkung wieder aufgegeben, da hier einige Orte in Erscheinung treten, die, obwohl etwas abseits liegend, doch zu dem besprochenen Naturraum hinzuzunehmen sind. Im untersten Remstal zwischen Waiblingen und Neckarrems sind ohnehin keine Ortschaften mehr auf dem Talgrund vorhanden, so dass auch hier die Orte auf den Randhöhen in unserer Darstellung Berücksichtigung finden müssen.
<u>Zur Ergänzung:</u> Den verschiedenen Orten wurde jeweils eine Höhenangabe, so wie sie aus der Topographischen Karte 1: 50 000 des Landesvermessungsamtes Baden-Württemberg zu ersehen ist, beigegeben. Die einzelnen Blätter dieses Werkes eignen sich - in Verbindung insbesondere mit der Topographischen Karte 1 : 25 000 - ausgezeichnet zum Kennenlernen unserer Landschaft.

1. Ursprung der Rems

Remsursprung

Die Rems entspringt innerhalb der Schwäbischen Alb auf 551 m NN in einem engen Tal ca. 3 km südwestlich von Essingen, das im Norden von dem höher gelegenen Gewann Hart und im Süden von dem aufsteigenden Gewann Hirtenteich begrenzt wird. Wenig westlich davon befindet sich die kleine Wasserscheide, jenseits derer ein flaches Tal ohne Wasserführung in Richtung Waschbach weiterleitet.
Dieses endet jedoch über der steil abfallenden Talstufe nördlich Lauterburg. Die Remsquelle „rieselt" unter einem Moosteppich und unter dem Gezweig von Busch und Baum, durch einen kleinen, roten Kalkstein aus der grünen Umgebung herausgehoben, hervor" (Aichele, s. l6). Es handelt sich hierbei um eine Schichtquelle, die sich zwischen den grauen, relativ weichen Mergeln und Kalkbänken des Weißjura alpha und den hellgraugelblichen „Wohlbankten Kalken“ des Weißjura beta bildet.
Allerdings liegen hier die hydrologischen Gegebenheiten in etwas anderer und komplizierterer Form vor, als dies gelegentlich dargestellt wird. Es fällt nämlich bei genauerem Hinsehen auf, dass keineswegs nur eine Quelle vorliegt, sondern dass die junge Rems von weiteren Zuflüssen gespeist wird.
So zweigt wenig unterhalb der üblicherweise so genannten Remsquelle ein schmales, weiteres Bachbett nach Westen ab, das danach nach Südwesten umbiegt und sich nach ca. 500 m in einer flachen Talung gegen die Hochfläche hin verliert. Dort wo das Tal seine Richtung wechselt, rieselt ebenfalls das klare Nass aus klüftigem Gestein.
Letzteres steht westlich der Quelle in Gestalt eines kleinen Aufschlusses an, der sich aus den sogenannten „Wohlgebankten Kalken“ des Weißjura beta aufbaut. Das weißgelbe Gestein bietet sich zwar schön geschichtet dem Auge dar, ist aber auch von zahlreichen, senkrechten Klüften durchzogen, die dem Wasser den Weg nach unten bahnen.

Dieses scheint sich in Höhe des Talgrundes auf den tieferen Schichten des Weißjura alpha zu sammeln, wodurch es veranlasst wird, an das Tageslicht zu treten.
In trockeneren Jahreszeiten quellen nur beim eigentlichen Remsursprung die Gewässer ins Freie, während nach lang und stark anfallendem Niederschlag bald auch die weiter oberhalb im Tal entspringenden Quellen ihr Nass spenden. Diese nur gelegentlich aktiv werdenden Quellen lassen sich bis zum Ende des Tales verfolgen.
Demnach spielt hier der sich hebende oder senkende Grundwasserspiegel eine ausschlaggebende Rolle. Die junge Rems fließt aus ihrem engen Waldtal nach Nordosten, wo jenes sich alsbald verbreitert, danach sich mehr und mehr nach Norden wendet und schließlich nordnordwestlich von Essingen in das jetzige, breite Tal einkommt.
Von Süden und Südosten empfängt der Fluss weitere Bäche, die sich mit ihm bereits südlich von Essingen vereinigen. Die Steilstufe des Weißjura tritt hier weit nach Süden zurück, so dass der eigentliche Albrand recht zerschnitten erscheint.

2. Essingen (508 m NN)

Der Ort befindet sich in seinem südlichen Teil auf Oberem Braunjura (delta bis epsilon), der sich im wesentlichen aus dunklen Tonen und Mergeln zusammensetzt, jedoch auch einige härtere Zwischenschichten besitzt.
Diese Schichtenfolge ist im Norden von dem tieferen Braunjura (alpha bis gamma) abgesetzt und zwar durch das sogenannte schwäbische Lineament, eine ausgeprägte Störung, die hier sehr deutlich in Erscheinung tritt.
Diese Störung lässt sich nach Osten bis Oberkochen verfolgen. Sie hat in der Richtung Westen jedoch eine viel größere Ausdehnung, wo sie am steilen Albrand entlang bis in die Gegend von Heubach zieht. Danach wendet sie sich von der Alb weg und markiert nun den nördlichen Rand des Braunguragebiets und damit des dortigen Albvorlands, von wo sie weiterhin nördlich am Hohenrechberg und Hohenstaufen vorbeiläuft, bis zur Fils westlich von Göppingen vorstößt, dieser bis Plochingen folgt, danach den Südrand der Filder und des Schönbuchs bildet, das Muschelkalkgebiet des Gäus durchquert und sich dann bis an den Rand des Schwarzwaldes bei Donnstetten und als Freudenstätter Graben bis zu dieser Stadt hin verfolgen lässt.

Bei Essingen

Obgleich die Schwäbische Alb und auch ihre Vorberge morphologisch höher als das nördlich anschließende Gebiet liegen, befinden sich die ersteren tektonisch - also von der Höhenlage der Schichten her gesehen - in einer etwa 40 m tieferen Position in dem uns hier interessierenden Bereich. Man spricht in diesem Falle von einer sogenannten Reliefumkehr. Ergänzend bleibt anzumerken, dass der Steilabfall der Schwäbischen Alb im Norden keineswegs durchgehend von einer Störung geschilderter Art begrenzt wird.
Das Tal im Südwesten von Essingen ist teilweise von quartärem Schutt verfüllt, den die Rems mit ihren örtlichen Zubringern im Laufe der Zeit aufgeschüttet hat. Im Norden und Osten ist Essingen von Juraschutt unterlagert, der von den angrenzenden Höhen mehr oder weniger bergsturzartig in die Tiefe verfrachtet worden ist. Darauf haben vor allem auch die Neubausiedlungen des Ortes ihren Platz gefunden.
Die Besiedlung des Essinger Gebiets dürfte schon früh eingesetzt haben. Darauf verweisen verschiedene Bodenfunde, wie Grabhügel aus der Bronzezeit und späteren Hallstattzeit. Etwa 4 km nördlich von Essingen berührt der Rhätische Limes auf der Nordseite des 552 m hohem Kolbenberges die Ortsmarkung. Hier biegt der Limes aus seiner westöstlichen in nordöstliche Richtung um, die er bis zur Jagst durchhält.
Für die Limesforschung dient der markante Kolbenberg, der mit dem obenauf liegenden harten Eisensandstein des Braunjura beta erfolgreich der Abtragung trotzt und von Nadelwald bekrönt ist, als Vermessungspunkt. Die Römerzeit wird ferner durch ein Kastell, das jüngst in den Weiherwiesen entdeckt worden ist, vertreten. Aus alemannischer Zeit stammen mehrere Reihengräber. Um 1090 erscheint der Ort erstmals urkundlich, und Anfang des 12. Jahrhunderts taucht ein Graf von Grüningen als Hof-

besitzer auf. Dieser Hof ging dazumal als Schenkung an das Kloster Hirsau. Später verbindet sich die Geschichte Essingens mit der der benachbarten Lauterburg (5 km westlich im Gemeindeteil gleichen Namens). Dort wird 1128 ein Pfalzgraf Adalbert genannt, der verwandtschaftliche Beziehungen auch zu den Frühstaufern wie etwa Friedrich von Buren besaß. Weitere Besitzer der Lauterburg waren im Jahr 1191 die Staufer und 1258 die Grafen Von Oettingen. 1359 kam die Herrschaft pfandweise an Württemberg.

Später saß hier das Geschlecht derer von Woellwarth, die von der Harburg an der Wörnitz kamen. Sie behaupteten ihre Herrschaft durch die wechselvolle Geschichte und setzten sich im 16. Jahrhundert auch in Essingen fest. Kaiser Karl V. übertrug ihnen 1546 sogar den Blutbann, was die Gerichtsbarkeit über Leben und Tod ihrer Untertanen bedeutete.

Ende des 17. Jahrhunderts nahm die Degenfeldsche Herrschaft Besitz von einem Teil des Ortes. Aus jener Zeit stammt das Degenfeldsche Schlösschen, Dorotheenhof genannt, und das Untere (Woellwarthsche) Schloss, die beide im 16. Jahrhundert errichtet wurden. Das letztere ist von einem Park mit prächtigen alten Bäumen umgeben, der frei zugänglich ist.

Die Lauterburg verfiel ab 1732 zur Ruine. Zollhaus und Zollhof, 4 km nordwestlich von Essingen gelegen, erinnern noch an die im Jahr 1548 von Heinrich v. Woellwarth erworbene Zollhohheit an der Straße Gmünd - Aalen. Im Jahr 1806 kam die Herrschaft Woellwarth - Lauterburg endgültig an Württemberg. Die Evangelische Kirche birgt einige Grabmäler der Woellwarthfamilie, deren früheste Grabstätten jedoch im Kloster Lorch zu finden sind.

3. Mögglingen (413 m NN)

Der Ort dehnt sich links und rechts der Rems aus, der alte Ortsteil vorwiegend südlich derselben. Das Tal der Rems ist hier noch sehr flach ausgebildet. Dieselbe Talansicht entsteht auf dem Streckenabschnitt zwischen Bahnhof Essingen und dem Ort insgesamt. Die Rems konnte bis 1931 ihren natürlichen Mäandern folgen. In jenem Jahr wurde dann das Flussbett ein Stück weit nach Süden verlegt, außerdem der Flusslauf gestreckt und durch Seitendämme gegen seine Umgebung abgegrenzt. Die Überschwemmungsgefahr wurde auf diese Weise in diesem Bereich weithin gebannt. Auf der Höhe von Zollhaus/Zollhof schwingt die Rems in einem großen Bogen nach Süden. Hier beginnt ein, geologisch gesehen, neues Gebiet dadurch, dass die höheren Braunjuraschichten vom tiefer gelegenen Schwarzjura abgelöst werden. Allerdings tritt der Übergang von dem Opalinuston des Braunjura alpha zu den Mergeln und Schiefern von Schwarzjura epsilon und zeta morphologisch kaum in Erscheinung. Insgesamt wird deutlich, dass auf diesen weichen Gesteinsschichten eine Talentwicklung in die Breite ohne weiteres möglich war, die Seitenerosion dementsprechend wirksam wurde und noch wird. Der Schwarzjura bildet jedoch nur auf kurzer Strecke remsabwärts das anstehende Gestein. Die relativ weichen Schichten werden vom Fluss auf seinem Lauf nach Westen rasch durchschnitten und bereits etwa 1 km westlich unseres Ortes von dem Oberen Keuper, vor allem dem Knollenmergel abgelöst. Das Braunjuraband tritt nun stark nach Süden bis in die Gegend von Heubach zurück, im Norden erreicht es etwa die Linie Mögglingen - Reichenbach und macht dann gänzlich dem Schwarzjura Platz.

Bei Mögglingen im Gewann Grubenholz

Dieser greift von hier aus weit, allerdings meist stark zerlappt, nach Westen und Nordwesten in Richtung Welzheimer Wald und sogar Löwensteiner Berge, wenn auch letzteren nur inselhaft aufsitzend, vor. Dasselbe gilt für die Landschaft südlich der Rems. Im Westen freilich, im Schurwald, verliert sich das durchgehende Schwarzjuraband in Restinseln.

Das nördliche Umfeld Mögglingens ist ausgesprochen geschichtsträchtig. Finden sich doch im Wald des Gewanns Grubenholz 2 km nördlich des Ortes eine Anzahl von Grabhügeln, die auf Grund von einzelnen Funden der Hallstattzeit zuzuweisen sind. Bedeutsamer aber dürfte noch der gut erhaltene Abschnitt der Rhätischen Mauer des Limes aus der Römerzeit sein. Das 1,5 km lange Teilstück zwischen Braunhof und der Straße Mögglingen - Heuchlingen ist wohl eine der eindrucksvollsten Stellen des Rhätischen Limes.
Der Schutzwall, der hier zu sehen ist, rührt von der Steinmauer her, dem charakteristischsten Stück dieses Limesabschnitts. Beachtenswert ist dieses historische Relikt mit seiner stellenweisen Ausdehnung von 3 m in die Höhe und 1 m in die Breite. Zwei Wachtürme ergänzen das Inventar dieses einstigen Grenzwalles. Der westliche hiervon - ein Holzturm - bildet die am weitesten im Westen vorkommende Konstruktion solcher Art des Rhätischen Limes. Vom Wanderparkplalz neben der Straße zwischen Mögglingen und Heuchlingen (siehe auch Anhang) führt ein mit Infotafeln versehener Wanderweg entlang des Limes, auf dem einst römische Soldaten patroullierten.
Mögglingen wird bereits im Jahre 1143 genannt, sein Ursprung wird auf einen gewissen "Mackilo" zurückgeführt, der dem frühen Ort den Namen "Mechelingen" gegeben hat. Das Geschlecht der Mecklinger bleibt auch später eng mit dem Geschick des Ortes verbunden. 1367 kann Württemberg erstmals sich in Mögglingen festsetzen. Noch viel enger aber gestaltet sich das Verhältnis des Ortes zur Freien Reichstadt Schwäbisch Gmünd-Geschlechter jener Stadt tauchen als Grundherren im Dorfe auf, und das Gmünder Spital sichert sich im Laufe der Zeit einige Rechte.
Die Katholische Petruskirche steht an einer markanten Stelle im Südwesten des Orts. Einzelne Bauteile erinnern noch an die romanische Vergangenheit. Im Jahr 1442 wurde die Kirche neu aufgeführt. Sie steht jetzt allerdings - mit Ausnahme des Turmes - nicht mehr und wurde durch einen modernen Bau ersetzt.

4. Böbingen (391 – 409 m NN)

Der Ort besteht aus Unter- und Oberböbingen, die durch die Rems voneinander getrennt werden. Während sich Unterböbingen gleichsam an den Remsfluss anschmiegt und damit fast dieselbe Höhenlage einnimmt, hat das alte Oberböbingen respektvollen Abstand vom großen Fluss und lehnt

sich an den Klotzbach an, der, von Süden kommend, den Ort durchschneidet und wenig nördlich der B 29 sich mit der Rems vereinigt. Das Gelände steigt nördlich des Flusses etwas steiler an als im Süden. Es bilden sich beiderseits der Rems ansehnliche Hänge, die sich flussabwärts in Richtung Schwäbisch Gmünd immer mehr verstärken, ja von hier ab fast durchgehend bis zur Mündung durchhalten.
Die Reliefenergie im Bullenfeld nordwestlich des Ortes beträgt zwischen Talgrund und oberem Abschluss des Hanges fast 65 m, während dieselbe Höhendifferenz im Süden zwischen Böbingen und Heubach erst ein gutes Stück südlich des ersteren erreicht wird. Dies zeigt an, wie die Landschaft südlich der Rems in unserem Bereich langsamer als gegen Norden ansteigt.
Man kann in diesem Fall von einer Asymmetrie des Remstales sprechen, die freilich hier wenig mit Gesteinsunterschieden im Gebiet nördlich und südlich des Flusses zusammenhängen dürfte, da die geologischen Schichten beiderseits gleich aufgebaut sind, als vielmehr mit der Schichtlagerung und der Oberflächenformung.
Es ist nämlich zu bedenken, dass die Gesteinsschichten deutlich nach Südosten, also in Richtung Schwäbischer Alb einfallen. Im eigentlichen Talbereich konnte demnach die allgemeine Abtragung stärker nach Süden als nach Norden ausgreifen, da auf der Nordseite gegen, auf der Südseite jedoch mit dem Schichtfallen gearbeitet wurde.
Zuflüsse erhält die Rems allerdings gleichermaßen von Norden als auch von Süden. Die südlichen Zubringer mussten es zwar schwerer als ihre nördlichen Gegenpartner haben, doch tritt hier das Phänomen "Schichtstufenlandschaft“ modifizierend in Erscheinung, was bewirkt, dass die südlichen Remstrabanten wenigstens ebenso zahlreich und mindestens gleichgroß in der Wasserführung sind, wie die nördlichen Zuflüsse. Die Schwäbische Alb im Süden erreicht im allgemeinen viel größere Höhen als der Schwäbisch - Fränkische Wald im Norden, wodurch das Relief südlich der Rems bis zum Albtrauf genau umgekehrt wie die Erdschichtlagerung, nämlich mit Nordwest - Fallen, angeordnet ist.
Die Nebenflüsse der Rems aus dem Norden haben im allgemeinen einen kürzeren Lauf als die aus dem Süden kommenden. Erstere entspringen meist mitten auf dem Welland zwischen Rems und Lein, die sich damit in der Entwässung dieses Gebietes in etwa teilen. Das Welland selber, das als eine Platte zwischen jenen beiden Flüssen anzusprechen ist, erhält auf diese Weise seine hügelige Gesamtform.

Das Albvorland südlich der Rems steigt zunächst langsam gegen die Alb an. Später, beziehungsweise albwärts, verstärkt sich die Steigung vor allem mit dem Übergang der Schwarzjura- in die Braunjuralandschaft. Eine letzte Steigerung erfährt das Relief durch die Steilstufe des Weißjura und damit beim Übertritt in die eigentliche Alb. Deren Steilrand ist aber weithin zerlappt, das heißt durch die remsgerichteten Bache zerschnitten, was in eigentümlichem Kontrast zu der aus der Ferne geschlossen wirkenden Albfront steht.
Auch die Geschichte Böbingens reicht weit in ferne Vergangenheit zurück. Nördlich von Unterböbingen überquert der Rhätische Limes die Straße nach Schönhardt. Danach steigt der römische Grenzwall hinab in die Remstalaue, wo er einen eigenartig unregelmäßigen Verlauf nimmt, bald aber auf die nördlichen Höhen hinaufklettert, auf denen er sich auch weiterhin hält. Wichtiger jedoch in diesem Limesabschnitt ist die Anlage eines Kastells auf erhöhter Stelle südlich der B 29 zwischen Unter- und Oberboingen. Das befestigte Lager besaß eine Ausdehnung von 148 x 135 m und bedeckte eine Fläche von 2 ha.
Es war von einer Mauer - Breite 1, 2 m - und drei in den Fels gehauenen Spitzgräben umgeben. Eck- und Zwischentürme, sowie Tore, vervo llständigten den Lagerabschluss gegen außen. Grabungen, in den Jahren 1896 und 1973 durchgeführt, legten Teile des südlichen Kastelltors, die südöstliche Ecke mit dem Eckturm, sowie Teilstücke der Ostmauer mit dem Zwischenturm frei.
Die Erbauung des Kastells fällt in die Mitte des 2. Jahrhunderts n. Chr. Vermutlich wurde die Anlage beim Einfall der Alemannen im Jahre 259/60 zerstört. Östl ich des Kastells wurden außerdem Wohngebäudereste mit Hypocaustum, der berühmten Fußbodenheizung römischer Häuser, ausgegraben. Die Gebäude waren immerhin mit Glasfenstern ausgestattet, wodurch die Erwärmung der Wohnräume auf einen damals optimalen Stand gebracht werden konnte. Nördlich des Kastells fand man im Jahre 1978 an erhöhter Stelle das Badgebäude der Soldaten. Die Bergung einer Anzahl von Kleinfunden sei hier nur erwähnt. Funde von alemannischen Reihengräbern beim Friedhof runden das frühgeschichtliche Bild Böbingens weiterhin ab.
Die mittelalterliche Geschichte Böbingens ist eng mit der der Burg in Oberböbingen verknüpft. Im Jahr 1120 taucht hier ein gewisser Conradus de Bebingen auf und zwei Jahre später ein Herr von Michelstein. Danach sind die Familien Rechberg und Woellwarth hier ansässig. In jener Zeit

setzte sich auch die Freie Reichstadt Schwäbisch Gmünd im Ort fest. Hinzu kamen in der Folgezeit ein Damenstift in Augsburg, sowie das Domstift in Ellwangen. An die letzteren erinnert noch das Schlösschen von 1695, das nun als Pfarrhaus dient. Stilistisch gehört es der Renaissance zu. Bezüglich Oberböbingens ist zu ergänzen, dass sich hier neben den Woellwarths auch die Württemberger seit 1556 geltend machten. Die Kirche Sankt Michael weist noch spurenhaft auf eine romanische Vorgänger-Kapelle hin. Der spätgotische Chor ist mit einem Netzrippengewölbe ausgestattet. Zur Ausstattung von Bedeutung gehören ferner die gotischen Glasfenster, der kelchförmige Taufstein und das Grabmal des Hans Wolf von Woellwarth aus dem Jahr 1558. Unterböbingen ist mit Oberböbingen seit dem Jahr 1938 zu einer Gesamtgemeinde zusammengeschlossen.

5. Heubach (495 m NN)

Heubach: Blick von Ruine Rosenstein

Die Stadt breitet sich am Fuß des Albsteilhangs aus und wird im Osten von dem landschaftlich, aber ebenso vor- und frühgeschichtlich bedeutsamen Rosenstein (686 m), im Südosten vom Hochberg (755 m), im Süden vom Nagelberg (658 m) und im Südwesten von dem markant gegen Heubach vorspringenden Scheuelberg (684 m) umgrenzt. Rosenstein und Scheuelberg bilden die Steilstufe des Weißen Jura, die beiden anderen treten demgegenüber etwas albeinwärts zurück.

Die vier Erhebungen sind jeweils voneinander durch tief eingeschnittene Täler getrennt. Wir rechnen hier Heubach noch zum Remstal hinzu, das sich in der Hauptsache in die offene Landschaft nach Norden und außen erstreckt. Sie gehört weder bereits der Alb noch schon dem eigentlichen Albvorland zu, das wir hier erst ab der Linie Bargau - Weiler - Hertlinsweiler beginnen lassen und zwischen Albsteilrand und Schurwald einschieben. Das sogenannte Schwäbische Lineament quert Heubach in Nordost - Südwest - Richtung. Dabei werden auch Rosenstein und Scheuelberg längs durchschnitten, wobei das nördliche Gebiet, gemessen an der Schichtlagerung, ca. 30 m höher als das südliche zu liegen kommt. Morphologisch prägt sich diese bedeutende Störung jedoch kaum mehr aus. Die höchsten Schichten des Schwarzjura reichen von Norden her bis in das Stadtgebiet hinein.

Heubach: Blick auf Ruine Rosenstein

Dort beginnt dann der Braunjura mit den weichen und wenig standfesten Opalinustonen. Rasch werden nach Süden die weiteren Braunjuraformationen durchmessen und zwar hinauf bis zu den oberen Braunjuramergeln, womit alle Stufen des Mittleren Jura vertreten sind. Im Süden der Stadt haben die von der Alb kommenden Bäche im Holozän einigen Schutt hinterlassen, der beim Ausräumen des Beurener Beckens angefallen ist. Vermutlich hat hier auch die große Verwerfung, die durch Heubach verläuft, eine Stauung der Bäche bewirkt. Sie hat zur Auffüllung des Tales beigetragen. Die Neigung des Klotzbachs zur Mäanderbildung zwischen Heubach und Böbingen zeigt eine deutliche Verflachung des Geländes nach Norden an, die durch die weichen Schwarzjuraschichten noch dadurch gefördert wird, dass jene der Seitenerosion nur wenig Widerstand entgegensetzen.
Durch die flache Ausräumung der Täler insgesamt in diesem Schwarzjurabereich hat sich im Laufe der Zeit eine eigentümlich gewellte Landschaft herausgebildet, die ihrem Charakter entsprechend durchaus mit dem Welland zwischen Rems und Lein verglichen werden kann. Während der Weißjura im allgemeinen mit schroffen und scharfgeschnittenen Oberflächenformen aufwartet - entsprechend seiner großen Gesteinshärte - neigt der Braunjura bereits zu größeren Verrundungen, die dann im Schwarzjura erst recht das Landschaftsbild gestalten.
Dieser Landschaftstyp erstreckt sich nach Westen bis etwa zum Bettringer Bach, südöstlich von Schwäbisch Gmünd. Weiter im Westen ist die Landschaft erheblich stärker zerschnitten, sodass zwischen den vom Albvorland

der Rems zuströmenden Bächen nur noch schmale sogenannte Riedel - Bergrücken oder Plattenstücke - stehen geblieben sind, die einst eine im ganzen durchgehende Hochfläche gebildet haben.
Heubachs Geschichte reicht weit in die Vergangenheit zurück. Funde auf dem Rosenstein gehören jedenfalls bereits der jüngeren Altsteinzeit an. Ob die zeitliche Ansetzung im Aurignacien - gegen 30 000 v. Chr. - richtig ist, ist weitgehend unklar.
Ausgegrabene Gerätschaften aus der Dreieingangshöhle werden für diesen Zeitabschnitt geltend gemacht. Diese Höhle befindet sich am südwestlichen Abhang des Rosensteins. Sie hat eine Ausdehnung in der Länge von insgesamt 35 m.
Im Magdalenien als auch in der Hallstattzeit war diese Höhle besiedelt. Die Kleine Scheuer unter dem Rosensteinfelsen hat mit Funden ähnlicher Zeitstellung aufzuwarten. Als wertvoller, jedoch undeutbarer Einzelfund, darf dabei eine merkwürdige Gagatschnitzerei angesehen werden.
Eine zeitweise Besiedlung zeigt auch die Große Scheuer (40 m lang) am nördlichsten Zipfel des Berges an. Ähnliche Verhältnisse sind ferner im benachbarten Haus (22 m lang) gegeben, in der die Bronzezeit mit Funden repräsentiert ist. Auf der Nordostseite des Rosensteins stoßen wir auf das Finsterloch, in dem Funde aus der Hallstatt - Zeit zutage kamen. Diese Tropfsteinhöhle ist mit 133 m die längste im Rosensteingebiet und diente - wie andere Höhlen dieses Bereichs - Menschen in Notzeiten als Unterschlupf.
Der Rosenstein ist auf fast allen Seiten von steilen Hängen umfasst. Der einzige ebene Zugang ist im Süden gegeben. Hier war der mächtige Bergklotz durch zwei Wälle und einen Zwischengraben, die eine Breite von insgesamt 10 m einnehmen, gegen die Hochfläche im Süden abgeschirmt. Der Fahrweg führte mitten durch diese hallstattzeitliche Befestigungslinie hindurch. Auf dem Weg nach Westen zur Burgruine queren wir einen weiteren Graben mit einem Wall dahinter, und unmittelbar vor der Burg versperrt uns ein dritter, tiefer Graben den Zugang zu dieser.
Der Graben ist freilich mittels eines Steges überbrückt. So betreten wir die Ruine, deren Erbauung ins 12. Jahrhundert fällt. Im Jahr 1283 verbinden sich die Namen der Ritter von Rosenstein mit ihr.
1360 geht die Ruine zusammen mit Heubach an Württemberg über. Die Herren von Woellwarth übersiedelten im Jahr 1524 von der Burg nach Heubach, und schon 1680 waren die Burggebäude verfallen. Später wurde die Ruine von dem Apotheker Pliksburg neu erschlossen, an den eine Tafel

im Burghof erinnert. Besonders um die Erforschung des Rosensteins verdient gemacht hat sich der Sanitätsrat Dr. Franz Keller (1852-1932). Der Rundweg um die Berghalbinsel führt im Norden in der Nähe der Burgruine zunächst auf den Lärmfelsen, der einen besonders schönen Blick hinab auf Heubach bietet.
Im Westen reckt sich der mächtige Scheuelberg bis 703 m NN auf. Die Fastnachts- und Jakobshöhle, sowie das Finstere Loch ergänzen den Höhlenreichtum dieses Albgebiets. Der Weiterweg auf dem Rosenstein leitet nach Nordosten zum höchsten Punkt des Bergklotzes (735 m). Von hier hat man einen wunderbar weiten Blick nach Norden über das Remstal hinweg zu den blaugrünen Bergen des Schwäbisch-Fränkischen Waldes. Ergänzt wird diese Sicht der Dinge vom Hohlen Stein (720 m) aus, der insbesondere den Blick nach Osten, Richtung Lautern und Lauterburg und weiterhin zum Volkmarsberg, Langert und Braunenberg (Fernsehturm!) freigibt. Der Rosenstein ist vom südöstlich anschließenden Mittelberg durch das Lappertal getrennt. Auch auf diesem Berg ist eine keltenzeitliche Befestigung anzutreffen. Als dritte im Bunde der Bergfesten ist die Anlage im Südosten des Hochbergs zu nennen, deren Reste abwehrend zum Heidenburren hinüberweisen.
Unter der Burgruine des Rosensteins fallen die weithin sichtbaren Weißjurafelsen epsilon senkrecht in die Tiefe. Die Steilhänge sind mit lichtem Laubwald überzogen, in dem Rotbuche, Bergahorn, Eschen und Linden vorherrschen.
Viele Pflanzenarten sind hier anzutreffen. Im Osten, mehr trockenen Teilbereich des Rosensteins, breitet sich eine Steppenheide, oder besser Felsrasengesellschaft aus, von Türkenbund, Gelbem Eisenhut, Rotem Storchschnabel und Laserkraut geprägt. Der dunkelgraue, humusreiche, jedoch nur geringmächtige Rendsinaboden enthält zwar genügend Nährstoffe, trocknet aber leicht aus und kann deshalb nur an Trockenheit angepassten Pflanzenarten Standorte bieten.
Heubach wird zum ersten Mal im 12. Jahrhundert mit dem Pfalzgrafen Adalbert in Verbindung gebracht. Im Jahr 1234 wird hier ein Heinrich von Hobach genannt. Weitere Verbindungen ergaben sich mit dem Hause Dillingen und kirchlich mit dem Bistum Augsburg. Danach legten die Oettinger ihre Hand auf den Ort. 1360 ging Heubach an Württemberg. Zuvor - im Jahr 1332 - war das Dorf zur Stadt ("stetlein") erhoben worden. In den Jahren nach 1556 wurde die Reformation eingeführt. Schon Anfang des 15. Jahrhunderts hatten die von Woellwarth auf dem Rosenstein ihren Sitz,

Zwischen Heubach und Lautern

den sie aber 1524 zugunsten eines Schlosses in der Stadt aufgaben. Der Marktplatz mit seinem Fischkasten von 1771 ist im Norden vom ehemals ummauerten Kirchhof umgeben. Mauerreste und Torturm - Blockhaus genannt - sind erhalten. Ältere Teile einer romanischen Pfeilerbasilika aus dem 13. Jahrhunderts stecken noch im Unterbau der jetzigen Evangelischen Kirche. Der spätgotische Chor stammt von 1441. Das Rathaus an der oberen Hauptstraße trägt auf massivem Unterbau Fachwerk von 1501. Das Schloss im Norden der Stadt geht auf etwa 1292 zurück. Es wurde bei Inbesitznahme durch die Woellwarths 1524 umgestaltet.

6. Lautern (476 m NN)

Die Teilgemeinde von Heubach schmiegt sich ins Tal des Wasch- und Lauterbachs. Der Waschbach, der an den östlichen Hängen des Mittelbergs und Rosensteins entlang läuft, tief eingegraben in die Albtafel, entspringt unweit von Lauterburg westlich des Gansbergs, vereinigt sich im Süden von Lautern mit der Lauter, die von Westen aus dem Lappertal hervor-

kommt, und die den miteinander verbundenen Gewässern samt dem Ort, wie auch dem an den Albnordrand hingeklebten Lauterburg, den Namen gegeben hat. Der Lauterbach wurde in Lautern in den Untergrund gedrängt, erst außerhalb des Ortes wird er aus jenem entlassen und entwickelt dann den Drang, möglichst bald eine neue Verbindung, nun mit der Rems, einzugehen. Dies gelingt ihm auch in Mögglingen.
Vom Sedelfelsen, dem östlichsten Punkt des Rosensteins, hat man einen überaus eindrucksvollen Blick hinab auf Lautern, das im Süden noch deutlich von den Bergen eingeklemmt wird und deshalb mit seiner neueren Bebauung in das wellige Hügelland nach Norden hinausstrebt. Kaum weniger eindrucksvoll als der Blick vom Sedelfelsen, ist die umgekehrte Sicht von Lautern auf den Rosenstein, der mit seinen schroffen, felsbekrönten Abhängen, die im oberen Abschnitt mit lichtem Wald überzogen sind und gegen den Talgrund hin mit saftig - grünen Wiesen aufwarten, eine imposante Erscheinung darstellt. Im Süden erhebt sich über dem tiefen Einschnitt des Wäschbachs die mächtige Burgruine der Lauterburg, mit der sich die frühe Geschichte von Lautern verbindet.
Lautern wird erstmals 1346 als "Lutrun" erwähnt. Es wird an der "Salzstraße", die vom Rems- ins Brenztal führt, genannt. Als Ortsherren aufgeführt werden später die v. Woellwarth auf Hohenroden - am unteren Rand der Albsteilstufe östlich von Lautern als Burg und Schloss errichtet - die sich mit dem Gmündner Heilig Geist - Spital in die Herrschaft über den Ort teilten. Die Teilung Lauterns hatte zur Folge, dass eine besondere "Dorffs Ordnung zu Lauttern" von 1599 erstellt werden musste, durch die das Zusammenleben beider ermöglicht wurde. l806 wurde Lautern Württembergisch. Die Katholische Pfanrkirche Sankt Maria findet erstmals 1357 als Sankt Martin Erwähnung. Das Gmünder Spital erstellte den jetzigen barocken Bau von l783. An die Frühzeit erinnert noch der Unterbau des Turmes im gotischen Baustil mit kreuzgewölbter Eingangshalle.

7. Bargau (434 m NN)

Das Gelände steigt nach Süden zunächst langsam an, ebenso zeigt sich mäßiges Gefälle nach Norden und Nordwesten. Im Süden des Ortes vollzieht sich der Übergang vom Schwarz- zum Braunjura. Dies wirkt sich auch auf das Relief aus. Im Ganzen fallen die Gesteinsschichten nach Südsüdosten, das Relief jedoch gewinnt schnell an Höhe über den Braunjura hinweg zur Steilstufe des Weißjura. Bargau selber erstreckt sich noch über Schwarzju-

ra gamma bis epsilon und zeta.Gamma und delta des Schwarzjura zeigen eine Wechsellagerung von weichen Tonen und Mergeln mit zwischengeschalteten härteren Mergelkalken. Sie bilden meist Verebnungen aus, wie sie uns in der Landschaft nördlich von Bargau entgegentreten. Nach Osten gestalten sie jene Landschaft als mäßig gewellte Ebene bis nach Böbingen. Noch weiter im Osten gewinnen alsbald die obersten Schwarzjuraschichten die Vorherrschaft, die sie allerdings schon auf der Linie Heubach-Mögglingen an den Braunjura abgeben müssen.
Der oberste Schwarzjura verbindet sich landschaftlich gut mit dem Opalinuston des Braunjura alpha, der infolge seines weichen Charakters aber auch besonders stark von den Gewässern zerschnitten wird. Dies zeigt sich z.B. recht deutlich am Unterlauf des Bargauer Bachs westlich des Ortes, wo der Schwarzjura schnell durchschnitten, alsbald der Knollenmergel und im Bettringer Bach, dem jener zuläuft, sogar Stubensandstein erreicht wird. Es macht sich hier bereits die Ausräumungslandschaft des Remstales deutlich geltend, die unterhalb von Böbingen charakteristisch in Erscheinung tritt. Auf ähnliche Verhältnisse stoßen wir im Norden am Krümmlingsbach, der ebenfalls bereits den Knollenmergel durchsunken hat und sich nun im Stubensandstein seinen Weg sucht.
Allerdings fehlt diesen Nebentälern der Rems die Bewaldung, die im Haupttal westlich von Zimmern etwas zögernd einsetzt, dann aber westlich von Schwäbisch Gmünd die Hänge weithin überkleidet. Die Schwarzjuraböden werden allgemein für den Ackerbau herangezogen, finden aber auch als Grünland Verwendung. Sowohl Mergel- als auch Tonböden sind als schwer zu bezeichnen, sie halten jedoch die Feuchtigkeit verschieden fest. Mergel neigt zur schnelleren Austrocknung und ist deshalb landwirtschaftlich nur verhältnismäßig kurzzeitig zu bearbeiten. Man spricht in diesem Falle von sogenannten "Stundenböden". Da der Nährstoffgehalt solcher Böden im allgemeinen auch wegen des relativ holen Kalkgehaltes gut ist, kann hier anspruchsvolles Getreide, wie etwa Weizen, erfolgreich angebaut werden.
Die Wiesen werden als Fettwiesen angesprochen. Sie zeichnen sich durch üppigen Pflanzenwuchs und intensive Grünfärbung aus. Im Vordergrund der Flora steht die Vielzahl der Gräser, ergänzt durch verschiedene Kräuterarten, in die sich lebhaft Rot- und Weißklee mischen. Die schweren Tonböden halten die Feuchtigkeit zwar überaus lange fest, neigen deshalb aber auch zu Vernässung, die sich in den tieferen Bodenschichten in einem auffälligen Wechsel der Farben von grau über grün bis braunrot nieder-

schlägt. Der Farbwechsel hängt mit der Mobilisierung des Eisens durch das Stauwasser zusammen, das im Verein mit Humussäuren jenes in verschiedene Oxyde und Hydroxyde umwandelt, sie entweder aus dem Boden löst und in tiefere Zonen wegführt, wo ausgelaugter grauer Boden zurückbleibt, oder sie im angestammten Boden belässt und zwar mit grüner Färbung, bzw. das rotbraune Eisen zum Wandern und an bestimmten Stellen in konzentrierter Form zum Ausscheiden bringt. Man spricht in diesem Falle von einer Pseudovergleyung des Bodens, der sich von dem unter ständigem Grundwassereinfluss stehenden Gleyboden durch seinen wechselfeuchten Charakter abhebt.
Die Besiedlung der Bargauer Gegend setzte bereits recht früh ein. Ob allerdings das "Schlössle" an hoher Stelle im Südosten des Ortes mit einer keltischen Höhensiedlung im Zusammenhang steht, erscheint fraglich. Urkundlich wird Bargau jedenfalls erst im Jahre 1326 als „Bargen“ fassbar. Die Lehensherrschaft besaßen die Rechberger, die sie von Ellwangen und Hohenlohe überkommen hatten. Sie waren auf der Höhe um Birkhof und Schlössle in einer Burg sesshaft und hoben sich durch die Zusatzbezeichnung "unter den Bergen" von ihrer gleichnamigen Verwandtschaft ab.
Die Burg hatte zwischen 1340 und 1817 Bestand, dann wurde sie schließlich wegen großer Baufälligkeit abgebrochen. Auch Bargau konnte sich dem Erwerbssog von Schwäbisch Gmünd nicht entziehen und kam 1540 durch Verkauf in dessen Schlepptau. Ein Amtsvogt hatte nach dem Rechten in Bargau und außerdem in Mögglingen, Lautern und Unterböbingen zu sehen. Die Geschichte Bargaus weiß von mancherlei Kriegslasten und -folgen zu berichten, unter denen der Ort zu leiden hatte.
Die Katholische Kirche Sankt Jakobus stammt in ihrer jetzigen, neuromanischen Form erst aus dem Jahre 1911. Sie hatte eine barocke Vorgängerin von 1729, die ihrerseits auf zwei weitere Vorgängerbauten von 1629 und 1472 zurückging. Eine alte Sage erzählt von einer Freistätte für Totschläger im Ort, doch ist deren Lokalität unsicher.

8. Bettringen (407 + 392 m NN)

Der Ort setzt sich aus den beiden Teilortschaften Ober-und Unterbettringen zusammen. Er gehört - wie Bargau - zur Stadtgemeinde Schwäbisch Gmünd. Beide Ortsteile werden durch den Bettringer Bach voneinander getrennt, dessen Quelläste weit in die Schwäbische Alb bis an den Fuß von Bernhards- und Hornberg herangreifen. So erfährt der Albsteilrand zwischen Bettringen und Weiler in den Bergen eine scharfe Unterbrechung bzw. wird dieser deutlich nach Süden versetzt, welche Richtung er bis ins Filstal innehält, um von dort ab wieder die gewohnte Südwest - Richtung zu gewinnen. Im Südwesten schließt sich an die Linie Bettringen – Tannweiler - Nenningen – Donzdorf - Süßen das eigentliche Albvorland an, mit seinen charakteristischen Zeugenbergen Stuifen, Hohenrechberg und Hohenstaufen. Dieses geht dann seinerseits noch weiter im Westen in den Schurwald über.

Oberbettringen breitet sich auf dem stehengebliebenen Riedel zwischen Rems und Bettringer Bach aus. Die sowohl nach Norden als auch nach Süden erfolgte Abtragung macht sich in der Formung des Reliefs bemerkbar. Dessen höchste Erhebungen ziehen sich längs über den genannten Riedel bei Höhen um 440 m nördlich von Oberbettringen über Gügling (441 m), Bühl (445 m) und Höhe 450 m östlich von Bargau bis zum dahinter ansteigenden Steilrand der Alb. In dieser Formung des Reliefs spiegelt sich deutlich die nach Norden und Süden gerichtete Abtragung, die sowohl zum Bettringer als auch Bargauer Bach hin wirksam ist. Westlich des Ortes nähern sich Bettringer Bach und Rems zunehmend einander, um sich schließlich in Schwäbisch Gmünd zu vereinigen.

Dieser Lage der Dinge entspricht folgerichtig die Abtragung dadurch, dass das Gelände in Richtung Vereinigungspunkt beider Gewässer ständig weiter absinkt. Am Bettringer Bach befinden wir uns bei etwa 370 m NN. Allerdings steigt das Terrain nach Süden über Unterbettringen alsbald wieder an, um bis zur waldbedeckten Kriegsebene sogar auf 554 m zu gelangen. Westlich von Unterbettringen bleibt die Landschaft zunächst vorwiegend eben, fällt dann aber steil zum Waldstettener Bach ab. Unterbettringen selber wird von dem kleinen Schapfenbach durchflossen, der vom Fuß der Kriegsebene seinen Ausgang nimmt.

Östlich von Oberbettringen stoßen wir auf ein Kuriosum. Dort nimmt ein kleiner Bach, der Teufelsbach, seinen Ausgang. Doch nach ca. 500 m verliert sich sein Wasser plötzlich in der Tiefe. In Anbetracht des allgemeinen Schichtgefälles nach Südosten dürfte sein Wasser vorwiegend in dem stäarker ausgeprägten Tälchen südlich der Straße Bargau - Oberbettringen erneut zum Vorschein kommen, um dann gegen den Bargauer Bach abzurinnen. Damit sind wir bei den eigentlichen geologischen Verhältnissen angelangt, die natürlich auch den Landschaftscharakter um Bettringen mitbestimmen. Die Erosion hat sowohl im Remstal als auch im Bettringer Bachtal inzwischen die Schwarzjuraschichten durchsunken, ja sie ist in

beiden Tälern sogar durch den Knollenmergel hindurch bis zum verhältnismäßig harten Stubensandstein vorgedrungen. Letzterer bestimmt nun zunehmend über die Talsteilhänge bis nach Schwäbisch Gmünd und über die des Remstales selbst bis in die Gegend von Lorch. Den oberen Abschluss der Steilhänge in beiden Talern bildet der Schwarzjura alpha mit seinen harten Sandstein- und Kalkbänken, der sich gut erkennbar gegen die weicheren, tieferen Hangabschnitte des Knollenmergels abhebt. Der Teufelsbach scheint durch wasserdurchlässige Schichten des Schwarzjura alpha durchzusickern und auf tiefer gelegenen Ton- und Mergelschichten wieder zutage zu treten. So steigt man also vom Bettringer Bach im Ort selber über den Stubensandstein, den Knollenmergel zum Schwarzjura alpha und von dort über das gering entwickelte tonreiche beta zum Schichtkomplex des gamma und delta auf, der bis Böbingen hin landschaftsbestimmend bleibt. Die durchschnittlichen Jahrestemperaturen steigen nun nach Westen weiter an. Kamen sie noch bei Weiler in den Bergen nur auf 6 Grad C, so klettern sie nun in unserem Gebiet auf fast 8 Grad C. Diese Temperatur wird erst im unteren Remstal mit 9 Grad C überschritten. Dies bedeutet landwirtschaftlich, dass nun neben dem Getreideanbau auch der von Obst zunehmend an Gewicht gewinnt. Da Bettringen auch auf nach Süden geneigten Hängen sich ausbreitet, trägt diese Exposition zur stärkeren Durchwärmung von Luft und Boden bei, was ebenfalls dem Obstbau zugute kommt. Die jährliche Niederschlagsmenge ist so hoch, dass auch das Grünland gut gedeiht. Letzterem gehören natürlich die Knollenmergelhänge. Der magere Stubensandstein, auf dem fast nur Wald steht, kommt hier bei der Vegetation noch kaum zur Geltung.
Nördlich der Ortschaft Oberbettringen trifft man auf die Reste einer ehemaligen Burg am östlichen Rand des Waldes, der sich zum Remstalgrund absenkt. In der ersten Hälfte des 14. Jahrhunderts hatten hier Herren von "Batringen" ihren Sitz. Bald aber legte Schwäbisch Gmünd seine Hand auf den Ort, bei dem seit dem Jahr 1307 zwischen Ober- und Unterbettringen unterschieden wurde. Seit Inbesitznahme durch die Gmünder in der 2. Hälfte des l5. Jahrhunderts wachte ein Vogt im "Bettringer Turm", der einst die Stelle der Kirche von Oberbettringen einnahm, über die reichsstädtischen Belange. Der Turm musste der Kirche im Jahre 1813 weichen. Sankt Cyriacus ist aber nicht die älteste Kirche im Ort. Diese steht im benachbarten Unterbettringen als bereits 1358 genannte "Holzkirche", heute Ottilienkirche. Bauteile von ihr, wie der Turm, reichen bis in romanische Zeit zurück. Der Zusammenschluss der beiden Ortsteile erfolgte 1934.

9. Zimmern/ Iggingen (355 m + 562 m NN)

Das Remstal ist ab Austritt aus der Alb bis auf Höhe Böbingen ausgesprochen flach ausgebildet. Dieser Landschaftscharakter ändert sich remsabwärts von jenem Ort. Hier stellen sich alsbald steile Talhänge ein, die sich in Richtung Schwäbisch Gmünd weiterhin verstärken. So springt das Gelände südlich von Iggingen zunachst mit einer Verebnung um 445 - 450 m NN im Gewann Lauch gegen das Tal der Rems vor, im Westen und Osten außerdem durch Bachtäler von der Umgebung abgesetzt. Plötzlich verliert die Ebenheit an Höhe und sinkt auf etwa 430 m ab. Hier beginnt der eigentliche Steilabfall: Auf kurze Entfernung fällt das Gelände um 70 m bis zum Remstalgrund ab.
Die Verhältnisse auf der Südseite des Flusses liegen ähnlich. Der Talnordhang steigt hier ebenfalls spürbar an, doch mit dem Unterschied, dass ab etwa 430 m eine Verflachung des Geländes ziemlich weit nach Süden eintritt, die nur geringfügig durch Hügelbildung modifiziert Wird. Nur wenige dieser Hügel kommen auf Höhen zwischen 440 - 450 m. So stellt sich zwischen Remsfluss und Hochfläche im Süden im Schnitt eine geringere Höhendifferenz ein als dies im Norden der Fall ist.
Westlich von Zimmern fällt auf, dass die obere Talkante, die gleichzeitig den Wald nach oben begrenzt, besonders scharf herausgehoben ist, woran sich talwärts ein ausgesprochener Steilhang anschließt. Dies hängt mit dem geologischen Untergrund zusammen. Ab hier beginnt nämlich der Keuper mit Knollenmergel in Verbindung mit den Sandstein- und Kalkbankschichten des Schwarzjura alpha nach Westen zu in Erscheinung zu treten. Letztere widerstehen recht gut der Abtragung und geben deshalb sowohl ein schützendes Dach über den Mergeln, als auch die Grundlage für die Hochflächenbildung ab.
Andererseits vermögen die weichen, tonreichen Knollenmergel der Denudation bzw. Hangabtragung nur wenig Widerstand entgegenzusetzen, so dass diese mehr oder weniger ständig zu Bewegungen hangabwärts veranlasst werden. Abgebremst werden sie hierbei allerdings von Grünflachen und Wald, jedoch nicht zum Stillstand gebracht. Durch langsame Unterhöhlung des zunächst schützend wirkenden Sand- und Kalksteindaches wird dieses zum Absturz gebracht und das feste Gestein rollt mehr oder weniger weit den Abhang hinunter. ln Zusammenhang damit lösen sich dann auch die weicheren Tone des Schwarzjura alpha von ihrem Untergrund und schließen sich der allgemeinen Abwärtsbewegung an. Erst die

Bei Iggingen der Blick ins Remstal

härteren Sandsteinschichten des Oberen Stubensandsteins bringen diese Tendenz nach unten zu einem gewissen Stillstand. Insgesamt besehen, treten die Knollenmergel in einem unruhigen, abwechslungsreichen Kleinrelief in Erscheinung, das die beschriebenen Bewegungen gut anzeigt. Die Remstalaue weist etwa ab Flussniveau 363 m NN zwischen Böbingen und Zimmern eine auffallende Verbreiterung auf. Dies ist darauf zurückzuführen, dass einerseits die Knollenmergel die oberen Talhänge bilden, andererseits der etwa ab hier an den unteren Hängen hervortretende Obere Stubensandstein die Talformung bestimmen. Der Knollenmergel wird leicht ab- und vom Fluss am Rand der Talaue weggetragen.
Der Stubensandstein dagegen widersteht stärker seiner Entfernung und neigt zu einer gewissen Flächenbildung, die auf eine Erweiterung der ebenen Talaue hinauslauft. Auf dieser verbreiterten Talaue verlangsamt der Fluss seinen Lauf und wird deshalb auch zu einer umfangreichen Ablagerung seiner mitgeführten Fracht veranlasst. Hinzu kommt eine neue Entwicklung, die Neigung des Flusses zu mäandrieren, also Schlingen zu bilden. Diese sind in auffallender und besonders schöner Weise etwa ab Punkt 363 m NN in der Talaue ausgebildet. Am Talnordhang zieht sich von Zimmern bis in die Nähe von Schwäbisch Gmünd ein Tannen - Buchenwald entlang, in dem auch Fichten und weitere Laubbaumarten, wenn auch in untergeordnetem Maße, wachsen. Das Klima ist hier im ganzen als mäßig-kühl und feucht zu bezeichnen, was von den gegenüber liegenden

Steilhängen so nicht gesagt werden kann; dort ist es eher als mäßig warm zu bezeichnen. Die Niederschlagsmenge im Jahresdurchschnitt ist auf beiden Talseiten dieselbe, doch ist der Verdunstungsfaktor auf dem Südhang naturgemäß deutlich höher als auf dem Nordhang. Dies wirkt sich natürlich auch auf die Bebauung der Hänge aus. Während die Nordhänge - wie beschrieben - fast ganz dem Wald überlassen bleiben, bieten sich die wärmeren Südhänge vor allem den Wiesen an, die teilweise, zumal in der Nähe der Ortschaften, von Obstbäumen besetzt sind.
Auch die Böden auf den verschieden geneigten Hängen spiegeln Hangklima und Gesteinsuntergrund wider. Wo von den oberen Hangkanten her Schwarzjuratone und vereinzelt Lehme nach unten abrutschen, stellt sich ein verhältnismäßig nährstoffreicher Pseudogley- und teilweise auch Parabraunerdeboden ein, die noch als Ackerland zu gebrauchen wären, wenn nicht in diesem Falle die Hanglage einen Strich durch diese Rechnung machen würde. Auf Knollenmergel, der oft durch Quellen aus seinen oberen Schichten stark durchfeuchtet wird, sind dagegen meist schwere Tonböden (Pelosole) entwickelt worden, deren optimale Nutzung sich in Gestalt von Wald anbietet.
Beim Pseudogley handelt es sich um einen Boden mit zeitweiliger Staunässe, wogegen die Parabraunerde durch eine gewisse Tonverlagerung vom Ober- in den Unterboden und dadurch bewirkte leichte Ausbleichung des ersteren gekennzeichnet ist.
Die Besiedlung Iggingens ist geschichtlich außerordentlich früh anzusetzen. Als interessant darf zunächst der - allerdings vereinzelte - Fund eines Faustkeils aus dem Mittelpaläolithicum, dem sogenannten Micoquien zugehörig, genannt werden, ein verhältnismäßig kleines Gerät, das eine Epoche zu repräsentieren scheint, die etwa mit dem Moustérien zeitgleich oder noch etwas älter sein dürfte.
Die eigentliche Besiedlung dürfte zwar kaum bereits in der Römerzeit eingesetzt haben, obgleich der Rhätische Limes den Airlinghofer Bach südwestlich des Ortes kunstgerecht überschreitet und von der Hochfläche fast geradlinig in die Remstalaue hinabführt. Man vermutet aber, dass der Ort als sogenanntes Urdorf in alemannischer Zeit (5. - 8. Jahrhundert) entstanden ist. Darauf verweist neben anderem sowohl die ungewöhnliche Größe der Markung (1143 ha), als auch die nördlich von Iggingen vorbeiziehende Hochstraße, die mit hoher Wahrscheinlichkeit mit jenen Zeitläuften in Verbindung zu bringen ist. Die erste schriftliche Erwähnung des Ortes stammt immerhin aus dem Jahre 855. Die "Herren von Uchinga" werden

als Ortsadel im 13. und 14. Jahrhundert genannt. Ellwangen, Lorch, Gotteszell und Schwäbisch Gmünd hatten hier Besitzrechte. Die Kirche zum Heiligen Martin wurde erst 1836 im neuromanischen Stil errichtet. Zimmern hat eine sehr alte beurkundete Vergangenheit. 839 tauscht Kloster Fulda zehn Anwesen gegen Güter in Steinheim ein. 1149 setzt sich Kloster Anhausen im Ort fest, aber auch hier behalten schließlich Schwäbisch Gmünd und Kloster Lorch beim Ortsbesitz die Oberhand.

10. Hussenhofen/Herlikofen (340 + 445 m NN)

Beide Teilgemeinden von Schwäbisch Gmünd sind der Höhenlage nach weit voneinander getrennt, nicht jedoch in der Horizontalen. Da liegen beide nur etwas über 1 km auseinander. Daraus geht hervor, dass der Talhang zwischen beiden Orten eine nicht unbeträchtliche Neigung aufzuweisen

Bei Hussenhofen

hat. Tatsächlich werden die Höhenunterschiede zwischen 340 und 440 m NN schon bei 750 m Luftlinie erreicht. Das bedeutet des weiteren, dass die Orte sich auf einer Ebene ausbreiten: Hussenhofen in der Remstalaue, Herlikofen auf einer Verebnung, die hier von Schwarzjura alpha gebildet wird. Im Westen zieht an Herlikofen der tief eingeschnittene Sulzbach vorbei, von dem aus ein kleines Seitental direkt auf den Ort zuläuft, während im Osten der ebenfalls tief eingesenkte Airlinghofer Bach sich seinen Weg nach Süden zur Rems bahnt. Der Sulzbach greift ungewöhnlich weit nach Norden hinauf, der Abstand zur Lein, in der Luftlinie gemessen, ist hier auf wenig mehr als 500 Meter zusammengeschrumpft. Dies könnte anzei-

gen, dass im Laufe der Zeit der Sulzbach durch seine rückschreitende Erosion einst den größeren Fluss im Norden erreichen, anzapfen und zur Rems herüberziehen könnte. Insgesamt fällt auf, dass die Lein von Süden her nur kurze und wasserarme Zuflüsse erhält. Dies hängt einerseits damit zusammen, dass die Gesteinsschichten insgesamt nach Südosten fallen, andererseits mit dem viel größeren Flussgefälle der Rems und deren viel tieferem Erosionsniveau. Zwischen Mögglingen und Hussenhofen fällt die Rems von 402 m auf 335 m NN, also 70 m ab.
Auf die Lein, etwa die gleiche Entfernung zwischen Heuchlingen und Taferrot übertragen, erbringt diese nur ein Gefälle von 402 m auf 385 m NN, also von nur 17 Meter! Damit wird klar, dass die Rems viel schneller läuft als die behäbig dahin kriechende Schwester im Norden, wodurch ihre Ausräumungsarbeit und somit Talbildung sich weitaus effizienter gestaltet. Dass dies entsprechende Konsequenzen auf die weitere Umgebung haben muss, leuchtet ein.
Die Hochfläche, die sich zwischen Rems und Lein hinzieht, und die im Osten treffend als Welland bezeichnet wird, weist eigentlich zwei übereinander liegende Flächen auf. Herlikofen befindet sich auf den relativ harten Arieten- oder Gryphäenkalken des Schwarzjura alpha, die deutlich zur Flächenbildung neigen.
Im Raum Schwäbisch Gmünd werden diese Kalke allerdings mehr und mehr sandig, doch wird ihre Härte dadurch nicht wesentlich reduziert. In den Gryphäenkalken stößt man übrigens nicht selten auf ein recht charakteristisches und interessantes Fossil, das dem Schichtenstoß den Namen gegeben hat: Liogryphaea arcuata, eine Auster, die in jenem Liasmeer und zwar nicht fern dem Ufer, gerade so zahlreich und bankweise lebte, wie wir dies von den Austern unserer heutigen Meere kennen. Die an geeigneten Stellen geradezu massenhaft auftretenden Versteinerungen laden Fossilienfreunde zum Sammeln ein. Die nächste Flächenbildung im Schwarzjura ist in der Stufe epsilon anzutreffen.
Er bedeckt die höchsten Höhen zwischen Brainkofen und Brackwang südwestlich von Heuchlingen. Der Südsteilhang der Rems zwischen Herlikofen und Hussenhofen wird in seinem oberen Abschnitt vom Knollenmergel eingenommen, der durch seine Neigung zum Quellen schon von weitem an seinem unruhigen Relief erkennbar ist.
An den Remssteilhängen oberhalb von Schwäbisch Gmünd ist der Knollenmergel aber oft von abgerutschten Massen des Schwarzjura alpha bedeckt und tritt deshalb nicht überall deutlich in Erscheinung. Zwischen

beiden genannten Schichten kommen Schichtquellen zutage, die den Boden gerade des Knollenmergels kräftig durchfeuchten und ihn zu mancherlei Rutschbewegungen nicht eben vorteilhafter Art veranlassen.
Unterhalb des Knollenmergels steht Oberer Stubensandstein in Gestalt einer Hangkante mit ausgeprägter Verebnung an. Weiter hangabwärts zeigt sich der Stubensandstein ansatzweise von kleinen, kurzen Tälchen zerschnitten, die plötzlich am Rande der Talaue enden. Auf dem Remstal-Nordhang treffen wir auf dieselbe Erscheinung: kurze, wenig ausgeprägte Tälchen, deren größerer Wasserreichtum jedoch zur Anlage von Schuttkegeln vor dem Übergang in die Talebene geführt hat.
Die Talebene selber ist von einem lehmig-tonigen Boden bedeckt, der, je nach Dichte, zwischen Wasserdurch- und Undurchlässigkeit hin und her pendelt. Die Rems hat in diesem Bereich in der Nacheiszeit viel Sediment in Form von Kiesen und Sanden unter dem wechselmächtigen Boden hinterlassen. Letztere sind allerdings im Laufe der Zeit an nicht wenigen Stellen abgebaut worden, woran einige Baggerseen kleineren und größeren Ausmaßes noch erinnern. Teilweise sind sie aber auch inzwischen wieder mit "Kulturschutt" verfüllt worden.
Der hier zur Mäanderbildung neigende Remsfluss wurde streckenweise begradigt, verlor aber dadurch teilweise auch seinen landschaftlich urwüchsigen Charakter, der noch nicht durch die Anlage des Auen- oder Galeriewaldes wirklich befriedigend verbessert werden konnte. Der Remssüdhang gehört dem Grünland zu mit einst umfangreicherem Obstanbau, der heutzutage, wie oft auch anderwärts, nahezu keine Pflege mehr erfährt.
Hussenhofen kann weit in die Geschichte zurückblicken. Der Name wird mit dem alemannischen Personennamen Hasso in Verbindung gebracht. In karolingischer Zeit dürfte hier spätestens gesiedelt worden sein. Danach gehörte der Ort zur sogenannten Waibelhube, einem Gerichtssprengel, in dem eine Genossenschaft freien Bauern vereinigt war.
Lehensverhältnisse bestanden seit der Stauferzeit mit dem Kloster Lorch, dem Kloster Gotteszell und der Herrschaft Limpurg. Von letzterer kam der Ort 1557 an Schwäbisch Gmünd. Bis zum Jahr 1913 gab es eine Kapelle zum Heiligen Leonhard, die abgerissen und durch eine neue Kirche ersetzt wurde.
Herlikofen weist im Südosten und zwar außerhalb des Ortes Reste des Rhätischen Limes in Form eines Steinriegels aus, der mit Hecken versehen ist. Aus dem Jahre 1225 ist der Name "Herlekofen" überliefert. Westlich des Ortes, dort wo der Wald und der Steilhang zum Sulzbach beginnt, sind

Reste einer ehemaligen Burg erkennbar. Der staufische Dienstmann "Rudegerus von Herlekoven" wird für 1225 hier bezeugt. Ein verwickeltes Lehenswesen band den Ort einst an Limpurg, Ellwangen, Hohelohe, Rechberg und Weinsberg.
Nach 1519 wird Schwäbisch Gmünd einziger Herr des Ortes. 1835 entstand die Kirche Sankt Alban im neuromanischen Stil. Ergänzt wird die kirchliche Anwesenheit durch die Kapelle "zum Kerker Christi" im Süden des alten Ortskernes.

11. Schwäbisch Gmünd (321 m NN)

Gmünd - wie wir hier verkürzt sagen wollen - liegt an einem zentralen Punkt des Remstales. Dies kommt bereits naturräumlich dadurch zum Ausdruck, dass sich hier das Tal wesentlich erweitert. Hatten wir beim Abschnitt Essingen-Böbingen von einem Flachtal gesprochen, was man auch als Muldental bezeichnen kann, so haben wir nun des weiteren gesehen, dass sich der Fluss ab Böbingen merklich in den Untergrund eintieft und nun die Gestalt eines Sohlentals erhält. Während beim Muldental keine eigentliche ebene Talsohle ausgebildet ist, liegt eine solche beim Sohlental vor, von der dann die Hänge plötzlich mehr oder weniger steil in die Höhe streben, um schließlich über die Taloberkante in eine Hochfläche überzugehen.
Genau diese Lage ist im Talabschnitt Böbingen - Gmünd Ost gegeben. Hinzu kommt noch, dass im Talquerschnitt der Abstand zwischen beiden Taloberkanten nur gegen 1, 25 km beträgt, wogegen im Raum Gmünd selber die obere Talweite fast das Doppelte ausmacht. Ähnlich gestalten sich die Verhältnisse auf der Talsohle: Auf der Höhe von Hussenhofen eine Breite von ca. 500 m, in Gmünd hingegen etwa 1 km.
Wie es in der Vergangenheit zu der beschriebenen Vergrößerung des Tales gekommen ist? Eine Antwort könnte sein, dass gerade im Raum um Gmünd mehrere wasserreiche Bäche der Rems zustreben. Von Süden nähern sich die vereinigten Gewässer von Bettringer Bach und Stoffelbach, die vom regenreichen Albrand ihren Ausgang nehmen. Von Norden kommen gleich mehrere Bäche, - vor allem der Sulzbach, - die zwar kein sonderlich großes Einzugsgebiet aufzuweisen haben, aber dafür von dem allgemeinen Schichtgefälle nach Südosten profitieren. Auch die unterirdischen Gewässer streben in dieselbe Richtung. Alle diese Bäche zusammen haben das Tal im Laufe der Zeit tief und weit ausgeräumt und dadurch we-

sentlich zur Entstehung der heutigen Talform beigetragen. Die Anlage der Stadt dürfte auch darauf zurückzuführen sein, dass sich für eine solche hier einst ausreichender Naturraum angeboten hat. Zwar neigte der Fluss durch die Talform zu stärkerem Mäandrieren, also zur Ausbildung größerer Schlingen im Bereich der Stadt. Bei Überschwemmungen ergriff der Fluss von der ganzen Talaue Besitz, aber nur bei solchen größeren Ausmaßes führte dies zu eigentlichen Nachteilen. Diese ereigneten sich freilich nicht selten.

Dann kam es bei den Flussüberquerungen einst zu Schwierigkeiten, die nicht ganz zu unterschätzen waren. In Normalzeiten floss das Wasser, bedingt durch die weiten Schlingen und die größere Breite des Flussbettes, verhältnismäßig langsam ab. Es sorgte damit für eine gute Durchfeuchtung der Talaue insgesamt und eine Anhebung des Grundwasserspiegels. Der Landwirtschaft brachten solche Gegebenheiten bei der Nutzung dieses Talraumes verschiedene Vorteile ein. Wenn es darüber hinaus dann auch noch gelang, die Mäander des Flusses zu strecken, beziehungsweise sie zu eliminieren, wurde dadurch Platz für eine weiter ausgreifende Besiedlung des Gebietes gewonnen.

Der Grundwasserspiegel wurde hierdurch zwar abgesenkt, aber dieser Vorgang wirkte sich auch wieder positiv auf die Erweiterungsmöglichkeiten des Siedlungsgebietes aus. Die geologische Situation hat sich, im Vergleich mit dem Abschnitt Böbingen-Gmünd Ost nur wenig geändert. Die Hochflächen nördlich und südlich der Rems werden weiterhin vom Schwarzjura bestimmt, der zwar in seinen unteren Schichten mit seinen eingelagerten Sand- und Kalksteinbänken mehr zur Flächenbildung neigt, wogegen die mittleren, weicheren Schichten ein mehr welliges Relief erzeugen. Die oberen Schichten sind wieder härter und tendieren deshalb erneut zu Verebnungen.

Allerdings ergibt sich ab Bettringer Bach im Süden und Sulzbach im Norden insofern ein markanter Unterschied gegenüber dem östlichen Gebiet des Wellandes, als sich nun die Erosionstätigkeit der Bäche stärker bemerkbar macht und die Hochflächen so sehr zerschneidet, dass sie sich nur noch zungenförmig gegen das Remstal vorschieben. Im Norden verlieren sich die Zungen im Welzheimer Wald, im Süden werden sie von den durchgehenden Schichten des Braunjura überlagert und damit ganz von der Erdoberfläche verdrängt.

In einzelnen Zungen und Restinseln erschöpfen sie sich schließlich im Schurwald in den oberen Partien dem Stubensandstein zu, der hier Erhebungen in einer Höhe von etwa 110 m erreicht. Der oberste Teil der Steilhänge hat den Knollenmergel zur Grundlage, jedoch sind Hangschuttmassen des Schwarzjura alpha dabei mit von der Partie. Im Talgrund setzt sich der Auenwald am korrigierten Remslauf weniger, in den urtümlichen Flussrandbereichen stärker, in Szene. Erlen, Weiden und Pappeln säumen, bisweilen recht malerisch die Ufer des Flusses, der im Stadtgebiet sich geradlinig in Richtung nach Südwesten erstreckt, aber bald wieder in seine naturgemäße Mäander einpendelt, die er in der Folge bis zu dem Ort Lorch durchgehend beibehält.

Die Steilhänge sind jetzt fast bis zum Talgrund von Wald, meist als Mischwald, bewachsen. Im Talgrund selber und an den untersten Hängen breiten sich Wiesen aus, die gebietsweise schon als Feuchtwiesen anzusprechen sind. Seggen und Pfeifengras dominieren hier in der Pflanzenwelt. Schwertlilien, Lungenenzian und - seltener - Orchideen werden unter anderem als charakteristische Pflanzenarten für diesen Bereich angeführt.

Bei den Blütenpflanzen stehen Kuckuckslichtnelke, Teufelsabbiss, Sauerampfer, Kohldistel, Sumpfvergissmeinnicht und Wiesenknöterich im Vordergrund. Die Nasswiesen stellen im ganzen genommen interessante Biotope dar, die, wo immer möglich, erhalten bleiben sollten. Ihre Besiedlung durch seltene und bedrohte Tierarten wird durch Urbarmachung und Bebauung manchenorts in Frage gestellt.

Besonders empfehlenswert ist die Begehung des Geologischen Pfades durch das Hölltal südwestlich von Gmünd, der hinauf bis zum Rechberg leitet.

Der Pfad beginnt beim Parkplatz im unteren Hölltal, das hier schroff eingeschnitten ist und beiderseits von Wald gesäumt wird. Die Erd- und Gesteinsschichten setzen beim Mittleren Stubensandstein ein und leiten beim Austritt aus dem Wald in den welligen Knollenmergel über.

Danach wird das Gelände ebener, da sich hier die Sand- und Kalksteine des Schwarzjura alpha darunter befinden, die außerdem zu einer Flächenbildung tendieren. Alsdann erneuter, mäßiger Aufstieg bis Metlangen, das sich auf den Tonen und Mergeln des Schwarzjura beta und gamma ausbreitet.

Das Terrain wird nun wieder deutlich steiler und führt über den Schwarzjura delta und epsilon, über verschiedene Ton- und Mergelschichten zum Braunjura hinauf, die im Westen vom Wald Gschwende bedeckt sind. Dort wo der Pfad den Wald berührt, wird der Hang erneut steiler, bedingt durch

den unterlagernden, harten Eisensandstein des Braunjura beta.
Wenig später werden auch noch die oberen Braunjuraschichten durchschritten, bis wir schließlich am scharf ausgeprägten Steilhang des Rechbergs auf unteren Weißjura treffen, der den imposanten Zeugenberg des Voralblandes aufbaut. Schwäbisch Gmünd ist ein altes Siedlungsgebiet. Sein Name wird mit den Einmündungen mehrerer Nebenbäche der Rems in eine Verbindung gebracht. Die Römer legten auf der Anhöhe, die nördlich des Heuselbachs im Südwesten des Stadtgebiets gegen die Rems vorläuft, beim Schirenhof für ihre Zwecke ein Kastell an. Es bedeckte eine Fläche von etwa zwei Hektar und bot einer ganzen Kohorte genügend Platz. Es wurde inzwischen teilweise ergraben und gab dadurch unter anderem zwei Tore mit Durchfahrten und ein Stabsgebäude frei. Eine Anzahl Einzelfunde kamen darüber hinaus noch hinzu, ergänzt durch weitere Funde im Kastellbad, das in einer Entfernung von ungefähr 100 m südwestlich des Kastells liegt und nicht nur ausgegraben, sondern auch sehr fachkundig für die Besucher konserviert wurde. Eine Besichtigung lohnt sich hier immer, doch empfiehlt sich dem genauer Interessierten dabei unter anderem die detaillierte Beschreibung mit Plan von Beck/Planck, „Der Limes“, zu einer genaueren Orientierung heranzuziehen. Ein gewisser Zeitraum wäre darüber hinaus dafür einzuplanen. Eine dritte Grabung richtete sich auf ein römisches Gräberfeld ganz in der Nähe, das insgesamt 800 Brandgräber aufzuweisen hatte. Viele Funde aus ihnen können in einer Präsentation im Stadtmuseum Prediger in Augenschein genommen werden. Im Jahre 782 - andere Angaben mögen auch das Jahr 777 nennen - wird der Name "Gemundias" erstmals greifbar. Um das Jahr 1100 herum entstehen damals im Bereich der Johanniskirche und des Heiligkreuzmünster zwei Siedlungskerne. Um den Vorgängerbau des letzteren wird sodann eine erste Mauer errichtet, und die Basis für ein gedeihliches Wachsen des Ortes war hiermit gelegt. Die damaligen Siedler rekrutieren sich vorwie-

In Schwäbisch Gmünd

Die Johanniskirche

gend aus Handwerkern und Händlern. Die wachsende Bedeutung, die der Ort Gmünd in jener Zeit nach und nach gewann, hängt wahrscheinlich eng mit dem Aufkommen der Staufer zusammen. Um die Mitte des 12. Jahrhunderts schließt ein zweiter Befestigungsring die beiden bis dahin getrennten Gemeinwesen zusammen.

Gleichzeitig wird der Ort zur Stadt erhoben. Mitte des 13. Jahrhunderts erweist sich Gmünd dann dem Reich gegenüber als sehr steuerkräftiges Gemeinwesen, das in dieser Hinsicht sogar bedeutende Städte wie etwa Ulm und Esslingen, weitaus übertraf. Ab dem 14. Jahrhundert tat sich ganz besonders das Schmiedehandwerk in der Stadt hervor, das später in die weithin berühmte Gold- und Silberschmiedekunst mündete. Arbeitsgeräte wie beispielsweise Sensen und Waffen wurden jetzt vom Schmuck abgelöst. Durch diese Entwicklung gewannen die Zünfte einen großen Einfluss im Rat der Stadt Gmünd, in dem sie neben den Schultheißen auch einen Bürgermeister stellten. Mit den Württembergern kamen die Gmünder zunächst

nicht zurecht. Sie sahen ihre Rechte und Unabhängigkeit von dorther bedroht und schlossen sich deshalb an den Schwäbischen Bund, der zunächst als Städtebund gegründet worden war, Ende des 15. Jahrhunderts an. Die Stadt widerstand der Reformation, aber auch den Wiedertäufern und hatte durch den Bauernkrieg mancherlei zu leiden. Ähnliche Lagen ergaben sich im Schmalkaldischen (1546/47) und Dreißigjährigen Krieg.
Danach stellte sich der wirtschaftliche Aufstieg der Stadt zunächst nur zögernd ein, erlangte jedoch im 18. Jahrhundert einen neuen Höhepunkt. Napoleon sorgte 1802 schließlich für den Anschluss an Württemberg. Die wirtschaftliche Entwicklung stagnierte im wesentlichen in der Folgezeit bis in die 30er Jahre unseres Jahrhunderts. Erst ab dieser Zeit setzte sich die Aufwärtsentwicklung fort mit der Ansiedlung - um nur ein paar wichtige zu nennen - eines Zweigwerkes der Zahnradfabrik Friedrichshafen, von Gablonzer Glaserzeugung und -veredlung und der Schenk'schen Leichtgusswerke. Noch im 19. Jahrhundert wurde Gmünd zur Schulstadt mit Gewerbe-, Gehörlosen- und Blindenschule, sowie Lehrerseminar. Diese Tradition setzten Pädagogische Hochschule und die Höhere Fachschule für das Edelmetallgewerbe fort.
An die Geschichte der Stadt schließen wir noch einen Stadtrundgang an, der besonders der Besichtigung von wichtigen Kulturdenkmälern gewidmet ist. Der Umgang um die freilich im ganzen nicht mehr erhaltene dritte Stadtmauer umfasst immerhin gegen 2,5 km Fußmarsch, aber er lohnt sich. Von den einstigen 24 Türmen sind nur noch 6 erhalten: im Osten der Rinderbacher Torturm, der Wasser- und Schmiedturm, im Norden der Faulturm, im Westen der Fünfknopfturm und im Süden der Königsturm. Mauern mit Türmen umschlossen bis 1870 die gesamte Stadt.
Das Herz der Stadt bildet der Marktplatz. Auf dessen Westseite erhebt sich die Johanniskirche, eine 1220-50 erbaute spätromanische, dreischiffige Pfeilerbasilika, mit frühgotischem Turm, der 1250 daran gesetzt wurde. Ihr äußerer figürlich - plastischer Schmuck ist bemerkenswert. Er führt ins Reich der Tier- und Fabelwesen, kombiniert mit christlichen Motiven.
Den Marktplatz zieren malerisch verschiedene Häuser, deren Baustil ins Barock und Rokoko verweist. Das Spital „zum Heiligen Geist“ wurde bereits 1269 gegründet, stammt aber in seiner jetzigen Form aus dem 19. Jahrhundert. Daran angebaut das fachwerkgeschmückte Amtshaus von 1497. Wenn wir uns nach Osten wenden, stehen wir bald vor der Franziskanerkirche, Bestandteil des ehemaligen Franziskus geweihten Klosters. Es wurde als eines der ersten den Minoriten in Deutschland zugehörig er-

Auf dem Marktplatz in Schwäbisch Gmünd

baut (nach 1220). Von J. Wannenmacher werden die Fresken der Kirche gerühmt, die mit der barocken Umgestaltung des Klosters 1720 bis 1750 zusammen entstanden. Nördlich und östlich des Klosters befinden wir uns bereits im Bereich der sogenannten Vorstädte, die außerhalb der 1. Stadtmauer lagen und von Handwerkern bewohnt waren. Zum Marktplatz zurückgekehrt, fällt unser Blick im Süden auf das schmucke Rathaus, im Rokokostil 1760 als Bürgerhaus von J. M. Keller erstellt und 1783 zum Rathaus umfunktioniert. Westlich gegenüber steht die sogenannte Grät. Im frühen Mittelalter erbaut - darum wohl ältestes Gebäude der Stadt - diente es einst als Rat-, Waag-, Zeug- und Schatzhaus. Das Kornhaus erhebt sich südlich des Rathauses und stammt von 1507; es gehört zu den ausgesprochen schönen Fachwerkbauten.

Zum Rathaus zurückgekehrt, wenden wir uns nun nach Westen und stehen bald vor dem herrlichen Heiligkreuz - Münster. Seine Erbauung datiert in verschiedene Abschnitte zwischen 1300 und 1500, es gilt als älteste Hallenkirche Süddeutschlands. Ein neuer Baustil war im 13. Jahrhundert aus Frankreich (Poitiers) nach Deutschland gedrungen und löste in der Folgezeit, zur Gotik weiter entwickelt, die Romanik ab. Im Gegensatz zu letzterer wurden bei der Hallenkirche die beiden Seitenschiffe in den Chor hinein fortgeführt und in einen Kapellenkranz aufgelöst. Zur Einheit des Raumes tragen außerdem die schlanken Säulen, die Schiffe wie Chor gleichermaßen gestalten, bei. Das Ganze überspannt ein prächtiges Netz- und Kreuzrippengewölbe. Aufgeführt ist die Kirche im ganzen aus hellem Stubensandstein, die Bildhauerarbeiten wurden an gelbem Angulatensandstein des Schwarzjura alpha vorgenommen.

Man betritt die Kirche am besten durch das Westportal, gekrönt vom Marienbild von 1330. Über der Eingangsempore die Barockorgel von 1688.

Hervorgehoben seien ferner das Renaissance-Chorgestühl von 1550; die mittlere Chorkapelle mit Heiligem Grab (um 1350); die zweite Kapelle ("Schreyerkapelle") auf der Südseite mit Sebaldusaltar aus der Dürer-Werkstatt; die Taufkapelle auf der Nordseite mit dem Stammbaum-Christi-Altar von 1520. An Bau und Gestaltung des Münsters insgesamt war die Parlerfamilie (Heinrich und der noch berühmtere Peter) maßgeblich beteiligt. Eigenartig, dass die Türme der Kirche fehlen, sie stürzten jedoch bereits im Jahr 1497 ein und wurden durch einen vergleichsweise dürftigen Dachreiter ersetzt. Lohnend ist auch eine Besichtigung von Nord- und Südportal des Münsters, die mit eindrucksvollen Reliefs geschmückt sind.
Westlich des Münsters gelangen wir sogleich zur Augustinerkirche, jetzt Evangelische Kirche, aus dem 15. und 18. Jahrhundert herrührend, zuletzt barockisiert und mit schönen Deckenfresken von J. Anwander, sowie Stuckarbeiten verziert.
Weiter nördlich erhebt sich der sogenannte Prediger, ein ehemaliges Dominikanerkloster aus dem Ende des 13. Jahrhunderts, jedoch vom berühmten D. Zimmermann im 18. Jahrhundert umgestaltet. Noch tiefere Eingriffe erfuhr das Gebäude um 1970, als es zum Kulturzentrum der Stadt um- und ausgebaut wurde. Seine Benutzung ist eine vielfältige. So ist das Stadtmuseums darin untergebracht, das unter anderem mit eindrucksvollen Sammlungen aus Geologie und Landschaft, Ökologie und Biologie, sowie Kunst- und Kulturgeschichte aufwarten kann. Nordwestlich der Stadt lädt die Doppelkapelle Sankt Salvator zum Besuch ein. Wir befinden uns hier im Bereich des Stubensandsteins, aus dem im Jahre 1617 die zwei übereinander liegenden Kapellen von C.Vogt heraus gehauen wurden. Weiterhin befindet sich östlich des Taubentals der Aussichtspunkt Lindenfirst, der einen prachtvollen Ausblick auf die Dreikaiserberge eröffnet, an den sich nach Osten ein prächtiges Albpanorama anschließt, das bis zum Rosenstein reicht.

12. Waldstetten (387 m NN)

Waldstetten liegt im Tal des von Süden nach Norden durchlaufenden Waldstetter Baches, der weit nach Süden gegen den Albsteilrand bis zum Rechbergle hin ausgreift, dort Tobelbach, ab Weilerstoffel Stoffelbach genannt. Der Waldstetter Bach mündet in Schwäbisch Gmünd in die Rems. Die große Zahl Zubringer südlich von Waldstetten fällt ins Auge. Die

Braunjurastufe tritt hier ungewöhnlich weit nach Süden zurück. Sie ist erst im obersten Bereich der Bäche entwickelt und, verglichen mit den Verhältnissen zwischen Hohenrechberg und Hohenstaufen, nur in Gestalt eines schmalen Bandes ausgebildet. Allerdings lässt sich die Stufe in zwei Stufenflächen gliedern, wobei die untere von beiden sich auf dem Eisensandstein des Braunjura beta, die obere hingegen sich auf den Blaukalken des Braunjura gamma ausbreitet. Unterhalb dieser schmalen Stufenflächen sind die Hänge von ausgedehnten Schuttdecken überkleidet, die sich bis in den Talgrund hinabziehen.
Die ungewöhnlich starke Ausräumung der Landschaft südlich von Waldstetten ist zunächst einmal auf die große Anzahl der hier tätigen Bäche zurückzuführen, die zumeist unter den durchlässigen Eisensandstein- und Blaukalkschichten über Tonen und Mergeln, die das Wasser stauen, zutage treten. Hinzu kommt allerdings noch ein weiterer Punkt, der für die Landschaftsgestaltung mit ausschlaggebend ist. Das sogenannte Schwäbische Lineament, eine tektonische Störung, bildet den Nordrand der Braunjurastufe zwischen Hohenrechberg und Hohenstaufen. Die ausgedehnte Störung kommt im Westen vom Schwarzwald bei Freudenstadt herüber und lässt sich über den Südrand von Schönbuch, Filder und Schurwald und unser Gebiet bis in die Gegend von Aalen verfolgen. Vom Hohenstaufen bis zur Kriegsebene östlich von Waldstetten verlaufen parallel zwei Verwerfungen, zwischen denen ein Graben eingesunken ist.
Dieser Graben quert, freilich hier im Gelände nicht als solcher zu erkennen, den Tobel-, Waldstetter- und Langenbach, um erst an der Kriegsebene im Osten zu enden, bzw. dort in eine einfache Störung überzugehen. Es muss vermerkt werden, dass die Bäche westlich des Waldstetter Baches nicht mehr bis zu jener Hauptverwerfung zurückschneiden. Ihre Erosionstätigkeit endet allgemein im Schwarzjurabereich, während östlich des genannten Baches das Lineament offensichtlich keine Barriere mehr für die gegen den Albsteilrand zurückschreitende Abtragung durch die Gewässer darstellt. Die von dem Abtragungsschutt bedeckten Hänge im Einzugsbereich des Waldstetter Baches werden nicht von Wald, sondern von Wiesen eingenommen, in die in der Nahe des menschlichen Siedlungsgebiets Obstbäume eingestreut sind. Dagegen gehört die Braunjurazone dem Wald zu, was zum einen mit dem steileren Anstieg des letzteren gegenüber der tiefer gelegenen Zone zusammenhängen, zum andern aber auch mit der relativen Abgelegenheit dieses Gebietes von den Wohnorten in Verbindung zu bringen sein dürfte.

Der Wald der Steilhänge ist weithin als Laubwald anzusprechen, die Buche herrscht vor, zumal die West- und Ostexposition des Waldes eine zu starke Erwärmung und deshalb Austrocknung des Bodens verhindert. Dazu trägt auch das dichte Laubdach gerade des Buchenwaldes bei, welches zwar die Entwicklung der Strauchschicht erheblich beeinträchtigt und ihr Aufkommen fast verhindert, auf der andern Seite aber den Boden insgesamt und nicht nur jahreszeitlich bedingt feucht erhält. Hinzu kommen die reichlich vorhandenen Bäche, die das im Braunjura angesammelte und dort auch an die Erdoberfläche heraustretende Wasser aufnehmen und in Richtung Rems abführen.

Primär jedoch profitiert das Gebiet von den hohen Niederschlägen, die hier im Jahresmittel um 900 mm fallen. Es handelt sich dabei vorwiegend um Steigungsregen, die von der steil aufragenden Alb ausgelöst werden. Die Jahresdurchschnittstemperaturen sinken gegenüber Schwäbisch Gmünd um gut l Grad C ab auf 7 Grad C, was auch eine geringere Verdunstungsrate zur Folge hat.

Bei mäßig-warmem Klima hat Waldstetten Anteil an der Landwirtschaftszone die vom Anbau von Wintergetreide und Obst geprägt wird. Die Böden an den Hängen sind, bedingt durch Gesteinsuntergrund und klimatische Verhältnisse, als Lehm- und Tonböden von dichtem und schwerem Charakter. Teilweise hat Auslaugung schwach entwickelte Pseudogley- und Braunerde- bis Parabraunerdeböden herausgebildet, woran eine Weiterentwicklung des Bodens erkennbar wird.

Ob der Name des Ortes Waldstetten in Verbindung mit dem umgebenden Wald zu bringen ist, dürfte zweifelhaft sein. Eher ist da schon an einen Personennamen wie "Walh" zu denken, und damit an "Walhstetten". Die Herren von Rechberg, Besitzer des Ortes, hatten ihren Wohnsitz auf der Burg im Eichhölzle, südwestlich von Waldstetten gelegen.

Das Gelände fällt dort nach drei Seiten - mit Ausnahme allerdings nach Osten - deutlich ab, konnte also im Notfall gut verteidigt werden. Trotzdem fiel auch diese Burg im Städtekrieg 1449 dem Expansionsdrang der Reichstadt Schwäbisch Gmünd zum Opfer.

Um 1600 verlegten die Rechberger ihren Wohnsitz in ein Schlösschen in den Ort selber. Später waren die Grafen von Grafeneck Eigentümer des Dorfes, nicht lange, denn schon 1699 kam es an das Ellwanger Kapitel.

Der Ausblick übrigens, von Eichhölzle nach Westen und Süden zu den Dreikaiserbergen, nach Süden zum Kalten Feld und nach Osten zum Hornberg, ist reizvoll. Zu erwähnen bleibt schließlich die hochgelegene Kirche zum Heiligen Laurentius, die in ihrer jetzigen Gestalt zwar erst 1906 erbaut wurde, jedoch bereits in romanischer und gotischer Zeit (ab 1397) Vorgängerbauten hatte.

13. Straßdorf (409 m NN)

Wenn man auf der Straße Schwäbisch Gmünd nach Straßdorf hinaufwandert, hat man zunächst einen etwas flacheren Hang vor sich, der dann aber mehr und mehr an Steigung gewinnt, bis er fast plötzlich über eine deutlich in der Landschaft hervortretende Kante in eine Ebene überleitet, die sich in ihrem Charakter bis zum Eintritt in den Wald Forst, wenn man von der Unterbrechung durch den Heuselbach absieht, kaum ändert.
Die Hänge südlich von Schwäbisch Gmünd werden von Stubensandstein, den man sich freilich nicht als durchgehend von Sandsteinen bestimmt vorstellen darf, aufgebaut. Dabei lässt sich in unserem Bereich beobachten, dass der Anteil des Sandsteins von unten nach oben immer mehr zunimmt, jedoch die zwischengelagerten sogenannten Hangendletten, die sich aus Mergeln und Tonen zusammensetzen, in dieser Richtung abnehmen. Dies bedeutet allerdings nicht ohne weiteres auch eine zunehmende Härte der Sandsteine, da die Verkittung der Sandkörner miteinander durch geeignete Bindemittel recht verschieden ist. Als Zementierungsmittel kommen vor allem Ton, Kalk, Feldspat und Quarz in Betracht, die über den Härtegrad des Gesteins bestimmen. Hinzu kommt die feinere oder gröbere Körnung des Gesteins, die auf die Zusammensetzung des Sandes zurückweist. Ist der Sandstein sehr quarzreich und hat die Verkittung der Einzelkörner durch Kieselsäure stattgefunden, erreicht die Gesamthärte des Gesteins hohe Werte. Umgekehrt stellen die feinen und zur Quellung neigenden Tonteilchen ein nicht gerade ideales Bindemittel für die Sandkörner dar. Der Untere, schichtweise recht harte Stubensandstein - auch als Fleins bezeichnet - dürfte bei Schwäbisch Gmünd noch unter der Talaue verschwinden. Im Mittleren Abschnitt dieser Schichtenfolge nimmt die Größe der Sandsteinkörner im allgemeinen zu, die Härte des Gesteins aber eher ab, da Ton und Kalk als Bindemittel einander abwechseln. Im Oberen Stubensandstein wiegen grobe Körnung und mürber Charakter vor.
Letzterer hat früher dazu beigetragen, dass das Gestein gemahlen wurde und als Reinigungs- oder Scheuersand beim Säubern der Fußböden in den Häusern Verwendung fand. Die obersten Hänge vor dem Übergang in die aufgeführte Ebene gehören dem Knollenmergel, der die unruhigen Ober-

flächenformen hervorbringt, da der Boden in dieser Zone zu Rutschungen neigt, die auch unter der Erdoberfläche (darum für das Auge nicht unmittelbar erkennbar) vonstatten gehen können. Unter der Hangkante erfolgt der Übergang in die flächenbildenden Schichten des Schwarzjura alpha. Der Schwarzjura alpha - als Angulatensandstein - ist in dieser Landschaft als typische " Stufendachfläche" ausgebildet. Diese Dachfläche hält nach Süden bis Straßdorf durch. Auf ihr, bzw. auf dem Schwarzjura alpha, liegt eine 3 - 4 Meter dicke Lehmdecke, die mindestens teilweise aus Löss hervorgegangen ist.

Dieser Lehm wurde früher abgebaut und fand jene Verwendung, die durch die Bezeichnung Ziegelhütte für mehrere Gebäude auf dieser Ebene angezeigt wird. Lehm, der auf Löss zurückgeführt werden kann, findet sich südlich der Rems in unserem Bereich nur vereinzelt vor, so etwa auf der Verebnung nördlich von Waldstetten zwischen Bettringer und Waldstetter Bach, in noch größerem Ausmaß auf der Dachfläche zwischen Oberkirneck und Waschenbeuren im Übergangsgebiet zum Schurwald. Auch dort erinnert eine Ziegelhütte an den einstigen Abbau und die weitere industrielle Verwendung.

Straßdorf hat seinen Namen von seiner Lage "an der Straße", die wohl schon in römischer Zeit vom Rems- ins Filstal hinüberleitete. 1269 wird der Ort erstmals genannt. Besitzer des Ortes waren zunächst die Staufer, von denen er an die Rechberger kam. Danach setzten sich auch die Klöster Gotteszell und Lorch, sowie die Reichstadt Schwäbisch Gmünd in Straßdorf fest. Die Kirche Sankt Cyriacus liegt auf einer Anhöhe von Talungen umfasst, deren Bäche im Westen durch ihre Vereinigung den Heuselbach zustande bringen, der seinerseits in Richtung Schirenhof der Rems zustrebt. Die Kirche bestand schon in romanischer Zeit, erfuhr jedoch 1477 eine gotische Umgestaltung. Vom Inventar verdient das Grabmal des Ritters Ulrich von Rechberg (gestorben 1572) hervorgehoben zu werden. Nördlich des Ortes steht die barocke Dreifaltigkeitskapelle von 1718. Im Südosten von Straßdorf fallt das Gelände rasch zum Tobelbach ab. Gleiches gilt von der Region gegen Osten hin, wo der Waldstetter Bach in nördlicher Richtung dem Bettringer Bach zustrebt.

14. Mutlangen (450 m NN)

Wir steigen am besten von Schwäbisch Gmünd nach Mutlangen hinauf. Der Höhenunterschied beträgt immerhin gegen 130 m. Im Nordosten der

Altstadt von Schwäbisch Gmünd mündet der Wetzgauer Bach in die Rems. Dort beginnen wir unsere Wanderung. Der Weg führt durch die Siedlung "Kleine Schweiz" schräg über den Hang zunächst über die Schichten des Mittleren und danach über diejenigen des Oberen Stubensandsteins.

Von Nordosten her kommen verschiedene Bachrisse den Hang herab und laufen unterhalb der Straße in den Wetzgauer Bach. Die kleinen Bäche in den Einschnitten entspringen meist etwas unterhalb der oberen Hangkante, über der das Gelände in den auf typische Weise ebener werdenden Schwarzjura alpha übergeht. Somit befindet sich deren Ursprungsgebiet im Knollenmergel oder Übergangsbereich zum Schwarzjura. Der Knollenmergel tritt morphologisch meist als kleinwelliges Relief auf die Bildfläche der Landschaft, da er wegen seiner stärkeren Durchfeuchtung nicht selten ins Rutschen gerät.

Die Talform in den Knollenmergeln ist im allgemeinen dem Muldental zuzurechnen. Die Talflanken leisten der Abtragung nur wenig Widerstand, so dass die weichen Tone und Mergel leicht gegen den Talgrund hin verschwemmt werden. Dadurch ergibt sich eine eigentümlich verwaschene Talausformung in diesem Schichtbereich. Die Muldenform wandelt sich im tiefer gelegenen Stubensandstein in V- oder Klingenform, da hier die festen Sandsteine für eine Versteilung der Talhänge sorgen. Manchmal nehmen die massigen Sandsteine, wenn sie härter als ihre Umgebung sind und deshalb durch Verwitterung und Abtragung aus dieser herauspräpariert werden, sogar abenteuerliche Formen an.

Der oberste Hangabschnitt - die Hangneigung betragt hier bis zu 40 % - unterhalb der Steilkante erfährt eine weitere letzte Steigerung seines Anstieges, dessen Abschluss genau durch das Ende des Waldes markiert wird. Bei diesem Wald handelt es sich vorwiegend um Laubwald, der aber auch von Nadelwald durchsetzt ist. Er hat einst fast den ganzen Hang überzogen, ist aber dann gegen den Wetzgauer Bach zu von der genannten Siedlung verdrängt worden. Östlich von ihr breiten sich bis zum Wald hin Wiesen aus. Das Tal des Wetzgauer Baches ist in seinem oberen Abschnitt im Waldgebiet deutlich ausgeprägt von steilen Hängen flankiert. In seinem unteren Abschnitt verflacht sich diese Talform auf der Ostseite, während sie auf der Westseite weiterhin erhalten bleibt.

Am Ende der "Kleinen Schweiz" biegt unser Weg als Waldweg nach Norden ein, dem wir hinauf bis zu den "Drei Linden" folgen. Dort stehen wir dann bereits auf der Hochfläche, die sich nach Mutlangen hinüberzieht.

Wir befinden uns jetzt auf der Verebnungsfläche des Schwarzjura alpha, die vom Welland zwischen Lein und Rems herüberkommt, nach Westen über Alfdorf und Pfahlbronn in einem breiten Kamm weiterläuft, dann nach Norden umbiegt und über Welzheim bis nach Kaisersbach reicht. Bei Mutlangen beginnt jedoch ein zweiter Kamm, der über Wetzgau und Großdeinbach bis Kleindeinbach gegen die Rems vorspringt. Von diesem Kamm zweigen drei Ausläufer ab. Auf dem ersten liegt Wüstenrot. Auf dem zweiten breitet sich Wetzgau aus. Der dritte zieht sich von Mutlangen aus nach Südwesten.

15. Groß- und Kleindeinbach (430 + 480 m NN)

Die beiden Orte sind miteinander durch eine Hochebene verbunden, die ringsum von Tälern umgrenzt wird: im Süden das Remstal, im Westen das Schweizer- und Waldauerbachtal, im Osten das Rotenbach-Deinbachtal. Die Hochebene steigt von Süden nach Norden bemerkenswert wenig an, spiegelt jedoch im Ganzen das allgemeine Fallen der Gesteinsschichten von Nordwesten nach Südosten, also vom Schwäbisch-Fränkischen Wald zur Schwäbischen Alb wider.
Bei Großdeinbach treten wir in einen Höhenkamm über, der sich nach Südwesten bis zum Gewann Grab (457 m) erstreckt und dort über eine Steilkante ins Schweizerbachtal abfällt. Östlich des Ortes setzt sich der Kamm über Wetzgau und Mutlangen fort, wo er mit einem noch größeren Gebilde seiner Art zusammentrifft, das von Lindach herüberkommt und nach Westen auf Alfdorf zuläuft.
Die aufgeführten Haupttäler im Westen und Osten weisen eine große Anzahl von Nebentälern auf, die oft in Form von scharfen Klingen in den Untergrund eingeschnitten sind. Im Südwesten von Großdeinbach entspringen Quellbäche des Haselbachs, die dabei sind, den Kamm bzw. die Hochebene teilweise aufzulösen.
Der Haselbach nimmt seinen Ausgang unmittelbar an der Steilkante, die den Ubergang vom Knollenmergel/Rhät zum Schwarzjura alpha markiert. Dieser Quellhorizont zwischen jenen Schichtkomplexen wird vielfach so auch anderwärts angetroffen. Nach kurzem Lauf im engen V-Tal weitet sich die Szenerie plötzlich zu einem Muldental, das für Obstanbau genutzt wird, aber auch einfach als Grünland Verwendung findet. Weiter bachabwärts stockt beiderseits desselben Wald, vorwiegend Nadelwald,auf Stubensandstein.

Die Lage auf der Ostseite der Hochebene gestaltet sich ähnlich. Der Deinbach-Rotenbach entspringt bei der Landstraße Großdeinbach-Wetzgau in engem Tobel. Auf seinem südwärts gerichteten Lauf erhält er eine Anzahl kleinerer Zubringer, die ebenfalls am Übergang der Hänge in die Hochebene in Erscheinung treten. Die Westhänge des Deinbach-Rotenbachtales sind bemerkenswert kleinräumig zerschnitten. In den Klingen eilen muntere Bächlein dem Haupttal zu. Dessen Hänge sind auf beiden Seiten von Mischwald bedeckt, in dem jedoch ebenfalls die Nadelbäume in der Überzahl sind. Der Wald reicht im Westen nicht ganz an die Hochebene heran. Der freie Raum zwischen Wald und Hochebene gehört dem Grünland zu, das teilweise dem Obstanbau zugeführt ist. Auf der Ebene selber wird Ackerbau betrieben. Ackerbau wird auch auf den freien Flächen des Kammes ausgeübt.
Groß- und Kleindeinbach breiten sich auf den Gesteinsschichten des Schwarzjura alpha aus, die in besonderer Weise zur Verebnung neigen. Übereinander liegen von unten nach oben: Psiloceratenschichten, Angulatensandstein und Arietenkalk. Die beiden unteren Schichten sind hier stark sandig ausgebildet, der Arietenkalk hingegen ist vorwiegend von harten Kalkbänken durchzogen. Sie setzen der Abtragung erheblichen Widerstand entgegen, deshalb ragen aus dem Höhenkamm zwischen Großdeinbach und Mutlangen etwas höhere Kuppen über ihre Umgebung hinaus, auf denen Großdeinbach und Wetzgau ihre Wassertürme errichtet haben, oder die durch Baumgruppen wie etwa die Kolomanuslinden nordwestlich Wetzgau kenntlich gemacht sind. Von diesen Punkten aus hat man eine schöne Fernsicht nach verschiedenen Richtungen.
Die Bodenentwicklung auf den Schwarzjuraschichten vollzieht sich von den Ton-, Mergel-, Sandstein- und Kalksteinschichten als Ausgangsmaterial hin zu Parabraunerden, Pseudogleyen und Pelosolen auf dem Weg über mancherlei physikalische und chemische Umbildungsprozesse. Wenn die Tone austrocknen, bilden sich an der Erdoberfläche charakteristische, unregelmäßige Risse, sogenannte Schrumpfrisse. Wo der Tonanteil im Boden überwiegt und ebenes Gelände noch dazukommt, entsteht der schwere Pelosolboden, der landwirtschaftlich schwer zu bearbeiten ist. Wo sich jedoch - und dies ist sehr oft der Fall - Ton mit Mergel verzahnt und der Kalkanteil auf diese Weise deutlich ansteigt, neigt der Boden in seinem Charakter zunächst der Braunerde zu, die ihre Farbe vorwiegend einem sehr gelben Eisen verdankt. Die lockere, krümelige Braunerde ist zwar nährstoffreich und ergibt einen relativ warmen Boden, doch schreitet die

Entwicklung im allgemeinen zur Parabraunerde weiter, die von der Verlagerung des Tones in tiefere Bodenhorizonte gekennzeichnet ist. Man spricht in diesem Falle von Durchschlämmung oder Verlagerung des Tones bei gleichzeitiger Anreicherung desselben im Unterboden.
Der beschriebene Vorgang kann sich weiter bis zum Stadium des Pseudogleys fortsetzen, in dem der Ton im Oberboden weithin ausgewaschen ist und Anzeichen von Versauerung erkennen lässt. Durch die Verdichtung des Unterbodens als Folge der Tonanreicherung kommt es hier zu Staunässe, die, je nach Wasseranfall, das Grundwasser steigen oder fallen lässt. Folgen dieses Prozesses sind: die Bleichung und Fleckung des Unterbodens, Stockung der natürlichen, physikalischen und chemischen Bodenbildung und der Übergang zu Bodenversauerung. Die landwirtschaftliche Nutzung dieses Bodens wird dadurch deutlich eingeschränkt, vor allem was den Ackerbau anbelangt. Die beschriebene Bodenentwicklung kann in unserem Gebiet da und dort beobachtet werden, wobei der Vorgang der Verlegung auf den mehr von Sandstein bestimmten Boden noch schneller als auf Kalkstein vorankommt. Insgesamt aber herrschen auf der Hochebene und dem Kamm unseres Gebiets, die als Muttergestein Schwarzjura alpha aufweisen, klar die Parabraunerden vor. Über den Kamm zieht sich außerdem Lösslehm, der den Charakter der Parabraunerde besonders zäh festhält.
Die Geschichte leitet uns bei Kleindeinbach bis in die Römerzeit zurück, steht doch etwa 500 m nordöstlich des Ortes ein Kleinkastell aus jener Zeit. Die Gesamtgröße von 600 qm weist die Niederlassung diesem Typ von Kastell zu. Heute ist die Anlage nur noch als schanzenartige Erhöhung erhalten. Nur wenige hundert Meter weiter im Nordosten beginnt der Limes wieder sichtbar zu werden, der auf der Hochebene verschwunden ist. Bedeutsam aber ist, dass gerade hier am ostwärts gerichteten Abhang des Rotenbachtales der Übergang vom Obergermanischen zum Rhätischen Limes erfolgt. Während westwärts von hier die Grenzlinie wahrscheinlich nur durch eine Palisade markiert wurde, trat diese nach Osten in Gestalt einer Mauer, die bis 3 m hoch und 1, 2 m breit war, in Erscheinung. Am Übergangspunkt wurde die Mauer möglichst originalgetreu restauriert. Im Rotenbach selber wurden Mauerreste und sogar Überbleibsel der einstigen Palisade aufgefunden. Am westwärts gerichteten Hang des Rotenbachtales zieht die Mauer in Form eines Steinwalles wiederum auf die Höhe hinauf. Es lohnt sich ein Stück weit hinaufzusteigen, um von hier aus den Limesverlauf über das Rotenbachtal im ganzen in Augenschein nehmen zu kön-

nen. Interessant auch, dass die Mauer des Rotenbachs aus Angulatensandstein, im Osten jedoch aus Kalksteinen des Schwarzjura alpha besteht. Hingewiesen sei ergänzend auch in diesem Zusammenhang auf das Kleinkastell Freimühle, das im Wald versteckt auf dem nach Westen gerichteten Hang des Rotenbachtals, unweit nördlich der alten B 29 und der Bahnlinie, liegt. Immerhin reicht es bei ihm zu Ausmaßen von 53 x 53 m. Es war von einer Mauer mit 1, 2 m Breite und einem 5 m breiten Graben umgeben. 1271 taucht der Name "Tainbuoch" erstmals in der Geschichte des Ortes in Zusammenhang mit einer staufischen Schenkung an Kloster Lorch auf. Später muss sich Lorch mit den Rechbergern und Schwäbisch Gmünd in den Besitz des Ortes teilen. An der Stelle einer Bernhardskapelle, die bis ins 15. Jahrhundert zurückdatierte, wurde 1900 eine Kirche erbaut. Zusammen mit dem Rathaus von 1867 und der Schule von 1907 ergibt sich ein ansprechendes Bauensemble. Kleindeinbach und das weiter westlich liegende Hangenddeinbach waren vor 1323 mit Großdeinbach dem Namen nach eins. Auch hier setzten sich schon früh Kloster und Stift Lorch (1372) und Schwäbisch Gmünd fest, aber auch den Schenken von Limpurg gelang es, mehrere Besitztümer zu erwerben.

16. Lorch (288 m NN)

Bei Lorch

Die Stadt lagert sich im Tal der Rems, das sich hier auffallend verbreitert, gemessen an den Verhältnissen des Tales gegen Schwäbisch Gmünd hin. Dies hat nicht so sehr seinen Grund darin, dass mehrere große Bäche aus dem Norden der Rems zufließen und dadurch natürlich auch für eine Talverbreiterung sorgen, sondern das hängt vor allem mit dem Wechsel des Gesteins zusammen. Während talabwärts von Gmünd bis auf die Höhe der Mündung des Schweizerbachs in den Hauptfluss die Hänge im Norden und Süden von den Schichten des Stubensandsteins bestimmt und geformt werden, machen sich ab jenem Punkt mehr und mehr die Bunten Mergel geltend, deren Härte im allgemeinen der des Stubensandsteins darüber wesentlich unterlegen ist.

Hier herrschen Mergel vor, - aus einem Ton - Kalk - Gemisch bestehend, - die der Abtragung weit weniger Widerstand entgegen zu setzen in der Lage sind, als die Sandsteine. Zwar wechseln auch in jenen Mergeln besonders weiche Tonschichten mit weniger mächtigen Kalkbänken ab, doch ändert dies wenig an der Neigung der Bunten Mergel, sowohl der Flächenabtragung als auch der linienhaft angreifenden Erosion entgegen zu kommen. Mit andern Worten: Die Rems hat es in diesem Bereich leicht, sich ein breiteres Bett zu schaffen und damit auch Raum fur ein gemächliches Dahingleiten zu gewinnen, in Gestalt von ausgreifenden Mäandern, also Flussschlingen, die unter geeigneten Umständen von einem Talrand zum andern pendeln. Fast am gesamten Remslauf wechseln Partien mit Flussmäandern mit solchen in denen der Fluss gestreckten Laufes dahineilt, aber dies kann nicht als der natürliche Lauf der Dinge angesehen werden, vielmehr sind die geraden Strecken der Rems von Menschenhand in diese Form gebracht worden, wogegen die Mäanderpartien - allerdings auch nur teilweise - dem normalen Verhalten des Flusses entsprechen. Die Flussbegradigung die im Laufe der Zeit vielerorts vollzogen worden ist, sollte die Überschwemmungsgefahr bannen, oder wenigstens in Grenzen halten, die einst der Remstal - Auenlandschaft und besonders den darin liegenden Orten bisweilen hart zugesetzt hatte.

Umso wichtiger freilich ist als Folge davon auch die Aufgabe der Gestaltung der Flussufer durch Anpflanzung geeigneter Bäume und Sträucher, denen in ihrem Wachstum möglichst viel Freiheit gegeben werden sollte, damit neue Formen von Talauenwald oder Galeriewald - das ist Wald, der sich nur an den Flussufern entlang, aber nicht weiter in die umgebende Landschaft hinein erstreckt - entstehen und sich entwickeln können. Wo die Rems durch Dämme begrenzt und somit am Ausufern gehindert wird, gestaltet sich diese Aufgabe als ziemlich schwierig, da hier die auffallende Dammform bei einer passenden Landschaftsneuordnung mitberücksichtigt werden muss.

Wenig westlich von Lorch erhebt sich die alte B 29 auf eine Terrasse, die nicht als Flussterrasse, sondern als Schichtverebnung zu deuten ist. Hier tritt bereits der Bunten Mergel unterlagernde Schilfsandstein als Hangterrasse an die Erdoberfläche, und wenn wir über die Rems hinweg nach Süden schauen, haben wir dort am unteren Talhang dieselbe Erscheinung vor uns. Für die Bunten Mergel bleibt nicht viel Platz an den Hängen. Sie können sich nur als schmale Bänder zwischen Schilf- und Stubensandstein behaupten und weichen talabwärts, zusammen mit dem Stubensandstein, in höhere Hanglagen zurück. Aber auch der Schilfsandstein tritt auf der Südseite der Rems nur wenig über Waldhausen hinaus morphologisch - in Oberflächenformen - in Erscheinung und auch auf der Nordseite ist er nur örtlich im Relief auszumachen. Von Norden her kommen durch das Stadtgebiet Götzenbach und Aimersbach in die Rems ein. Der erstere stellt ein wasserreiches Gewässer dar und hat deshalb in seinem Unterlauf eine deutliche Talaue aus der Landschaft herauspräparieren können. Beide Bachtäler führen geradewegs nach Norden bis an den Schwarzjurakamm bei Pfahlbronn heran.

Zahllose ausgeprägte kleinere und größere Klingen gehen in jenen beiden Tälern von Osten und Westen auf. Zwischen dem Götzenbach und dem größeren Schweizerbach im Osten schiebt sich von Norden her noch einmal der Schwarzjura-Hauptkamm in Form eines schmäleren Seitengrates über Bruck und Wolfsacker (468 m) gegen das Remstal vor.

Der Hang läuft hier in eine Felsterrasse aus, die zwar von Stubensandstein gebildet wird, deren Anlage jedoch wohl erst ins Pleistozän zu datieren und damit vermutlich als eine vom Fluss erzeugte Terrasse zu deuten ist. Die Talhänge südlich von Lorch steigen über Bunte Mergel und vor allem über Stubensandstein hinauf auf die Hochebene von Unter- und Oberkirneck, die wieder dem harten Schwarzjura alpha ihre Gestalt als Stufendachfläche verdankt.

Sie erstreckt sich von dort nach Süden bis Wäschenbeuren, biegt dann nach Westen um und verliert sich im Schurwald. Die Verbreiterung der Remstalaue ab dem Ort Lorch hat dem Fluss nicht nur die Möglichkeit großen Ausuferns bei Hochwasser beschert, sie hat auch bewirkt, dass in diesem Bereich der vom Fluss mitgeführte Schutt in Form von Geröllen und Sanden reichlich abgelagert worden ist. Auf diesen mehr gröberen Sedimenten wurden schließlich noch viele feinere Abtragungsprodukte abgesetzt, die sich später zu fruchtbaren Talauenböden weiter entwickelten. Die Kiese und Sande jedoch wurden nur teilweise an ihrem Ablagerungsort be-

Kloster Lorch

lassen. Ein ansehnlicher Teil von ihnen wurde zeitweise ausgebaggert und anschließend von der Bauindustrie für ihre Zwecke verwendet. Auf diese Weise entstanden die zahlreichen Baggerseen, die die Tallandschaft besonders zwischen Lorch und Schorndorf zieren. Sie werden heutzutage möglichst erhalten, dienen sie doch vielen zum Teil seltenen Tier- und Pflanzenarten als Rückzugs- und Schutzgebiet, das ihnen allein noch in unserer so beengten Umwelt Lebensraum bietet. Unweit der Klosteranlage über der Stadt steht ein Limes-Wachturm (siehe Anhang „Limes"). Er wurde einst einem vermuteten Original seiner Art nachkonstruiert, dürfte aber nach heutiger Auffassung kaum mehr einem solchen entsprechen, da ein derartiger Turm sowohl in Ständer- und nicht Blockbauweise ausgeführt, als auch mit einem Zugang, der deutlich über dem Erdboden lag, versehen wurde.

Bedeutsamer jedoch ist, dass sich hier ein wichtiger Eckpunkt des Obergermanischen Limes befand, der an dieser Stelle aus seiner allgemeinen Nordausrichtung nach Osten umbog und dort im Rotenbachtal ("Grodinbach") sich mit dem Rhätischen Limes verband. Der Obergermanische Limes bestand fast durchweg aus einer Palisadenwand und dahinter liegenden Wall und Graben. In mehr oder weniger gleichen Abständen voneinander standen auf der inneren Seite dieser Grenzlinie Wachtürme, die in erster Linie der Übersicht über das Gelände im Osten bzw. Norden dienten, es aber auch ermöglichten, Signale untereinander auszutauschen. Einen besonders guten Gesamteindruck von einer solchen Anlage erhält man, wenn man vom Wachturm beim Kloster nach Norden bis nach Pfahlbronn wandert. Nahe beim Wachturm erhebt sich Kloster Lorch, das im Jahre 1102 von dem Stauferherzog Friedrich I. als Benediktinerkloster gegründet wurde. Schon im Jahr 1140 wurde die Stiftskirche zur Grablege für die Staufer bestimmt, doch fanden hier in der Folgezeit nur der Gründer selbst mit Gemahlin Agnes und Königin Irene (gestorben 1208) ihre letzte Ruhestätte. Über dem Eingang der Kirche begrüßen uns römische

Steinfragmente als Türsturz, mit einer spurenhaften Inschrift "Imp(erator) Cae(sar)". In der Kirche, die mit einem ausgesprochenen Hochchor ausgestattet ist, befinden sich eine Steintumba von 1475, ein hölzernes, bemaltes Kruzifix auf dem Altar, sowie weitere Grabmale derer von Schechingen und Woellwarth. Das Kloster erlebte in der 2. Hälfte des 15. Jahrhunderts seine höchste Blüte, fiel dann aber den "hellen Haufen" im Bauernkrieg 1525 zum Opfer, die fast alle Bauten bis auf die Kirche und den Kreuzgang verbrannten bzw. zerstörten. Der hauptsächliche Wiederaufbau fand im 19. Jahrhundert statt. Heute wird hier ein Alten- und Pflegeheim unterhalten. Auf dem freien Platz südöstlich der Kirche steht eine prächtige alte Eiche. Lorch - ursprünglich "Loricha" und "Laureacum" - wurde erst 1865 vom Dorf zur Stadt erhoben.
Schon im 13. Jahrhundert stößt man hier auf die Württemberger, doch mussten diese ihre Zollrechte bis zum Jahr 1605 mit Schwäbisch Gmünd teilen. In die alte Zeit führt das Heimatmuseum im Kloster zurück, das wertvolle Funde aus der Römerzeit zeigt, wie beispielsweise das Steinbildnis der Pferdegöttin Epona, aber auch Gebrauchskeramik aus der Römerzeit des 2. und 3. Jahrhunderts n. Chr. Wenn man auf der Klosterstraße bis nach Lorch absteigt, überquert man am besten dort die Bahnlinie, wendet sich alsdann über die Gmünder- und Hauptstraße nach Westen, wo man bald die Sankt Marienkirche zu Gesicht bekommt, die sich mitten aus dem Gelände des ehemaligen Reiterkastells erhebt, das wohl um die Mitte des 2. Jahrhunderts erbaut wurde. Vom Kastell konnte nur der Nordturm des Westtores restauriert werden, da das Gelände mittlerweile weithin überbaut ist.
Die Anlage hatte für die Römer eine hohe strategische Bedeutung, da hier der Obergermanische Limes von Norden kommend nach Osten abbog, somit der nach Südwesten zu entstandene Keil dringend der Absicherung durch eine größere militärische Einheit bedurfte. Die Stadtkirche reicht in ihren Ursprüngen bis in das 9. Jahrhundert zurück und wurde im 11. Jahrhundert in eine Kollegiatsstiftskirche umgewandelt, die später zum Kloster gehörte. Gedenkstätten in Lorch sind ferner das Schillerhaus (August Wilhelm Pfäfflestraße 2), das an den großen Dichter erinnert, der hier mehrere Jugendjahre verbrachte (1763-66) weiter: Eduard Mörike - Haus (Hauptstraße 24), in dem der Dichter zeitweilig wohnte (1867 -70 und 1873). Wenigstens anzumerken ist, dass aus Lorch auch Oskar Fraas (1824-1897) hervorgegangen ist, der Bedeutendes u.a. für die Schwäbische Geologie geleistet hat.

17. Waldhausen (277 m NN)

Das Remstal setzt seine Verbreiterung zwischen Lorch und Waldhausen zunehmend weiter fort. Diese Beobachtung bezieht sich in erster Linie auf die Talaue, die sich jetzt nördlich und südlich des Flusses durch Baggerseen auszeichnet. Die Kies- und Sandgewinnung ist allerdings zum erliegen gekommen, was unter landschaftlichen Gesichtspunkten gewiss nicht zu beklagen ist. Als Relikte jener einstigen Tätigkeit sind in der Talaue jedoch zunächst eine Anzahl von Becken zurückgeblieben, die dem Schicksal des Verfülltwerdens gerade in dieser Gegend entgangen sind.
Werten darf man dies als positives Zeichen für die hiervon tangierten Gemeinden und ihre Bereitschaft, sich für Natur- und Landschaftsschutz einzusetzen. So sind inzwischen immerhin mehrere Seengebiete zwischen Lorch und Schorndorf zu Schutzgebieten erklärt worden. Die Bildung der Seen hängt mit dem hohen Grundwasserspiegel in der Nähe des Flusses zusammen, der eine verhältnismäßig rasche Auffüllung der Becken mit Wasser bewirkt hat. Damit haben sich im Laufe einer relativ kurzen Zeit in diesen Gebieten Refugien für seltene und bedrohte Pflanzen- und Tierarten ergeben, die in besonderem Maße schützenswert sind. Man kann eigentlich nur hoffen, dass die Entwicklung in dieser Richtung weiterhin anhält. Sekundär ergeben sich damit auch für den Menschen verschiedene Möglichkeiten Einsicht zu bekommen in eine Naturlandschaft, die sich nach ihren eigenen Regeln verhalten und fortentwickeln darf.
Die Verbreiterung der Remstalaue zu einer ausgesprochenen Auenlandschaft ist auch mit dem geologischen Untergrund in Verbindung zu bringen, tritt doch in diesem Bereich des Remstales der Gipskeuper unter den Bunten Mergeln ans Tageslicht. Dessen Schichten sind besonders weich und darum geradezu anfällig für Ausräumung durch Gewässer. Der Hauptfluss zumal strebt hier förmlich in die Breite, was er nicht zuletzt durch verstärkte Mäanderbildung anzeigt.
Wiederum ist auch diese nicht zu groß, als dass nicht genügend Raum noch für die Landwirtschaft bliebe - sofern das Gelände nicht für Bauzwecke beansprucht wird. Die letztere Tendenz wird zwar in Waldhausen noch nicht übermäßig spürbar, doch kommt sie talabwärts bereits in Plüderhausen voll zur Geltung. Der Talauenboden ist im allgemeinen recht fruchtbar, da er in früheren Zeiten nicht selten überschwemmt, wodurch der Boden gleichsam verjüngt und dessen Nährstoffgehalt auf verhältnismäßig hohem Niveau gehalten wurde. Dazu kommt, dass der Boden kaum zur Austrock-

nung neigt, wobei allerdings die Feuchtigkeit stellenweise unangenehm zunehmen und das Gebiet dann nur noch als Nasswiese genutzt bzw. mehr oder weniger sich selbst überlassen werden kann. Hier entstehen dann ebenfalls und zwar unversehens neue Biotope, die umso besser gedeihen, wenn ihnen nicht durch Menschenhand erneut "Zaum und Zügel" angelegt werden.

Über dem Auenboden erhebt sich gerade in der Gegend von Waldhausen und zwar südlich der Rems eine Verebnung, die auf das Vorliegen eines Terrassenbildners im Untergrund hinweist. Schon westlich von Lorch ist uns eine Terrasse aufgefallen, auf der die alte B 29 verläuft. Sie erhebt sich etwa 25 m über der Talaue, verliert sich aber nach Westen zum Walkersbacher Tal hin. Es handelt sich bei unserem Terrassenbildner um den Schilfsandstein, der wieder westlich des vorgenannten Tales bis über Waldhausen hinaus durchhält.

Noch vor Plüderhausen verliert er sich allerdings im Gipskeuper. Südlich von Waldhausen nimmt der Schilfsandstein eine noch breitere Zone am unteren Steilhang ein und lässt den Bunten Mergeln zwischen sich und dem Stubensandstein nur noch wenig Raum. Der Schilfsandstein liegt hier wohl seiner morphologischen Ausbildung nach in "Flutfazies" vor. Von Norden her sind die Anstalten vom Elisabethenberg und der Vogelhof sichtbar, die bereits auf Stubensandstein stehen. Interessanterweise stößt man nordöstlich des kegelartigen Elisabethenberges in etwa 100 m über der Rems auf alte Schotter derselben. Sie machen darauf aufmerksam, dass der Fluß hier wenigstens schon im Altpleistozän hindurch kam. Auf Grund dieses Befundes muss der Berg als ein Umlaufberg angesehen werden, den der Fluss einst im Norden umzog. Erst später bahnte er sich südlich der Anhöhe einen gänzlich neuen Weg. Die Hänge sind zwischen Weitmars und Plüderhausen nur wenig durch kurze Bäche gegliedert. Das Gelände steigt dort rasch zum Hohbergkopf mit 498 m NN an. Im Osten fällt es steil zum Walkersbacher Tal ab, in dem übrigens an den unteren Hängen ebenfalls Schilfsandstein ansteht - Zeichen dafür, dass auch hier der Sandsteinstrang die allgemeine Nordost-Südwest-Richtung, die auf Waldhausen zuführt, einhält. Südlich der Rems strebt das Gelände über das ausgedehnte Gewann Remshalde sehr steil über Bunte Mergel, Stubensandstein und Knollenmergel hinauf zu den ebenen Stufendachflächen um Brech und Schweizerhof, die sich auf den Schichten des Schwarzjura alpha ausbreiten. Die zahlreichen kurzen und kleinen Bäche, die von der Remshalde herabplätschern, entspringen zumeist im oberen Bereich der Hänge zwi-

Elisabethenberg bei Waldhausen

schen dem Schwarzjura und dem Knollenmergel, oder unmittelbar aus dem letzteren.

Sowohl im Norden als auch im Süden von Waldhausen breiten sich ausgedehnte Waldgebiete aus. Im Norden beginnt bereits der Naturpark Schwäbisch-Fränkische Wald und im Süden befinden wir uns inzwischen im Schurwald, der von nun ab bis weit nach Westen unser treuer Begleiter auf unserer Talreise sein wird.

Der Name Waldhausen taucht schon im Jahre 1181 als "Walthusen" in Zusammenhang mit einer von Kaiser Barbarossa ausgestellten Urkunde für Kloster Adelberg auf. Damals stand wohl eine Burg staufischer Dienstmannen auf dem Elisabethenberg, hiervon sind jedoch keine Überreste mehr vorhanden. Wohl eher schon im nahe gelegenen Vogelhof, in dem eine Kapelle der Heiligen Elisabeth stand, die aber ebenfalls abgegangen ist. In einem Gebäude ist noch als Überbleibsel ein Giebel der Kapelle erhalten, an der Haussüdwand erinnert ein Steinkruzifix an romanische Zeit, und der Keller diente einst der Kapelle als Krypta.

Die Verbindung mit den Staufern ging nach Erlöschen dieser Linie schon bald verloren. Noch im 13. Jahrhundert bemächtigten sich die Württemberger der Burg und des Ortes. Doch bereits 1311 wurde die erstere von den Gmündern zerstört. Die Klöster Lorch und Adelberg teilten sich mit den Herren von Wäschenbeuren und Plüderhausen in den Besitz von Gütern im Ort. In diesem selbst stand bis 1956 eine 1507 erbaute Kapelle bzw. Kirche, "unserer lieben Frau" geweiht. 1956 wurde also diese abgebrochen und durch einen Neubau ersetzt, der interessante Rundfenster von W.D. Kohler aufweist.

18. Plüderhausen (274 m NN)

Bei Plüderhausen

Das Remstal gewinnt zwischen Wald- und Plüderhausen weiter an Breite. Doch ab Plüderhausen wird dieses Phänomen noch deutlicher und hält dann auch bis in die Gegend westlich von Schorndorf an. Aus der Vogelperspektive betrachtet, wirkt das Tal nun wie ein nach Westen geöffneter Trichter. Diese eigenartige Form hat mehrere Ursachen. Zum einen treten von Norden her wasserreiche Bäche in die Remsaue ein. Dazu gehören Bärenbach, Urbach und schließlich ganz besonders die Wieslauf, deren unteres Tal einen bemerkenswert weiten Raum einnimmt. Die Bäche, die von Süden her kommen, weisen sogar bis hinunter nach Grunbach im unteren Remstal einen überaus kurzen Lauf auf. Das bedeutet, dass sie - jedenfalls im allgemeinen - nicht sonderlich wasserreich sind. Hier macht sich offenbar das allgemeine Schichtfallen der Gesteine nach Süden bis Südosten stark bemerkbar. Jedenfalls reichen die Zuflüsse der Fils im Süden bis weit in den Schurwald hinauf, so dass die Wasserscheide zwischen Fils und Rems weit nach Norden verschoben erscheint. Dabei liegt doch das Erosionsniveau, wenn man beide Flüsse miteinander auf gleicher Höhe zwischen Plüderhausen und Uhingen vergleicht, in Plüderhausen ca. 20 m tiefer (274 gegen 295 m NN).
Nun kommt aber noch eine weitere Erscheinung hinzu, die zu der beschriebenen Trichterform beigetragen hat. Wenn man davon ausgeht, dass es sich hierbei um eine Ausräumungslandschaft handelt, dann zeigt die

geologische Karte sofort, dass in diesem Abschnitt die Rems sich bereits tief in den Gipskeuper eingeschnitten hat. Dessen Schichten bestehen weithin aus relativ weichen Mergeln und Tonen, in die stellenweise sogar Gips eingelagert ist, der für die Auslaugung und Abtragung natürlich besonders anfällig ist. So neigen die Gipskeuperschichten an den unteren Hängen zu ausgesprochener Aufschüttung, wodurch die Hangformen einen eigenartig verwaschenen Eindruck hervorrufen. Jedenfalls treten hier kaum Hangkanten auf und die Oberflächenform neigt deutlich zu konkaven, d.h. bergwärts eingemuldeten Hangprofilen. Wenn dann der überlagernde Schilfsandstein in einem geringen Maße und zudem in Stillwasserfazies, also in nur geringer Härte vorliegt, verbinden sich in der allgemeinen Hanggestaltung der Gipskeuper mit den ebenfalls verhältnismäßig weichen Bunten Mergeln darüber leicht zu einem durchgehenden, fast gleichmäßigen Hangprofil.
Dies weist, durch Schilf- und Kieselsandstein und ein paar dickere Steinmergelbänke bedingt, einige wenige konvexe, d.h. bergauswärts gerichtete Knicke in sich auf. Die ganze geschilderte Szenerie lässt sich am besten vom Grafenberg nördlich von Schorndorf aus überblicken.
Von hier aus ergibt sich aber auch ein weiteres, nicht unbedingt erwartetes, Phänomen. Wenn man nämlich nach Osten schaut, fällt sofort auch eine stark ausgeprägte Terrasse ins Auge, die sich östlich des Wieslauftals über diesem entlang von Nordwesten nach Südosten zieht. Sie lässt sich recht gut mit der topographischen Karte in Einklang bringen, die diese Verebnung im Sandbühl östlich von Plüderhausen bei 390 m NN anzeigt.
Auf etwa die gleiche Höhe kommen der Gänsberg östlich von Urbach (390 m) und der Alte Berg (394 m) wenig nördlich hiervon. Beide Berge sind allerdings vom Gebiet weiter im Osten isoliert, doch ist dies der erheblichen Abtragung durch den Bärenbach und seine Zubringer zuzuschreiben, die die Landschaft überaus zerschnitten haben. Im Häule nordöstlich von Haubersbron haben wir, jetzt bei 430 m angelangt, eine zweite Flächenbildung vor uns und diese lässt sich dann zum Rohrberg weiter im Norden verfolgen.
Die Frage erhebt sich nach der Ursache für diese Terassenanlage bzw. weitere Verebnung. Sorgfältige Vergleiche der geologischen Schichten miteinander bezüglich ihrer Niveauunterschiede legen den Schluss nahe, dass sich hier eine untere Stufenfläche über dem Unteren Stubensandstein durchzieht, indem mindestens streckenweise durch Kalkeinlagerungen in den Sandstein der Boden für eine solche Flächenbildung gelegt wird.

Das Fallen der Terasse von Nordwesten nach Südosten hängt mit der allgemeinen Neigung der Schichten in diese Richtung zusammen. Die zweite Verebnung bei etwa 430 m NN ist auf dem Mittleren Stubensandstein ausgebildet. Über diesen beiden Stufenflächen erhebt sich östlich von Plüderhausen noch eine weitere Etage im Stockwerksbau des Schwäbisch-Fränkischen Waldes in Gestalt des markanten Hochbergkopfes (499 m), der über den Oberen Stubensandstein und den Knollenmergel bis zum Schwarzjura alpha hinaufreicht, dessen harte Kappe ihn vor allzu rascher Abtragung schützt. So wirkt er gegen seine Umgebung wie ein isolierter Einzelberg, der seinesgleichen bis weit hinauf nach Norden sucht. Man hat in ihm einen in den bereits genannten Schichten angelegten Zeugenberg zu erblicken, in diesem Falle einen Überrest der Schwarzjurastufe, die allerdings in ausgedehnter Restform, dem Welzheimer Wald weiter im Norden und dem Schurwald im Süden aufsitzt.
Die Hänge östlich von Plüderhausen sind überwiegend von Streuobstwiesen bedeckt, die sich über Gipskeuper und Bunte Mergel bis zum Waldrand hinauf erstrecken, wo das Reich des Stubensandsteins beginnt und ebenso der Naturpark Schwäbisch-Fränkischer Wald. Zwischen Plüderhausen und Urbach ist Acker- und Grünland verbreitet. An den Bachrändern - wie etwa dem Bärenbach - entlang zieht sich mehr oder weniger dichter Galeriewald, der am Bärenbach weit nach Norden in den Wald hinein durchhält, freilich dort unmittelbar in jenen übergeht. Das Bärenbachtal besitzt insgesamt hohe landschaftliche Bedeutung. In seinem unteren Abschnitt ist es relativ flach ausgebildet.
Dort erstrecken sich beiderseits des Baches Trockenwiesen, die von sogenannten Salbei-Glatthafer-Pflanzengesellschaften eingenommen werden und die eine erstaunlich große Artenfülle vorzuweisen haben. Am Oberlauf des Baches ist der Talgrund feuchter, was sich im Auftreten von Seggen und Binsen kundtut, in die sich sogar Orchideen mischen. Die Talhänge der Rems südlich von Plüderhausen sind nur wenig durch regelrechte Bachtobel gegliedert. Der Aufstieg über die Hänge vollzieht sich ziemlich gleichmäßig ohne nennenswerte Unterbrechungen. Über leicht konkav geformte untere Hänge, die dem Gipskeuper zugehören, gelangen wir über etwas steilere Bunte Mergel und die noch steilere Stubensandsteinregion sowie den unruhig hingelagerten Knollenmergel auf die Hochfläche, in der wieder der Schwarzjura alpha vorherrscht. Er ist zwischen Breech und Oberberken fast gratartig ausgebildet, erstreckt sich aber auch in Zungen weit nach Süden gegen das Filstal.

Die Rems bei Plüderhausen

Auch an den Hängen nördlich von Aichenbachhof auf der Remssüdseite stoßen wir auf Streuobstwiesen, die sich aber nach Südosten hin verlieren, weil hier der Mischwald weit in die Talaue herabreicht und dem Grünland nur noch wenig Raum bis zum bebauten Gelände gönnt. Die jährliche Regenmenge im Gebiet östlich, nördlich und westlich von Plüderhausen beträgt 700 - 750 mm, an den Schurwaldhängen steigt sie bis 850 mm an. Das Wuchsklima ist in den Tallagen zwar als mäßig warm einzustufen, doch reduziert sich dies auf den Höhen ins mäßig-kühle.

Der Obstanbau tritt hier fast ganz zurück, wogegen sich der Schwarzjuraboden für den Wintergetreideanbau eignen würde. Der Name Plüderhausen leitet sich wohl von "Pilderhausen" her, das 1142 urkundlich bezeugt wird. Diese Bezeichnung soll soviel wie "frohgemuter Krieger" bedeuten. Der Ort gehörte zunächst mit dem benachbarten Waldhausen zusammen. Beider Herrschaft saß auf dem Elisabethenberg und stand in enger Verbindung mit den Staufern.

Um das Jahr 1246 fielen beide Ortschaften an die Grafen von Württemberg. Die Grund- und Herrschaftsrechte wechselten aber in der Folgezeit recht lebhaft ab. Solche machten etwa die Klöster Elchingen/Donau sowie Lorch und Adelberg geltend. Im Jahr 1519 wurde Plüderhausen durch Truppen des Schwäbischen Bundes, die Herzog Ulrich aus seinem Land zu vertreiben im Begriffe standen, schwer mitgenommen. Nach Rückkehr desselben wurde die Reformation durchgeführt. Auch im Dreißigjährigen Krieg, sowie die Franzoseneinfälle um das Jahr 1700 und in den Jahren nach der Französischen Revolution hatte der Ort ganz erheblich zu leiden.

Die Margarethenkirche von 1804 steht etwas erhöht gegenüber ihrer Umgebung. Der Turm (Mitte 15. Jahrhundert) weist insofern eine interessante

Gestalt auf, als er aus einem viereckigen Unterbau in ein achteckiges Mittelstück und schließlich zuoberst in eine zwiebelförmige Haube übergeht (letztere stammt von 1750). Bemerkenswert von der Innenausstattung ist das Steinrelief der Heiligen Margarethe in der Westwand, die figurengeschmückte Kanzel von 1730, ein Altarkreuz aus dem frühen 17. Jahrhundert und das Orgelgehäuse von 1804.

19. Urbach (274 m NN)

Die Gemeinde setzt sich aus zwei Ortsteilen zusammen: Ober- und Unterurbach. Wir stehen hier vor derselben Erscheinung bezüglich Talform und Entwicklung des Remsflusses, wie sie uns bereits ab Waldhausen und besonders im Bereich der Nachbargemeinde Plüderhausen vor Augen getreten war, nämlich eine allgemeine Erweiterung des Tales nach Westen und Norden, aber auch nach Süden hin, so dass man hier eigentlich von einer Beckenlandschaft reden muss. Dieser Eindruck entsteht vor allem, wenn man von den umgebenden Aussichtspunkten aus die Tallandschaft überblickt und die Bergszenerie dahinter zu ihr in Beziehung setzt. Der alte Ortsteil von Oberurbach liegt zwar 1,5 km von der Rems entfernt, der Höhenunterschied zwischen beiden Niveaus beträgt jedoch nur 20 m. Die Hänge der Keuperwaldberge weichen nach Nordwesten zu immer weiter von der Rems zurück, dort macht sich das Wieslauftal deutlich geltend und trägt wesentlich zur Beckenform dieses Abschnitts des Remstals bei.
Zur eigentümlichen "Trompetengestalt" des Remstales zwischen Plüderhausen und Schorndorf haben von Norden her sowohl der Bärenbach als auch der Urbach und die Wieslauf dadurch beigetragen, als sie in ihren Unterläufen diese Form zunächst bei sich selber in Szene gesetzt und durch Zusammenwirken jene gleichsam im Großmaßstab zuwege gebracht haben. Kein Wunder, dass sich in diesem Bereich die Siedlungsgebiete geradezu aneinander drängen, um nicht zu sagen bedrängen, befinden sich doch in unserem Becken drei große Gemeinden: Schorndorf, Urbach und Plüderhausen - und eigentlich würde an dieser Stelle auch noch Haubersbronn, das einen Ortsteil von Schorndorf darstellt, hinzu gehören.
Urbach wird in seiner ganzen Länge von Norden nach Süden von dem gleichnamigen Bach durchflossen, wenn auch meist unterirdisch. Dieser gleitet an den östlichen,steilen Hängen entlang, im Westen durch die Höhen um den Linsenberg (309 m) von der Wieslauf abgeschirmt. Nordöstlich des Wellingshofes bei der Mündung des Katzenbrunnenbaches tritt der Bach in das Waldgebiet des Welzheimer Waldes ein, der dort zwischen

Zwischen Urbach und Schorndorf

Haubersbronn und Schlechtbach nahe an die Wieslauf heranreicht. Dieser Wald fasst auch den Urbach von Osten und Westen her ein und läßt der Talaue nur noch verhältnismäßig wenig Platz. Als Gutenauer Täle zieht jene links und rechts des Baches weiter nach Norden, biegt dann nach Nordosten in Richtung Steinbruck ab und verliert sich südwestlich dieses Ortes in engen Klingen. Bei Steinbruck stoßen wir schließlich auf die Quelle des Baches.

Die Landschaft steigt im Osten und Nordosten von Urbach steil zum Gänsberg (390 m) und Hag (394 m) an. Nach Südosten fallen die Hänge zum Leitersberg rasch auf 327 m ab. Im Norden ist der Abfall von den Gewannen Niederfeld und Häule mit über 400 m zum Urbach (280 m) ebenfalls sehr deutlich ausgeprägt. Auf den gesamten Hängen zwischen Leitersberg im Süden und Zwerenberg im Norden hat die Natur im Laufe der Zeit eine Anzahl von Tobeln oder Klingen eingegraben, die jedoch durch land-wirtschaftliche Bearbeitung des Bodens, vor allem in der ehemaligen Weinanbauzeit, in ihren ursprünglichen Formen weithin verwischt, wenn nicht gar ganz ausgetilgt worden sind. Wie stark die Klingenbildung in diesem Gebiet entwickelt war, zeigt sich noch klar an den Hängen die im Osten zum Bärenbach absteigen, sind doch diese geradezu zerschlitzt von einer ganzen Anzahl z.T. namhaften und tiefen Einschnitten.

Wie freilich Hangbildung sich vollziehen und vor allem welche Folgen sie haben kann, dies kann unterhalb des Punktes 378 m NN im Süden des Alten Berges studiert werden. Hier ist im Frühjahr 1923 ein Felssturz niedergegangen,der am Fuß des Steilhanges eine Anzahl von Sandsteinblöcken hinterlassen hat. Es handelt sich hierbei um losgelöste Felsstücke aus dem

oberhalb anstehenden harten Kieselsandstein. Die Bunte Mergel-Schichten, die den Kieselsandstein unterlagern, wurden durch anhaltende Regenfälle überaus stark durchfeuchtet und gerieten am Hang gegen den Ort und das tief eingekerbte Tal im Süden ins Gleiten. Dabei wurden am Hang bis hinab auf den Talgrund eigentümliche, wellenförmige Oberflächenformen hinterlassen, die anzeigen, dass die Gleitvorgänge nicht gleichmäßig vor sich gingen. Schub und Stau der Gesteins- und Bodenschichten wechselten in der talwärts gerichteten Bewegung jeweils einander ab.
Die Hänge östlich von Urbach bauen sich am Fuß aus grauen Gipsmergeln auf, die über nur wenig sichtbare Kanten des Schilf- und Kieselsandsteins und die rotbraun-violetten Bunten Mergel bis zum waldbedeckten Stubensandstein aufsteigen. Gänsberg und Hag/Alter Berg heben sich kuppenartig aus ihrer Umgebung heraus. Sie bleiben, durch harte Stubensandsteinkappen geschützt, gegenüber ihrer Umgebung in der Abtragung sichtlich zurück. Auf dem Gipskeuper und den Bunten Mergeln wurde einst reger Weinbau betrieben. Von ihm heißt es in der alten Oberamtsbeschreibung von Schorndorf aus dem Jahre 1851: "Die beste Halde ist der Mönchsberg. Auf den Morgen kommen bis 4000 Stöcke, insbesondere Sylvaner und Elblinge. Der Wein geht in die benachbarten Oberämter, ist weiß, mild und angenehm, aber nicht haltbar. Durchschnittlich soll der Morgen 6-8 Eimer ertragen". Inzwischen ist freilich dieser einst beachtliche Weinbau durch den Obstbau verdrängt worden. Ein großes Gebiet ist dadurch dem letzteren zugeschlagen worden. Seine wirtschaftliche Bedeutung ist jedoch heute nicht mehr sonderlich hoch zu bewerten, da die Obstpreise in der Nachkriegszeit im allgemeinen stark gefallen, wozu noch Absatzschwierigkeiten und andere Marktmechanismen gekommen sind, die zu einem Verfall dieses Wirtschaftssektors geführt haben.
Die Hänge östlich von Oberurbach werden klimatisch als sehr warm eingestuft und dem Wein-Obstklima zugerechnet. Die weitere Umgebung gehört dem Obstklima zu und auf den Höhen geht es im Klimagang nur noch mittelmäßig zwischen warm und kühl zu. Der jährliche Niederschlag bewegt sich bei Urbach um 750 - 800 mm. Zum Welzheimer Wald und Schurwald hin steigen die Werte um 100 - 200 mm an.
Urbach berührt im Süden mit Industrieansiedlungen die Rems. Hier wurden im Pleistozän und Holozän große Sedimentmassen in Form von Kiesen und Sanden abgelagert, auf denen sich inzwischen ein recht guter Boden entwickelt hat. Die Kiese und Sande sind zum Teil ausgebaggert und mancherlei Zwecken zugeführt worden. Im Verlaufe einer relativ kurzen

Zeit haben sich hier beachtenswerte Biotope ausgebildet, die inzwischen immerhin unter Schutz gestellt werden konnten. Bedeutsam ist insbesondere die Ufervegetation, aber auch die stehenden Gewässer selber haben eine Flora und Fauna aufzuweisen, die intensiven Schutz und sorgfältige Pflege verdienen. In der Ufervegetation fallen natürlich die hohen Silberweiden sofort ins Auge. Zwischen sie schieben sich Strauchweiden. In Wassernähe drängen sich Schilf, Rohr und Binsen in den Vordergrund. Seifenkraut und der medizinisch interessante Beinwell haben hier Heimat gefunden. Im Wasser breiten sich Seerosen aus und bilden mit anderen Pflanzenarten, wie etwa dem Schwimmenden Laichkraut, sogenannte Schwimmblattgesellschaften. Der Vollständigkeit halber sei jedoch darauf hingewiesen, dass die Bagggerseen teilweise auch auf Plüderhausener Gebiet liegen.
Urbach als Uracbach taucht schon in einer Urkunde Kaiser Barbarossas auf. Hier waren die Herren von Urbach beheimatet, ein zunächst staufisches, dann württembergisches Ministerialengeschlecht. Die Inbesitznahme Urbachs durch Württemberg kam schon im 13. Jahrhundert zustande. Reste einer abgegangenen Burg auf dem Alten Berg wurden neuerdings freigelegt. Später zogen die Urbacher Herren in ein Schlösschen im Ort um (16. Jahrhundert), einer allgemeinen Tendenz jener Zeit folgend, in der die Burgen verlassen und dafür die Ansiedlung in den Orten und zwar in Schlössern vorgezogen wurde. Das Urbacher Schlösschen steht noch und wird als Freihof bezeichnet. Seine Benützung steht karitativen Zwecken offen.
Die Pfarrkirche St. Afra (ev.) wird schon 1234 genannt. Deren Patronat lag beim Kloster Elchingen. 1509-12 erfolgte eine gründliche - nun spätgotische - Erneuerung der Anlage, die noch schöne Glasgemälde aus jener Zeit aufweist. In westlicher Nachbarschaft der Kirche erhebt sich das Rathaus von 1659 und bildet im Verein mit dem Pfarrhaus und der Afrakirche ein recht ansprechendes Ensemble. Südlich hiervon führt die Wittumstraße vorbei, die den stattlichen Wittumhof (Nr. 7/9) vorzuweisen hat. Eine Umfriedung umschloss einst Widumhaus und Nebengebäude. Unweit davon erhebt sich die ehemalige Zehntscheuer, die mit dem Widumhaus bis weit ins 15. Jahrhundert zurückreicht.
Östlich der Afrakirche zieht sich die Mühlstraße nordsüdlich gerichtet mitten durch den Ort. Sie zeichnet sich durch verschiedene, ausgeprägte Bauernhäuser aus. Mit seinem prächtigen Fachwerk fränkischer Art besticht Haus Nr. 11 (erbaut um etwa 1690), vielleicht war ursprünglich eine Kelter

in ihm untergebracht. Auch Haus Nr. 12 (es stammt aus der 2. Hälfte des 16. Jahrhunderts) verdient besondere Erwähnung, hing es doch ebenfalls mit dem bedeutenden Widumhof zusammen. Dazu seien in derselben Straße die Häuser Nr. 28 und 54 gestellt, die sich durch ihr bemerkenswertes Fachwerk unter ihresgleichen hervortun. Nach Osten geht in diesem Bereich die Hohenackerstraße ab, in der das Haus Nr. 12 dem ältesten Baubestand des Ortes zugerechnet wird (aus dem 15. Jahrhundert), Anfang des 19. Jahrhunderts erfolgte die Zerlegung der Gemeinde in Ober- und Unterurbach, die 1970 rückgängig gemacht wurde und zu einem eigenständigen Gemeinwesen führte.

20. Schorndorf (256 m NN)

"Die Lage der Stadt ist reizend und frei, in fruchtbarer gesunder Gegend, etwa in der Mitte des Remstales, zunächst der Rems, da, wo das sonst enge Tal zu einer schönen Ausweitung sich gestaltet, in welche von Norden her das Wieslauftal einmündet". So weit sei hier die alte Oberamtsbeschreibung von Schorndorf aus dem Jahre 1851 angeführt, die damit die Lage der Stadt im ganzen betrachtet recht gut beschreibt. Die Rems bewegt sich im Osten an der Markungsgrenze gegen Urbach bei 248 m über dem Meeresspiegel durch die Landschaft und verliert bis zum Westen der Stadt weiter an Höhe, denn hier kommt sie bei den Kläranlagen nur noch auf 240 m. Auffallend ist in diesem Bereich der eigentümlich großbogige Verlauf des Flusses, der, von Südosten kommend, plötzlich in einer großen Schleife nach Norden umbiegt, sich dann im Gewann Seelachen in einem weiteren Bogen nach Westen wendet, sich mittels verschiedener Mäander durch den Norden des Stadtgebietes schlängelt und sich noch einmal in zwei großen Bögen, zunächst nach Süden und dann nach Westen ergeht, um jetzt ganz allgemein letztere Richtung beizubehalten. Die Mäanderbögen im Markungsbereich könnten mit der Talbreite zusammenhängen, die es dem Fluss erlaubt im weiten Grund etwas ziellos umher zu pendeln. Im Westen wird dann wieder zwischen den von Norden und von Süden vorstoßenden Bergen eine Talverengung verursacht, die der Rems bis Waiblingen einen ziemlich geradlinigen Verlauf vorschreibt und nur noch ab und zu gestattet, den einen oder anderen Bogen wie einen Schnörkel in die Talaue hineinzulegen. Dieser relativ gestreckte Lauf der Rems hängt eng mit der Flusskorrektion zusammen, die gerade in diesem Talabschnitt allenthalben durchgeführt worden ist.

Schorndorf

Die sogenannte Ausräumungslandschaft der Rems, die sich bereits in Waldhausen andeutete und dann ab Plüderhausen deutliche Gestalt gewann, ist im Raum Schorndorf voll ausgebildet und zwar nicht nur nördlich der Rems, sondern auch im Süden. Im Norden macht sich natürlich die starke Abtragung von seiten der Wieslauf geltend. Die Landschaft nimmt hier, aus der Vogelperspektive betrachtet, "Trompetenform" an, wobei die breite Öffnung der Trompete nach Süden zur Rems zeigt. Neben der Wieslauf haben im Osten der Urbach und im Westen der Ramsbach ihr Teil zur Talausweitung mit weitem, ebenem Talboden beigetragen.
Südlich der Rems hat diese selber wesentlich zur Abtragung und letztlich Ausräumung des Gebietes ihren Anteil beigesteuert. Hier sind im Laufe des Pleistozäns erhebliche, vom Fluss transportierte Schuttmassen abgelagert worden, die beispielsweise weit hinauf am Ottilienberg reichen. Sie sind im Westen über Weiler hinaus bis nach Winterbach anzutreffen. Die teilweise nacheiszeitlichen Sedimente des Remstales gehen dort bis etwa an die Bahnlinie heran, da und dort dringen sie sogar noch etwas weiter gen Süden vor. Die eiszeitlichen Ablagerungen sind allerdings durch von Süden kommende Bäche in einzelne Platten zerschnitten worden, zwischen denen sich die Gewässer ihren Weg nach Norden zur Rems bahnen. Deren Unterläufe, in der Nacheiszeit geformt, sind nur noch schwach in die Talaue eingedrückt. Weit in den Schurwald zurückgeschnitten haben vor allem der Eichenbach, sowie Reh/Dürrbach, Weiler- und Brunnbach im Gebiet von Weiler mit ihren Zubringern.

Nördlich von Schorndorf trifft man die Eiszeitsedimente der Rems nur im Raum südlich und östlich des Grafenbergs an, ansonsten reicht hier der Hang allgemein bis zum Gipskeuper hinab, über dem sich der Sandsteinkeuper - wie man diese Schichten zwischen Kiesel- und Stubensandstein einschließlich heute oft bezeichnet - aufbaut. Auf dem Grafenberg, von dem sich übrigens eine gute und unbehinderte Sicht über das Schorndorfer Becken bietet, breitet sich eine schöne Verebnung auf den tiefer liegenden Schichten des Unteren Stubensandsteins aus,die nach Nordwesten über eine höhere Stufe des Schichtkomplexes in den Wald aufsteigt. Im Osten fallen die Hänge steil zum Schornbach und im Westen zum Ramsbach ab, so dass der Grafenberg insgesamt wie ein breiter Bergsporn gegen das Remstal vortritt.
Südlich der Rems schiebt sich Schorndorf über Hänge und Täler weit gegen den Schurwald vor. Hier ragt wie ein Hausberg der Ottilienberg mit seiner markanten Kegelform deutlich über seine Umgebung hinaus. Mit einer Höhe von 348 m behauptet er sich mit seiner Spitze von Kieselsandstein recht gut gegen die Abtragung, die ihn von allen Seiten angreift. Gleiche Verhältnisse herrschen weiter im Osten an dem etwas weniger isoliert wirkenden Galgenberg (350 m), der eine gute Sicht auf das südliche Schorndorf bietet.
Am Galgenberg vorbei führt die Straße hinauf nach Oberberken. Kurz vor Eintritt in den Wald haben wir - allerdings über eine Mülldeponie hinweg - einen interessanten Ausblick ins Schorndorfer Becken, der nun von Süden nach Norden gerichtet ist. Auf der rechten Seite baut sich der Frauenberg mit 475 m - durch Wald verdeckt - bis zum Oberen Stubensandstein auf. Kurz vor dem Austritt aus dem Wald sind die Hänge von der unruhigen Oberfläche des Knollenmergels gezeichnet. Die freie Hochfläche, auf der sich der Ort Oberberken ausstreckt, gehört, wie erwartet, dem Schwarzjura alpha zu.
Wir wenden uns noch einmal der Fluss- und Talentwicklung der Rems in der Umgebung von Schorndorf zu, um damit auch Anschluss an weitere landschaftliche Besonderheiten in diesem Raum zu gewinnen. Aus den zuvor beschriebenen Flussablagerungen geht also hervor, dass der Fluss seinen Gang durch unser Gebiet mindestens ab dem Mittleren Pleistozän nahm, wobei der Schluss nicht allzu weit greift, wenn wir vermuten, dass die Rems damals bereits von Osten nach Westen floss. Die Lein im Norden dürfte ihrerseits seinerzeit schon einen Teil ihres Einzugsgebietes an die Rems verloren haben.

Diese Annahme bezieht sich in diesem Zusammenhang vor allem auf die Wieslauf, die eben dieses Gebiet in ihrem Oberlauf an sich gerissen hatte und nun als verhältnismäßig starker Strom nach Süden zur Rems ging. Von der großen Ausräumungswirkung der Wieslauf im Schorndorfer Becken war bereits die Rede. Zusätzlich ist dem jedoch hinzuzufügen, dass die ausgeprägten Schotterablagerungen südlich der Rems ebenfalls eine indirekte Folge des Wieslaufzuflusses waren, denn hierdurch wurde die Rems an den Südrand des Beckens gedrängt, wo sie den Hauptteil ihrer mitgeführten Schuttmassen absetzte. Mit Erweiterung des Beckens konnte die Wieslauf aber nicht mehr im bisherigen Ausmaß auf die an sich größere Rems wirken, so dass diese langsam nach Norden abgleiten und nun ihren Weg über eine Anzahl von Mäandern - wegen Verringerung des Gefälles in dem flachen Becken - weiter nach Westen nehmen konnte.
Das Schorndorfer Becken ist völlig waldfrei, jedoch wird die Rems allgemein von einem schmalen Galeriewald eingefasst, der gelegentlich in breiteren Auenwald übergeht. Die Flusskorrektion hat jenen teilweise verdrängt und von diesem Eingriff hat sich die natürlich vorkommende Vegetation nur bis zu einem gewissen Grade erholen können. Diese Entwicklung spiegelt sich auch im Naturschutzgebiet Seelachen-Morgensand im Nordosten der Stadt wider. Das einstige, verhältnismäßig große Schutzgebiet - jedenfalls so noch auf der topographischen Karte verzeichnet - ist südlich der Rems auf einen kleineren Restbestand zusammengeschrumpft, der zwar seinen Grundcharakter bewahren konnte, aber nun doch von völliger Auslöschung bedroht ist.
Die Problematik zu kleiner Schutzgebiete wird auch hier deutlich. Das eigentlich geschützte Areal beschränkt sich nun auf die Baggerseen unmittelbar südlich und nördlich der Rems gelegen und deren Umgebung. Im Süden, im Bereich Morgensand, wird jetzt vornehmlich Ackerbau betrieben. Dazwischen finden sich Schrebergärten eingestreut, die offensichtlich Ausdehnungstendenz haben. Äcker sind auch im Nordwesten des Morgensand gegen die ehemalige Bahnlinie gegeben, und jenseits derselben beginnt überhaupt das Reich der Gartenbau- und Sportanlagenlandschaft, wobei die Rems allerdings ihren Galeriewald beibehält.
In "Seelachen" nördlich der Rems - großenteils Urbach zugehörig - ist der Charakter eines Schutzgebiets in räumlich größerem Umfang gewahrt. Hier breiten sich nach Norden zu Nasswiesen aus, die sich in dieser Richtung allerdings mehr und mehr in Trockenwiesen umsetzen, wie die Flora ausweist. In diesen Wiesen "verdünnen" sich bezeichnenderweise die

feuchtigkeitsliebenden Weiden nach Norden, während die Erlen überhaupt in Flussnähe zurückbleiben. Die Pappeln beschränken sich gleichfalls auf den Galeriewald. Südlich der Rems ist im Bereich des großen Baggersees eine üppig wuchernde Vegetation aufgekommen, die an den Galeriewald unmittelbar anschließt. Prächtige Weiden-, Erlen- und Pappelbäume, aber auch reichliches Buschwerk zieren hier das Schutzgebiet und heben es gegen seine Umgebung deutlich ab. Wo Feuchtigkeit in den Wiesen vorherrscht, zeigt sich dies durch das Auftreten von Seggenarten sowie das hochaufragende, horstartig angeordnete Pfeifengras an. Zunehmende Trockenheit verschafft den Süßgräsern weitere Ausdehnungsmöglichkeiten. Der Boden in Flussnähe und in die Feuchtgebiete hinein besteht - durch reichlichen Pflanzenwuchs bedingt - aus einer dunklen, humosen und kalkhaltigen Braunerde, die als recht fruchtbar bezeichnet werden muss. In den trockeneren Gebietsteilen geht die lockere Braunerde alsbald in die braune, lehmige und deshalb festere Konsistenz der Parabraunerde über, die sich für den Acker- und Gartenbau sehr wohl anbietet.
Der schmale Schutzbereich östlich der Rems gegen das bebaute Gelände von Urbach hin wird man am besten als Ödland ansprechen müssen, ausgenommen die unmittelbare Umgebung eines weiteren dortigen Baggersees, die floristisch dem beschriebenen See im Norden von "Morgensand" ähnelt. Noch mehr gilt das Gesagte von dem noch weiter im Osten sich ausbreitenden, aber von Gebäuden teilweise bereits eingeschlossenen, größeren Baggersee, der jedoch schon außerhalb des geschützten Areals liegt. Noch einmal sei aber um der Klarheit willen hervorgehoben, dass das Naturschutzgebiet insgesamt sich fast ganz auf Urbacher Markung befindet.
Schorndorf hat ein weiteres bedeutsames Naturschutzgebiet aufzuweisen, das im Westen zwischen ihm und dem Vorort Weiler sich etwas unscheinbar in der Landschaft versteckt. Es handelt sich auch hierbei um einen Baggersee, aus dem also einstmals Kiese und Sande gehoben und in geeigneter Weise verwendet worden sind. Der Rehfeldsee verbirgt sich in einer üppig wuchernden Buschlandschaft, die den See umgibt, ihn aber auch wegen seiner unregelmäßigen Form durchsetzt. Letzteres ist vor allem auf der Ostseite der Fall. Glücklicherweise ist das Stillwasser von fast allen Seiten her schlecht zugänglich, so dass sich Tier- und Pflanzenwelt verhältnismäßig gut entwickeln können. Die durch das Gewässer besonders geprägte östliche Seite des Sees lässt eine gewisse Zonierung erkennen, die bei solchen Stillgewässern charakteristisch ist. Vom See am weitesten entfernt - wenngleich natürlich auch wieder an ihn heranreichend - haben wir die

Zone der Büsche und - vereinzelt - Bäume vor uns. Näher an das Wasser schließen die Sumpfgräser, wie das Pfeifengras und die Seggenarten, an. Letztere können bereits teilweise im Wasser stehen.
An sie grenzen Schilf, Rohr, Binsen und da und dort Sumpf-Schwertlilien als weitere Sumpfpflanzenarten. Schließlich bieten sich unserem Auge Schwimmblattpflanzen dar, die zum Teil wurzellos untergetaucht im Wasser schwimmen, wie etwa Wasserschlauch und Tausendblatt, oder an der Wasseroberfläche, jedoch mit Wurzeln ausgestattet, sich ausbreiten wie Wasserlinse und Froschbiss. Mit dem Untergrund fest verbunden, aber über die Wasseroberfläche hinausragend sind Seerosen und Wasserhahnenfuß; die Laichkräuter tauchen demgegenüber im Wasser unter. Der Biotop bietet auch verschiedenen Kleintierarten wie Fröschen, Kröten, Molchen und allerlei Insekten Unterschlupf.
Schwieriger ist die Lage bei den Vögeln, die hier ebenfalls ein geeignetes Refugium vorfinden. Aber es gibt unter ihnen Arten, die freie Flächen gegenüber solchen mit zunehmendem Wachstum vorziehen. Immerhin hebt sich vom See auf der Südseite ein trockeneres, ebenfalls geschütztes Gebiet ab, das von lockerem Busch- und Baumbestand bedeckt ist und deshalb einer anderen, hieran angepassten, Flora und Fauna Schutz und Unterkommen bietet. Hier wurde früher für das Ziegelwerk in Schorndorf Lehm zur Ziegelherstellung gewonnen.
Die Stadt Schorndorf stößt im Süden unmittelbar an das ausgedehnte Waldgebiet des Schurwalds; südwestlich der Stadt tritt der Wald etwas nach Süden zurück, was übrigens talabwärts bis Winterbach überhaupt der Fall ist. An den unteren Partien der Nordhänge wird der Wald von Streuobstwiesen und Wiesen und der Talaue zu von Ackerland abge-

In Schorndorf

löst, doch bleiben bis zur Rems hin die verschiedenen Anbauformen bis zu einem gewissen Grade erhalten. Im Nordosten erreicht das Becken seine größte Ausdehnung. Der Welzheimer Wald beherrscht die dortigen Höhen über der Teilgemeinde Haubersbronn. Östlich und westlich dieses Ortes werden die Hänge auch hier von Streuobstwiesen und Wiesen eingenommen. Solche treten reichlich auch nördlich der Stadt am Sünchenberg auf und sind ebenfalls um die Teilgemeinde Schornbach dominierend.
Westlich des Schornbacher Tals baut sich der Grafenberg auf, der nur an seinen östlichen und westlichen Hängen den Streuobstwiesen das Areal überlässt, während die Südhänge dem Weinbau zugehören.Von hier ab gewinnt der letztere an den nach Süden gerichteten Hängen des Remstals mehr und mehr an Bedeutung - eine Erscheinung, die bis Korb am Westrand der Buocher Höhe durchhält.
Schorndorf dürfte als Name einer bestimmten Siedlung bis in das 7. Jahrhundert zurückreichen. Ihr erster urkundlicher Ausweis stammt jedoch erst aus dem Jahre 1235. Wenige Jahre später wurde sie - durch Ulrich I. von Württemberg - zur Stadt erhoben und mit einer Mauer umgeben, die noch zu einem kleinen Teil erhalten und südwestlich des Bahnhofs, sowie im Süden des Ortes in größerem Ausmaß, restauriert worden ist. In der Folgezeit nahm Schorndorf unter württembergischer Oberhohheit nach Stuttgart, Tübingen und Urach die vierte Stelle in der Hierarchie der Städte dieses Graf- und späteren Herzogtums ein.
Die Stadt hatte aber unter verschiedenen Kriegen vom 14. bis zum 18. Jahrhundert teilweise schwer zu leiden. Der Bauernaufstand des "Armen Konrad" nahm hier im Jahr 1514 sein Ende. Auch im 30jährigen Krieg wechselte die Stadt mehrmals die Besitzer, oder, besser gesagt, Besetzer. Im Jahr 1634 kam es zu einem Stadtbrand, der das Gemeinwesen in Schutt und Asche sinken ließ.
Berühmt geworden ist Schorndorf durch seine tapferen "Schorndorfer Weiber", die im Jahre 1686 die Besetzung der Stadt durch die Franzosen unter Melac verhinderten. 1707 allerdings wurde die Stadt dann doch von den Franzosen eingenommen, wogegen auch der bereits in den Jahren zwischen 1538 und 1544 erfolgte Ausbau zur Festung und die spätere Modernisierung nichts mehr half. Die letzten Reste der Befestigung wurden dann im 19. Jahrhundert beseitigt.
Der Marktplatz prägt die Mitte der Stadt. Dessen Mittelpunkt bildet das Rathaus von 1726, das den Platz in einen unteren und oberen Teil gliedert. An der nördlichen Seite des Rathauses erinnert ein Mosaik von 1965 an die

erwähnten "Weiber von Schorndorf", die damals unter der Anführung durch die Bürgermeistersfrau Barbara Walch - späteren Künkelin - dem zur Übergabe der Stadt an den französischen General Melac bereiten Rat der Stadt mutig entgegen traten und diesen dazu brachten, die Stadttore vor jenem zu verschließen. Tatsächlich entging Schorndorf dadurch einer schlimmen Plünderung. Der obere Marktplatz ist durch die Renovierungen besonders ansprechend geworden.
Mitten im Ort am Marktplatz 4 stand das Wohnhaus der Barbara Walch-Künkelin. Damit zusammen gebaut ist bis heute die Palmsche Apotheke, deren Unterbau auf das Jahr 1533 zurückgeht. In den Jahren 1665 und 1696 erfolgte durch Umgestaltung auch eine Vergrößerung und im Jahr 1977 schließlich wurde das ganze Gebäude völlig im alten Fachwerkstil erneuert.
Der Name des Hauses erinnert an Johann Philipp Palm, den Napoleon I. wegen Herausgabe missliebiger, gegen ihn gerichteter Schriften,1806 in Braunau erschießen ließ. Mit prächtigem Fachwerk geschmückte Wohn- und Geschäftshäuser rahmen des weiteren den oberen Marktplatz. Ihr Ursprung wird in das l7. und 18. Jahrhundert datiert.
Vom Marktplatz in Richtung Osten führt uns die Johann Philipp Palm-Straße, von der rechts die Archivstraße abzweigt, in der die eindrucksvolle Hofanlage des Heilig Geist-Hospitals in mehreren schön renovierten Häusern repräsentiert ist. Weiter östlich steht der mächtige Komplex des ehemaligen Schlosses, jetzt Sitz verschiedener Ämter, einst eine Wasserburg, aus vier Flügeln bestehend mit vier Ecktürmen, von 1538 - 1541.
Westlich des oberen Marktplatzes betreten wir das Gebiet der einstigen unteren Stadt, die Mitte des 14. Jahrhundert mittels gemeinsamer Mauer mit der oberen Stadt zusammengeschlossen wurde. Der Blickfang ist hier natürlich die Evangelische Stadtkirche "Unserer lieben Frau", die im 13. Jahrhundert als Filialkirche von Winterbach erbaut wurde. Aber erst der Neubau aus dem Jahr 1477 in seinen spätgotischen Formen, die starke Verwandtschaft mit den Großkirchen in Schwäbisch Gmünd und Schwäbisch Hall erkennen lassen, verlieh dem Bau seine monumentale Größe und künstlerische Bedeutung.Die architektonische Wirkung besonders des Chores und der Marienkapelle im Norden ist überzeugend. Beide, Chor und Marienkapelle, sind in ihrem Innern von eigenartigen Netzrippengewölben überzogen, wobei letztere den Stammbaum Jesse und damit der Vorfahren Christi zur Darstellung bringt. Im Jahr 1634 brannte die Kirche - zusammen mit der gesamten Stadt - aus. Danach erfuhr sie verschiedene

Umwandlungen auch im 18. und 19. Jahrhundert an Chor, Sakristei und Marienkapelle, sowie am oberen Teil des Turmes. Aus dem Jahr 1500 stammt das Bogenfeld im Südportal mit Gottvater, Sankt Sebastian und Rochus.
Südlich der Stadtkirche reihen sich mehrere stattliche Gebäude nebeneinander: Das alte Dekanat (Kirchplatz 1), sowie die ehemalige Lateinschule, heute als Heimatmuseum genutzt.Weitere, sehr schöne Fachwerkhäuser treffen wir in der Römmelgasse westlich der Stadtkirche und in der Höllgasse östlich des unteren Marktplatzes an.
In letzterer steht (Nr. 7) das Geburtshaus Gottlieb Daimlers (1834-l900), des bahnbrechenden Konstrukteurs des Benzinmotors. Von weiteren bedeutenden Persönlichkeiten, die aus Schorndorf hervorgegangen sind, seien hier genannt: Landsknechtsführer Schertlin von Burtenbach (1496-1577) und der in Frankreich zu hohen adeligen Ehren gekommene Karl Friedrich Reinhard (1761-1837).
Im Teilort Weiler, westlich der Stadt gelegen, sind hervorzuheben die spätgotische Evangelische Kirche zum Heiligen Kreuz aus dem 14. Jahrhundert; an der Pfarrstraße nahebei Häuser bis ins 15. und 16. Jahrhundert zurückreichend und an der Winterbacher Straße, die im Westen mitten durch den Ort führt, Bauernhäuser aus dem 18. Jahrhundert mit dem Gasthof zur Traube aus dem 17. Jahrhundert.

21. Winterbach (246 m NN)

Wir wollen das Remstal einmal von der anderen Seite her betrachten - ich meine hier in unserem Falle nicht flussabwärts sondern flussaufwärts. Da fällt zunächst einmal ins Auge, dass sich das Tal nach Osten deutlich erweitert, auch wenn es dort - scheinbar - von den Bergeshöhen des Welzheimer Waldes durchgehend abgeschlossen wird. Doch dieser Schein trügt.

Bei Winterbach

Auch wenn die Front der Berge wie eine Mauer vor uns steht, mit der majestätischen Gestalt des Hohbergkopfes, der alle seinesgleichen in der Umgebung um Haupteslänge überragt - zur Rechten wird doch das aufmerksame Auge eines kleinen Einschnittes gewahr, der sich trennend zwischen die genannten Berge und den dunklen Schurwald weiter zur Rechten schiebt. Hier öffnet sich unser Tal nach Osten, von dem wir ja hergekommen sind und das uns auf unserer bisherigen Fahrt immer weiter nach Westen gezogen hat.

Wir nehmen jetzt aber unseren Blick gleichsam zurück und sehen von links den von Bäumen und Wiesen bedeckten Hang des Hungerberges herabsteigen, an den sich übrigens erstaunlich zäh die gleichmäßig geformten Weinbergparzellen anschmiegen und der unten mit einem deutlichen Knick in die Talaue überleitet. Zur Rechten hat der Hungerberg sein vis a vis im streuobstwiesenbedeckten Stärrenberg, der eine ausgeprägte Verebnung vor dem Wald aufweist, die wohl eine Stufenfläche des harten Kieselsteins darstellt.

Nach Süden steigt das Gelände erneut stark an. Über Obere Bunte Mergel und insbesondere die verschiedenen Stubensandsteinschichten gelangen wir hier - freilich nur mit den Augen - hinauf auf die Hochebene um Schlichten, das mit seinen hellen Häusern zu uns herab grüßt und das seinen Platz dann schon auf den grauen Tonen und Kalken und graugelben Kalksandsteinen des Schwarzjura alpha einnimmt. Vor dem Stärrenberg senkt sich allerdings ein tiefes Tal ein, das vom Lehenbach in abenteuerlichen Mäanderbögen durchflossen wird, der kurz vor Winterbach in einem schönen Stausee zur Ruhe kommt.

Beim Stausee geht nach Südwesten das malerische Nebental des Espenbaches ab, über dem im Osten die hohe Waldwand der Glashalde aufsteigt, in der einst die Glasmacher ihre Hütten aufschlugen und ihrem waldverzehrenden Gewerbe nachgingen. lm Westen sind die Hänge von herrlichen Streuobstwiesen bedeckt, die im übrigen Winterbach wie einen Kranz umgeben. Über Espenbach, Apfel-, Birnen- und Kirschbäumen thront gleichsam der Engelberg mit seiner mächtigen, jedoch geduckt wirkenden Freien Waldorfschule. Bevor wir nun unseren weiteren Weg nach Westen antreten, wollen wir uns - wie angekündigt und begonnen - noch einmal nach Osten wenden. Dort treten die Schurwaldhöhen hinter dem Stärrenberg deutlich nach Süden zurück. In der Umgebung von Schorndorf aber schieben sie sich in den beiden rundgeformten Ausliegern des Ottilienberges und des Galgenberges dahinter erneut gegen das Remstal vor, ohne es je-

Keuper Sandsteine bei Rohrbronn

doch wegen der hier intensiv entwickelten Ausräumungslandschaft wesentlich einengen zu können. Im Norden erscheint hinter dem hier bereits erwähnten Hungerberg mit dem unauffälligen Ostlandkreuz der rebenbedeckte Grafenberg. Zwischen beiden hat sich das einsame Ramsbachtal eingegraben, durch das man schließlich in die malerische Waldlandschaft der Berglen hinaufkommt. Westlich des Hungerbergs hat sich ein weiteres Tal eingeschnitten, mit dem Krebsbach als Urheber, der im Norden seine Quelläste tief in schroffe Klingen hineinschiebt. Auf guten Waldwegen lässt sich's auf den Höhen darüber herrlich nach allen Richtungen wandern. Als überaus eindrucksvoll darf die Höhenwanderung von Rohrbronn nach Buoch und von dort nach Hanweiler oder Korb bezeichnet werden, um gerade diese eigentümliche Landschaft mit ihrem besonderen Zauber zu erleben. Doch kehren wir wieder in die Nähe Winterbachs zurück und zwar über das bereits aufgeführte Rohrbronn im Nordwesten, das auf einer weithin sichtbaren, mächtigen Terrasse sich ausbreitet. Diese hat sich bei 350-360 m NN und damit auf unterem Stubensandstein herausgebildet. Der südliche, unterste Ortsteil dürfte aber bereits auf Kieselsandstein angesiedelt sein. Beide Sandsteinschichten, die durch die Oberen Bunten Mergel voneinander getrennt sind, lassen sich vom bloßen Erscheinungsbild her nicht ohne weiteres voneinander unterscheiden. Zwar trägt der Kieselsandstein im ganzen zu recht diese Bezeichnung, da das Bindemittel zwischen den einzelnen Sandkörnern oft aus Kieselsäure und damit aus Quarz besteht, aber durchaus nicht immer, da der helle Feldspat, aus dessen Lösung das Bindemittel hervorgegangen ist, nicht selten auch in mineralischer Form dem Quarz beigegeben ist und dann erheblich weniger Bindekraft vorzuweisen hat. In diesem Falle ähneln sich die beiden Sandsteinarten in hohem Maße.

Von Rohrbronn herab kommend durchfährt man gewissermaßen die Bunten Mergel-Schichten, die in diesem Bereich von Wiesen, Streuobstwie-

sen, aber auch Weinbergen eingenommen werden, letztere allerdings erst im Südwesten von Rohrbronn gegen Hebsack hin verbreitet. Dieses Weinbergareal ist in jüngster Zeit durch eine umfassende Umlegung neu gestaltet worden. Bei der vorletzten Straßenkehre von Rohrbronn zur alten B 29 befinden wir uns kurzzeitig auf Schilfsandstein, durch schwache Verebnung in diesem Terrain angezeigt.
Im Osten schiebt sich über dem Krebsbach die lange Ebene der Hofäcker von Norden nach Süden gegen das Remstal vor. Die Terrasse ist wohl auf der sogenannten Engelhofer Platte im oberen Gipskeuper angelegt. Sie ist hier, wie auch anderwärts, in entsprechendem Niveau bei ca. 270 m NN als harte Steinmergelbank ausgebildet. Der Anteil an Kalk im Mergel ist in diesem Falle so hoch, dass dadurch eine recht widerständige Bank zustande gekommen ist, die dann natürlich auch Einebnungen begünstigt. Allerdings könnte man im Fall Hofäcker auch an eine eiszeitliche Remsterrasse denken, aber dies ist bei der ausgesprochenen Ausrichtung der Ebene von Norden nach Süden doch recht unwahrscheinlich. Eigentliche Flussterrassen sind im Keupergebiet der Rems schwer auszumachen. Im Muschelkalk zeichnet sich schon eher eine eiszeitliche Terrassenfolge ab.
Im Südwesten von Winterbach steigt der Hang sofort schroff aus der Talaue heraus, die im Gipskeuper angelegt ist, durch geringe Verebnungen im Hang jedoch bald den Übergang in Schilf- und Kieselsandstein anzeigt. Ersterer tritt z.B. zwischen Winterbach und Engelberg beim Wasserbehälter zutage. Im Hörnle, auf der Verebnung zwischen Mönchsklingen- und Schweinbach befinden wir uns bereits im Stubensandsteingebiet, das weit nach Norden reicht, mitverursacht durch die Einsenkung des Remstalgrabens zwischen Korb und unserem Gebiet erscheint jedoch fraglich, da in derselben Höhenlage um 375 m NN oberhalb von Engelberg dasselbe Gestein in einem ehemaligen Steinbruch ansteht. Der Stubensandstein geht bis etwa zum Jagdschloss herab, während die tiefer gelegenen Gebäude der neuen Walddorfschule schon dem obersten Kieselsandstein aufsitzen.
Wesentlich ergiebiger ist aber ein Besuch des Naturschutzgebietes im Mönchsklingental im Südwesten von Winterbach. Dieser Mönchsklingenbach entspringt im obersten Knollenmergel östlich von Manolzweiler, gräbt sich mit Erreichen des Waldrandes ein tiefes Klingenbett in den unterlagernden Stubensandstein und durchfließt einen Abschnitt in dem die Klinge sehr unregelmäßig geformt ist. Wo der Bach den Wald verlässt, ändert sich auch die Talform bis zu einem gewissen Grade. Das Bachbett wird nun in seinem Längsprofil ausgeglichener.

Am südlichen Beginn des Schutzgebiets leitet ein Fahrweg über den Bach. Wenige Meter unterhalb des Übergangs treten im Bachbett Felsen des Unteren Stubensandsteins zutage, die von Kalksinter gleichsam übersponnen sind. Diese Kalkablagerungen überraschen insofern, als man zunächst geneigt ist den Stubensandsteinen wenig Kalkgehalt zuzusprechen. Doch die chemische Analyse zeigt, dass dies nur bedingt richtig ist. Tatsächlich weisen im Stubensandstein gefasste Quellen zum Teil beträchtliche Härtegrade auf. Aus diesem Grund wird verständlich, dass auch Bäche wie unser Mönchsklingenbach mit genügend gelöstem Kalk beladen sind, um diesen an geeigneten Stellen wieder ausscheiden zu können. Unser Bach wird nun beiderseits am Steilhang von einem mehr oder weniger dichten und breiten Galeriewald begleitet, der sich im wesentlichen aus Schwarzerlen, Weiden, Eschen und gelegentlich auch Fichten zusammensetzt. Über der steilen Partie flacht sich der Hang beiderseits des Baches sichtlich ab. Die Hänge haben jetzt, vor allem auf der Westseite, ein regelrecht unruhiges Relief, das da und dort sogar auf einst erfolgte Rutschungen zurückweist, die zungenartig hangabwärts ausgebildet sind - Zeichen dafür, dass wir uns in einem vorwiegend von Mergeluntergrund bestimmten Gebiet befinden. Auf der Gegen-, der Ostseite des Baches halten die Rutschbewegungen bis in die Gegenwart an, hervorgerufen durch den Bach selbst, der den Steilhang ständig weiter untergräbt, somit einerseits dessen Neigung weiter vergrößert, andererseits aber auch einen Punkt erreicht, wo die lockeren Hangmassen ins Rutschen geraten und zum Bach bzw. Talgrund absinken. Die Hänge auf der West- wie auch unteren Ostseite des Tales sind von Streuobstwiesen bedeckt, deren Charakter in Richtung Winterbach noch dichtere Formen annimmt. Auf feuchterem Gelände breiten sich Wiesen aus, die gelegentlich sogar von, wenn auch nur schütterem, Seggenbestand bedeckt sind. Kleine, fast unauffällige Bachbetten, die unseren Weg kreuzen, sind von Pappeln und niedrigem Gebüsch aus Haselnuss, Brombeeren, Holunder, Buschwindröschen und anderem gesäumt. Am Rande des Galeriewaldes spielt die Hasel die Hauptrolle.

Das Tal steigt nun auf der Westseite über einen mehrfachen Wechsel von Verebnung und Hang bis zum Eingang von Winterbach hinab, der den Unterschied von weichem Mergel - hangbildend - und harten Sandsteinen - Verebnungen hervorrufend - widerspiegelt.

Winterbach liegt nicht nur an der Rems, sondern auch am Leh(n)enbach, der einst offen mitten durch den Ort floss. Dieser Bach, der ein tiefes Tal ausgewaschen hat, hat in der Vergangenheit immer wieder sich seiner Fes-

seln entrafft und den Ort wiederholt erheblich überschwemmt. Wenn dieses „Über-die Ufer-treten" mit ähnlichen Erscheinungen an der Rems zusammenfiel, war für den Ort große Gefahr im Verzug. So zerstörte z.B. ein Hochwasser im Jahre 1684 immerhin 40 Häuser. Den Überschwemmungen durch den großen Fluss konnte im Laufe der Zeit durch Flusskorrektionen und Eindämmungen wirksam, wenn auch nicht hundertprozentig, gesteuert werden. Die Zähmung des gefährlichen Leh(n)enbaches konnte erst durch die Anlage des Stausees Mitte der 60er Jahre erreicht werden.
Wenig östlich der Kirche, im Bereich des Pflegeheimes und des Gasthofes zum Adler, wurde 1826 eine Schwefelquelle entdeckt und diese alsbald in Gestalt eines Bades genützt. Dieses Bad ist aber bald wieder abgegangen, da die Quellschüttung offenbar einiges zu wünschen übrig ließ. In Zusammenhang mit den Bohrungen, die in diesem Gebiet wiederholt niedergebracht wurden, ergaben sich interessante Bohrprofile, die bedeutsames Licht auf die spät- und nacheiszeitliche Geschichte der Rems werfen.
Die Ortsmitte wird vom Marktplatz bestimmt, der zwar nicht aus der Verkehrsbrandung herausgenommen werden konnte, jedoch in den Jahren 1975/76 einen wesentlich neuen Akzent für Winterbach setzte. Die Südseite des Platzes nimmt, an erhöhter Stelle stehend, die Evangelische Michaelskirche, eine ehemalige Wehrkirche, ein, der ein spitzbogiges Tor von 1758 vorgelegt ist.
Die Kirche wurde im Jahr 1309 erbaut, wie eine Inschrift an der Südwestecke des Gebäudes ausweist. Der obere Teil des Chorturmes ist in ansprechender Fachwerkweise von 1645/46 ausgeführt, nachdem ein Brand zuvor erhebliche Schäden an der Anlage hervorgerufen hatte. Die Winterbacher Kirche war bis in die Mitte des 14. Jahrhunderts immerhin die Mutterkirche für Schorndorf und besaß darüber hinaus eine wesentliche, zentrale Bedeutung im mittleren Remstal. Diese Bedeutung spiegelte sich im zweimaligen Besuch durch den Salierkönig Heinrich III. In dem herzoglichen Jagdschloss Engelberg wohnte bis zum Jahr 1817 ein Oberforstmeister.

22. Geradstetten/Hebsack (255 + 258 m NN)

Zwischen Winterbach und Hebsack verengt sich das Remstal erneut - verglichen mit der Situation oberhalb Winterbach und unterhalb Grunbach. Unsere beiden Orte lehnen sich in ihrer Siedlungsstruktur an die des Straßendorfes an, obgleich diese durch die große Ausdehnung der beiden Ortsteile von Remshalden in den letzten Jahrzehnten auch wieder verwischt worden ist. Vor allem Geradstetten hat sich nach Süden zur Rems hin und über diese hinweg ausgebreitet und dies in einem Maße, dass sich hier der Ort bereits bis zum Steilhang des Schurwaldes erstreckt. Dort vereinen mehrere Bäche ihre Gewässer, die sich zum Teil bis fast zur Höhenplatte zurückgeschnitten haben und durch tiefe Klingen ihren Weg zur Rems suchen. Dies gilt ganz besonders vom Schweinbach, der von Süden her zwischen unseren beiden Orten in die Rems fließt. Der Bach verzweigt sich nach Süden gegen das hochgelegene Manolzweiler zu ungewöhnlich stark. Er hat im Waldgebiet ein ausgedehntes Zubringersystem entwickelt, das sich fächerförmig ausbreitet und überall die schroffe Klingen - Talform aufweist.

Keines dieser V-Täler kann unmittelbar begangen werden. Es kann allenfalls nur von Wegen darüber einigermaßen eingesehen werden. Der schöne Mischwald steigt weit über die Nordhänge hinab und endet erst im Süden von Geradstetten im obstbaumbedeckten Gewann Berg (346 m), das sich wie ein Bergauslieger zwischen den beiden genannten Bächen nach Norden vorschiebt. Hier beginnt die ausgedehnte Zone der Streuobstwiesen, die sich, nach Osten allerdings immer schmäler werdend, in Richtung Winterbach hinzieht. In westlicher Richtung verbreitet sich dieser Gürtel und reicht dort über Grunbach hinaus bis Beutelsbach. Im Frühjahr verwandelt sich gerade diese Zone in ein prächtiges Blütenmeer, insbesondere zur Zeit der Kirschenblüte, ein Anblick wie ihn so manch ein Besucher ganz besonders schätzt und voller Staunen diesen herrlichen Ausblick genießt. Von Südwesten grüßt der von einem kleinen Waldschopf gekrönte, rundgestaltete Schönbühl (446 m) herab, der im Osten und Westen von Weinbergen gesäumt wird. Vom Schönbühl aus hat man einen besonders schönen Blick ins Remstal nach Osten bis Schorndorf und zu den Höhen des Welzheimer Waldes, während im Norden die Buocher Höhe wie eine massive Mauer vor uns steht.

Der Talgrund ist im Süden von Geradstetten weithin verbaut, ansonsten ist er von Äckern und Wiesen bedeckt, die zum Teil in Ortsnähe in Schrebergärten umgewandelt worden sind. Die Rems hält - von Dämmen im Griff behalten - hier einen fast geradlinigen Verlauf ein, was sie in der breiten Talaue von Natur aus gewiss nicht tun würde. An ihrem Rand hat sich ein schmaler Saum von Galeriewald gebildet, der nicht nur den Flusslauf aus der Ferne markiert, sondern auch ein durchweg belebendes Element in der Landschaft darstellt. Dort, wo der Schweinbach in Remsnähe kommt, geht er in ein Feuchtgebiet über, das allerdings zwischen den verschiedenen

Von Buoch aus der Blick in Richtung Manolzweiler (li.)

Sportanlagen kaum in Erscheinung tritt, jedoch durch seinen Schilf- und Röhrichtbestand kenntlich gemacht wird. Dieses Feuchtgebiet verdient, obgleich es von einer geringen Ausdehnung ist, eine best mögliche Schonung.

Die nördlichen Teile beider Ortschaften ziehen sich bereits an den Hängen zur Buocher Höhe hinauf. Hier ist die Zone der Streuobstwiesen, in der stellenweise auch Beerenobst zur Geltung kommt, deutlich zugunsten des Weinbaus reduziert, allerdings behaupten sich die ersteren im Nordosten von Geradstetten und Nordwesten von Hebsack.

Die Weinberge nehmen die Hänge vom Gipskeuper bis hinauf zu den Oberen Bunten Mergeln ein, enden aber im allgemeinen dort wo die Stubensandsteinschichten in Erscheinung treten, die ja auch von weicheren Mergelschichten durchsetzt sind und so den "mageren" Charakter der Sandsteine verbessern. Es fällt auf, dass die Weinberge nicht nur auf Süd-, Südost- und Osthängen, sondern auch auf westorientierten Lagen Platz gefunden haben. Die verhältnismäßig steilen Hänge - man wandere an ihnen aufwärts oder versuche sie mit dem Fahrrad zu bezwingen! - empfangen nicht nur in Südexposition Sonneneinstrahlungsraten hohen Ausmaßes, weshalb man hier bei einer jährlichen Durchschnittstemperatur von 8 Grad C von einem sehr warmen Wein-Obstklima spricht, sondern halten auch die Austrocknung des Bodens in einer bemerkenswerten Gleichgewichtslage und dies im Verein mit Relief und Boden.

Einerseits verhindert die Hanglage die auf Ebenen leicht auftretende Staunässe, andererseits vermag der Mergelboden die Feuchtigkeit in ho-

hem Maße und für lange Zeit festzuhalten. Diese fast ideal zu nennenden Verhältnisse kommen natürlich vor allem der Qualität des hier angebauten Weines zugute, die in diesem Bereich des Remstales bereits beachtliche Werte erreicht. Der Boden des Gipskeupers und der Bunten Mergel ist mineralstoffreich, meist ist auch genügend Kalk darin vorhanden, ebenso sind Kalium-, Natrium- und Phosphatverbindungen in ausreichendem Maße gegeben. Der Stoffkreislauf insgesamt vollzieht sich allerdings in recht intensiver Weise, so dass eine relativ schnelle Erschöpfung des Bodens eintreten würde, wenn hier nicht mit natürlicher und künstlicher Düngung seitens des Menschen der Bodenverbesserung nachgeholfen würde. So wurden früher vielfach im Bereich gerade der Bunten Mergel solche gewissen Hangstellen entnommen und auf den in verschiedenem Ausmaß ausgelaugten Weinbergboden aufgebracht. Auf diese Weise und durch Einbringung weiterer Naturdünger wie Mist und dergleichen, wurde sowohl die Bodenerosion als auch die Denudation in Grenzen gehalten und auch ein Humusboden erzeugt, der sich auf die Bodengüte insgesamt sehr positiv auswirkte.
Nördlich von Geradstetten und östlich des Bauersberger Hofes wurde ein Obst-, Wein- und Forstlehrpfad angelegt, an Hand dessen die Entwicklung dieser landschaftlichen Bereiche genauer studiert werden kann. Dessen Schwerpunkt liegt erstens auf dem Gebiet des Obstanbaus mit der Darstellung der Verhältnisse beim Stein-, Kern- und Beerenobst, wozu Pflanzenschutz, Düngung und Bodenbearbeitung, verbunden mit Sorten- und Unterlagenfragen, treten. Nicht vergessen werden in diesem Zusammenhang auch die Obstbaumschädlinge sowie Pilzkrankheiten. Beim Weinbau, dem zweiten Schwerpunkt, werden moderne Produktionsweisen neben früheren Anbau gestellt. Vorgestellt werden natürlich die verschiedenen Rebsorten, aber auch die Reblandumlegung unter Beseitigung der Kleinterrassenfolge und der Weinbergmauern, sowie Anwendung der Tiefpflugkultur, die das landschaftliche Gesamtbild erheblich verändert haben. Den dritten Schwerpunkt bildet der Forstbereich. Hier ist von Aufforstung, Jagd, Natur- und Landschaftsschutz die Rede, vom allgemeinen Wandel im Waldbild seit dem letzten Jahrhundert und von den zahlreichen Gefahren, die dem Wald von seiten des Menschen drohen.
Nicht vergessen werden auch die Tiere zusammen mit den Vögeln, die in, mit und von einer gesunden Landschaft leben. Schließlich runden geologische Hinweise das Bild dieser Landschaft ab, wobei den Tafeln der Aufbau der Landschaft und Besonderheiten wie Aufschlüsse, Bildung von Tä-

lern, die mit den Auswirkungen von Klima und Boden gekoppelt werden, zu entnehmen sind. Der Lehrpfad wird sinnvollerweise in Beziehung gesetzt zum Gesamterholungsgebiet Buocher Höhe, die viele schöne Aussichtspunkte zu bieten hat, von denen zum Teil der Blick über Remstal und Schurwald hinweg und an klaren Tagen bis zu den fernen Bergen der Schwäbischen Alb schweift.

Wenn man seinen Standpunkt auf dem Gewann Berg südlich Geradstetten einnimmt, fallen einige geologische und geomorphologische Besonderheiten ins Auge. So spielt, von hier aus gesehen, der stufenförmige Aufbau des Südhanges in der landschaftlichen Gesamtgestaltung eine wichtige Rolle. Die relativ flachen Hänge, auf denen sich unsere beiden Orte im wesentlichen ausbreiten, gehören in der Hauptsache dem weichen Gipskeuper zu. Darüber versteilt sich die Hangneigung zunächst, da hier die nördliche Störung des Remstalgrabens durchläuft, der sich nach Nordwesten an Grunbach, Gundelsbach vorbei bis zu den Hängen nördlich von Kleinheppach verfolgen lässt.

Die Südbegrenzung des Grabens setzt südlich von Kleinheppach ein, quert südöstlich von Großheppach die Remstalaue und setzt sich dann etwa parallel zur Rems über die Hänge bis in die Gegend des Engelbergs südwestlich von Winterbach fort. Durch die komplizierte Grabenbildung sind Schichtstufen und Lagerungsverhältnisse der Gesteine ineinander verzahnt worden, so dass es nicht eben leicht ist sie klar auseinander zu halten. Anzumerken bleibt freilich an dieser Stelle, dass die vorangegangene Darlegung sich an den Darstellungen und Erläuterungen zur Geologischen Karte 1 : 25 000 Blatt Winnenden orientiert, doch ist festzuhalten, dass andere Karten auch andere Vorstellungen über den Verlauf des Remstalgrabens entwickeln.

Markant ist eine Stufe bei 340 m NN ausgebildet. Sie wird nördlich von Geradstetten etwa beim Rollhof greifbar. Südwestlich desselben steht am Straßenrand heller unterer Stubensandstein an. Es erscheint aber in dieser Höhenlage zweifelhaft, ob es sich hierbei um anstehendes oder nicht vielmehr hangabwärts versetztes Gestein handelt. Auf derselben Höhenlage tritt nämlich anderwärts Kieselsandstein zutage, so dass im vorgenannten Fall eher von allochthonem - d. h. ortsfremdem - Gestein ausgegangen werden muss.

Das Gelände steigt nun weiterhin gegen die Hofäcker - um 380 m NN – an, wo sich wieder eine ausgeprägte Verebnung entwickelt hat. Der vorwiegend harte Untere Stubensandstein zeigt eine deutliche Tendenz in

Richtung dieser Oberflächenform. Darüber baut sich die weichere Mittlere Schichtenfolge dieses Sandsteins auf, die flachere Hangform annimmt und in dieser Weise bis in die Obere Partie unseres Gesteinskomplexes hinaufreicht. Dort stoßen wir dann auf ein Plateau, das sich über fast die gesamte Buocher Höhe hinwegzieht und nur um Buoch selber nochmals mit einem weiteren Stockwerk versehen wird, das sich hinauf bis 520 m NN zum Schwarzjura alpha erstreckt.
Von Norden her kommt in Hebsack, im Ort flacher werdend, ein kleiner Bach ein, der in der Beerenhalde in den Unteren Bunten Mergeln seinen Ausgang nimmt. Viel bedeutsamer als Remszufluss ist jedoch der Seebach, der im Waldgebiet des Oberholzes am Rand der Buocher Höhe nördlich von Geradstetten seinen Ursprung hat.
Wie auch andernorts im Steilgebiet üblich, gräbt sich der Bach sofort ein tiefes Bett von ausgesprochener Klingenform. Danach eilt er rasch nach Süden, wurde jedoch früher in Hochwasserzeiten wegen des dadurch verursachten schnellen und erheblichen Anschwellens der Bachgewässer für einen Teil des Ortes infolge Überschwemmung gefährlich. Jetzt hat man eine Zähmung des Widerspenstigen mittels eines Rückhaltebeckens herbeigeführt. Das Tal konnte dadurch ein Stück weiter nach Norden verbaut werden.
Urkundlicher Erwähnung wird Geradstetten erstmals im Jahre 1238 als "Gerhartstetin" zuteil, was soviel wie Hofstatt des Gerhart besagen will. Schon bald wird hier eine Kapelle, nämlich 1359, genannt, die 1491 zur Kirche ausgebaut wurde. Sie wurde Sankt Jakob geweiht und gehörte zunächst zur Urpfarrei Winterbach.
Die spätgotische Chorturmanlage hat ein recht ansprechendes Äußeres vorzuweisen, zumal ihr das ehemalige Pfarrhaus (Kirchgasse 24) von 1746, sowie Untere und Obere Kelterglockengasse 5 + 6), aus derselben Zeit herrührend, gleichsam an die Seite gestellt worden sind. Die Obere Kelter ist in ihrem früheren Zustand belassen worden. Im Innern der Kirche sind unter anderem bemerkenswert: Der kreuzrippengewölbte Chor, die Wandmalereien im Schiff und Chor und das Altarkreuz (Ende 15. Jahrhundert).
Der Ort hat mehrere große Weingärtnerhäuser aus der Zeit vor dem 30jährigen Krieg vorzuweisen, wie Hirschgasse Nr. 4+5+10, sowie Untere Hauptstraße 10+12, die in Fachwerkweise ausgeführt sind. Hervorstechendes Merkmal derselben sind die geräumigen Gewölbekeller. In Rathausstraße 12 steht noch eine alte Scheune aus dem 16. Jahrhundert. Die Erbauungszeit einiger Gasthäuser reicht ebenfalls weit zurück: Hirsch 1556,

Traube 1730, Ochsen 1766, Krone und Lamm 18. Jahrhundert. Die Besitzverhältnisse in Geradstetten waren in alten Zeiten recht komplizierter Art. Es werden als Herren solche von Urbach, Lichtenstein, Ebersberg, Zillnhart und Selteneck genannt, doch auch die Württemberger machten sich schon früh hier geltend. Ab 1506 traten sie deutlich in Erscheinung, aber erst 1687 ging der Ort ganz in ihren Besitz über.
Hebsack findet erstmalige Erwähnung im Jahre 1344 als "Hebsagge", woraus später "Hepsack" und "Heppsack" wurde. Die Kirche, oder besser Kapelle zum Heiligen Wendelin von 1512 stand mitten im Dorf. Wegen Erweiterung der Ortsdurchfahrt wurde sie 1938 abgebrochen und im Norden des Ortes zwischen 1939 - 1947 neu aufgebaut.
In das Innere derselben wurde von der alten Kirche ein spätgotischer Flügelaltar, ein sogenanntes Altarretabel, nach Gemäldevorlagen von Dürer gestaltet, die figurengeschmückte Kanzel, sowie das Altarkruzifix übernommen. Die alte Kirche trug ein Storchennest, das zum Wahrzeichen des Ortes wurde und den Bewohnern infolge einer heiteren Begebenheit die Bezeichnung "Storchenfärber" eintrug.
In den Besitz des Ortes teilten sich in alter Zeit neben Kloster Gotteszell bei Schwäbisch Gmünd, Zimmern, die Herrschaften von Urbach, Gaisberg, Adelmannsfelden, Schenkenstein, Oettingen und v. Holtz. Die Oettinger errichteten in der jetzigen Geradstetter Straße Nr. 14 ein kleines Schlösschen. Schon im 17. Jahrhundert wurde das Weraheim, ein Fachwerkbau im Westen des Ortes, als Primathaus errichtet, 1909 ging es jedoch in den Besitz der Herzogin Wera von Württemberg über. Später diente es als heilpädagogisches Kinderheim. Zu erwähnen sind außerdem: Das fachwerkgeschmückte Gasthaus zum Lamm (Winterbacher Straße 1) von 1792 und die 1755 erstellte Kelter, die über einer Rundbogentür das württembergische Wappen zeigt.

23. Grunbach (271 m NN)

Höhenlage an der Rems: 234 m. Der Ort ist - wie Geradstetten - durch den Fluss in zwei Teile geteilt. Das alte Grunbach zieht sich am Südhang der Buocher Höhe ein beträchtliches Stück hinauf, was auch in der ungewöhnlich hohen Lage der alten Ortskirche zur Geltung kommt. Im Osten hat der Zehntbach sein ansehnliches Bett in den Untergrund gegraben. In seinem Oberlauf verzweigt er sich in mehrere kleine Bäche, die alle von der tiefen Klingenform geprägt und deshalb nicht unmittelbar zugänglich sind. Sie können zum Teil von Wegen, die über ihnen sind, eingesehen werden. Der oberste Bereich der Täler reicht bis in das Waldgebiet der Buocher Höhe hinauf. Zwischen ihnen dehnen sich Streuobstwiesen und Weinberge aus. Zwischen Kernershof und Bauersberg nehmen die letzteren eine schöne Südlage bis etwa 400 m NN. ein.

Mitten durch den Ort fließt - allerdings unterirdisch, - der Grunbach, der im Waldgebiet südlich von Buoch seinen Ausgang nimmt, sich durch eine schroffe Klinge seinen Weg zuerst nach Westsüdwest bahnt, dann aber auf die harten Schichten des Kieselsandsteins trifft und über diese an einer Stelle in Form eines Wasserfalls von über 3 m Höhe in die enge Tiefe springt. Der Grunbacher Wasserfall hat sich auf der sehr widerständigen "Wasserfallbank" in einer sich ständig weiter vertiefenden Rinne nach vorne gearbeitet, wo der Fels etwas überhängend ist und deshalb den freien Fall des Wassers herbeiführt. Unter der harten Bank ist - wie bei anderen ähnlichen Erscheinungen im Schwäbisch-Fränkischen Wald - ein gewisser Hohlraum herausgebrochen, der sich im Laufe der Zeit immer mehr erweitern dürfte, bis das tiefere Gestein die darüber liegende Last nicht mehr zu tragen vermag und es deshalb zum Abbruch desselben kommt. Die Nischenbildung, die im weiteren Fortgang bis zur Grotte führt, wird nicht nur durch die Wechsellagerung von hartem und weichem Gestein verursacht, wie dies meist dargestellt wird, sondern ist auch mit dem besonderen Gang der Verwitterung an solchen Stellen in Zusammenhang zu bringen.

Ehemaliges Gefängnis bei Grunbach

Bei genauerem Zusehen zeigt es sich nämlich, dass die über die Felsen abrinnende Feuchtigkeit relativ lange am unteren Rand der Gesteinsbänke hängen bleibt. Da das Wasser lösend wirkt, übt es diese Funktion an jenen Stellen natürlich bevorzugt aus, die außerdem, vom warmen Licht weniger betroffen, bergwärts fast immer feucht bleiben. Hinzu kommt noch im Winter die Wirkung des Frostes, der seinerseits umso stärker an den Sandsteinen arbeitet, als diese Feuchtigkeit speichern und auf ihrer Oberfläche zurückhalten.

Die Verwitterung und die damit verbundene Abtragung greifen jedoch auch sonst selektiv an. Die Körner, aus denen der Sandstein besteht, sind in gewissen Kieselsandsteinlagen nur mehr oder weniger fest durch kieseliges und kalkiges Bindemittel miteinander verkittet, aber auch die Körner selber zeigen sich gegenüber der Verwitterung verschieden stark anfällig. So wird etwa der Quarz z.B. nur wenig angegriffen, beinahe ebenso verhält sich der Glimmer, der als heller Muscovit dieselbe Eigenschaft besitzt. Dagegen setzt der Feldspat im gemäßigten Klima der Verwitterung nur wenig Widerstand entgegen. So kommt es, dass jene primär beim Feldspat angreift, damit diesen aber auch aus dem Verband der beiden anderen Begleiter herauslöst und auf solche Weise den Zerfall des Gesteins voranbringt.

Letzterer äußert sich in einem Abspringen von unregelmäßig geformten und verschieden großen Stücken von dem festen Gestein, welche dann meist in den Spalten zwischen den Gesteinsbänken oder an deren Fuß liegen bleiben. Dort zerfallen sie dann weiter bis zur Bloßlegung der einzelnen Mineralkörner, wonach die weitere Entwicklung unter geeigneten Bedingungen in die eigentliche Bodenbildung übergeht.

Die Entstehung des Kieselsandsteins wird mit Schichtfluten, die zeitweilig aus Süden bis Osten kamen und große Schwemmfächer ablagerten, aber auch in Rinnen ihre Sedimente hinterließen, begründet.

Die Fluten bestanden aus Süßwasser, das sich mit dem im Becken vorhandenen Salzwasser mischte und durch den mitgeführten gelösten Kalk auch die weichen Tonschichten zwischen den Sanden verfestigte. Dadurch entstanden nach dem Rückzug des Wassers und der nachfolgenden Austrocknung der Sedimente sowie deren diagenetische Umwandlung verhältnismäßig harte Steinmergellagen, die dem darüber liegenden Sandstein zusätzlichen Halt verleihen konnten.

Zwischen Grunbach und Gundelsbach schiebt sich eine Berghalbinsel, die auffallend stark verebnet ist, auf ca. 360 m NN von Norden nach Süden gegen das Remstal vor. Die Buäcker, vor allem mit dem Aussichtspunkt Steinfelsen, bieten einen prächtigen Blick hinab ins Remstal. Dies besonders

ders auf den Ort Grunbach selbst, aber auch auf die Nachbarorte remsauf- und abwärts. Im Süden baut sich vor allem der charakteristisch geformte Schönbühl majestätisch vor der dunklen Wand des Schurwaldes auf, der im Südwesten vom breiten Kernenrücken begrenzt wird und noch weiter im Westen sich vom Kappelberg bis zum Schmidener Feld hinabschwingt. Der Steinfelsen macht seinem Namen Ehre, tritt doch hier Unterer Stubensandstein in einem Felsgewirrr zutage, wodurch deutlich wird, wer als Flächenbildner hier am Werke ist. Der "Berg", wie er auch einfach genannt wird, ist im Süden der Ebene von einem mehr oder weniger dichten Baum- und Buschbestand bedeckt, aus dem die alten Linden wie Landmarken herausragen. Im Norden stehen wir vor einem Mosaik von Kleingärten, in die Obstbäume eingestreut sind und die am Osthang des Berges sich zu Streuobstwiesen verdichten. Der West- und Südhang werden ganz von Weinbergen eingenommen. Oberhalb der Streuobstwiesen und Weinberge, welch letztere auch über Grunbach teilweise bis in die Nähe der 400 Meter Höhenlinie rücken, beginnt der Wald. Etwas unterhalb der ersten spitzen Kehre der Straße, die nach Buoch hinaufsteigt, machen wir kurz Halt an einem Parkplatz, an dessen Rand sich mächtige Sandsteinfelsen hochrecken, ein Kalksandstein, der gemeinhin Fleins genannt wird. Wir befinden uns jetzt immer noch im Unteren Stubensandstein, der hier nur eine schwache Flächenbildung anzeigt.

Stubensandstein, bei Grunbach

Dieser Fleins ist recht grobkörnig und enthält zum Teil Gesteinsstücke aus Steinmergeln, Quarzgeröllen und Kalkkrusten. Die zuletzt genannten verdanken ihre Entstehung einem trocken-warmen Klima, wie wir es heute etwa in den Subtropen antreffen, wo das Grundwasser kapillar nach oben steigt und auf der Erdoberfläche den in ihm gelösten Kalk in Gestalt solcher Kalkkrusten wieder ausscheidet. Die Fleinsbänke beeindrucken vor allem durch ihre Mächtigkeit, die durchaus mehrere Meter betragen kann. Aus diesem Grunde sind auch nur wenige horizontale Schichtfugen vorhanden. Doch sind die Bänke von zahlreichen senkrechten Klüften durchzogen, die ursächlich mit der Hebung des Gesamtgebietes zusammen hängen und auch durch Tiefenverwitterung mit nachfolgender Verfüllung der Spalten durch deren Produkte entstanden sind.

"Wer hat dich, du schöner Wald, aufgebaut so hoch da droben", so möchte man einigermaßen lyrisch gestimmt vielleicht ausrufen, wenn man von den rotgrauen Felsen weg und auf das Heer der hohen und hellen Stämme der unzähligen Waldbäume blickt, die dort Erstaunen erwecken.

Aber man tut noch besser daran, sich zu Fuß auf den Weg in die Waldeinsamkeit zu begeben, auf der Straße und alsbald auf dem Fahrweg, der oberhalb der Kehre nach Osten abzweigt und der mitten durch diesen eindrucksvollen Wald führt, den Klingenabschluss mit den Quellen des Grunbachs umgeht und dann wieder abwärts durch Wald, Obstwiesen und Weinberge nach Grunbach hinunterbringt - wenn wir Lust zu einer Wanderung verspüren. Aber: Augen auf und sehen - erleben - verstehen!

Zu unserer Orientierung: Wir befinden uns hier auf einem ausgesprochenen Südhang, der der Sonneneinstrahlung voll ausgesetzt, wenn, ja wenn nicht der Wald wäre. Und der bildet mit seinen hohen Bäumen ein erstes, schützendes Dach über dem Erdboden, der ohne dieses, im Sommer zumal, eine überaus große Erwärmung auszuhalten hätte. Den Weinstöcken weiter unten an den Hängen kommt dies freilich trefflich zugute, hier aber müssen sich die Pflanzen auf dieses wichtige klimatische Element einstellen und damit fertig werden.

Und die Vegetation zieht auch hier mit, sie folgt der Selektion, der Auslese, die jedoch in dieser Landschaft nicht allzu hart verfährt. Immerhin, unter den hohen Bäumen schiebt sich hier die Eiche und insbesondere die wärmeliebende Traubeneiche mit ihren langen Blattstielen und kurzstieligen Früchten in den Vordergrund. Die gerade umgekehrt bestielte Stieleiche wird freilich von jener nicht ganz verdrängt Nicht umsonst trägt auch unser Gewann die Bezeichnung Eichenwald. Allerdings wird er jetzt eindeutig von einem prächtigen Buchen-Kiefernwald - im ganzen betrachtet - dominiert.

Von Grunbach aus Richtung Schönbühl

Da hat es die sonst verbreitete Rotbuche etwas schwerer, auch wenn sie sich letztlich doch überall zu behaupten weiß. Ihr breites, dichtes Blätterdach wirkt auf das Unterholz ziemlich intolerant und lässt dieses nur schwer aufkommen. Etwas besser steht es mit den Kräuterarten, die auf noch tieferer Ebene ihr Fortkommen suchen, wenn auch nicht immer finden. Trotzdem, wo es etwas lichter zugeht, behauptet sich etwa ein so schönes Gewächs wie der rosarot blühende Seidelbast, dessen scharlachrote Beeren wohl für Menschen, nicht aber für Vögel giftig sind. Und wenn man Glück hat, kann man sogar auf Orchideen stoßen, von denen es immerhin sechs Arten in dieser Gegend gibt. Wenn wir aber schon solche "Seltlinge" in der Natur zu Gesicht bekommen, dann dürfen wir uns zwar an ihrem Anblick erfreuen, sollten sie aber sonst in Ruhe lassen, damit auch noch andere Menschen ihr Entzücken an ihnen haben können und uns insbesondere ein Stück Natur in seiner reichen Mannigfaltigkeit erhalten bleibt.

Nicht ganz vergessen wollen wir auch den Süden Grunbachs, besser den Nordrand des Schurwalds, der steil und doch langgezogen ins Remstal abfällt. Geprägt wird hier die Landschaft von dem kegelförmigen, isoliert aus der Umgebung aufsteigenden Schönbühl, dessen Haupt von einer Waldkappe umkränzt wird und der mit 446 m knapp in den Oberen Stubensandstein hineinreicht, der eine nicht geringe Widerständigkeit gegen Abtragung an den Tag legt. Dem letzteren Umstand hat der Berg wohl seine Erhaltung, aber auch Formung zu verdanken. Im Osten, aber vor allem auch Südwesten, wird er von einem Weinberggürtel umfasst, der im Süden von Ackerland und im Südosten von Wald abgelöst wird. Das Ackerland dürfte auf Mergeln des Mittleren Stubensandsteins angelegt sein, die bei entsprechender Bearbeitung einen ordentlichen Boden abgeben.

Am Nordhang des Schönbühls ziehen sich herrliche Streuobstwiesen weit nach Osten, aber auch in Richtung Westen bis zum Kappelberg über Beutelsbach hin. Auch in diesem Bereich sind allerdings die Hänge von verschiedenen Klingen zerfurcht, die sich jedoch gegen die Talaue zu in den weicheren Gipskeuperschichten verlieren, bzw. eine nur wenig ausgeprägte Form erkennen lassen. Der Talgrund ist zwischen den Bereichen Grunbach-Nord und -Süd weithin verbaut, nach Osten und Westen hin bedecken Äcker das Gelände, in dem in Ortsnähe auch Schrebergärten angelegt sind. Die Besiedlung des Gebiets um Grunbach setzte schon früh in der Geschichte ein.
So wurden auf dem Plateau "Buäcker", speziell am Steinfelsen, Funde aus der Mittelsteinzeit gemacht und zwar handelte es sich dabei um Gebrauchsgegenstände und Waffen, die auf einen Rastplatz der Menschen dieses Zeitabschnitts und dieser Gegend weisen.
Von Funden aus der Bronzezeit und nachfolgenden Eisenzeit weiß die Geschichte Grunbachs nichts besonderes zu berichten. Die Römerzeit hat dagegen verschiedene Funde geliefert. Danach siedelten hier die Alemannen, die allerdings ihre Freiheit in der Auseinandersetzung mit den Franken einbüßten. Im Jahre 1142 erscheint der Name des Ortes erstmals in Zusammenhang mit dem Ortsadeligen Konrad von Koronbach, vielleicht auf den Buäckern - Burgäckern - sesshaft.
Damals zog durchs Remstal bereits eine Straße von Stuttgart kommend über Schorndorf nach Nürnberg. An ihr mögen schon bald Gasthäuser für die Durchreisenden entstanden sein. Das Gasthaus zum Hirsch mit seiner Jahreszahl 1610 erinnert daran. Besitzungen im Ort hatten die Urbacher, die Klöster Lorch und Heidenheim am Hahnenkamm. Nach der Reformation wurde Grunbach insgesamt württembergisch.
Die Evangelische Pfarrkirche Sankt Dionysius nimmt topographisch im Ort eine hohe Lage ein. Sie stellt eine typische Wehrkirche dar, deren baulicher Grundcharakter bis heute erhalten geblieben ist. Erbaut wurde sie 1481, im Laufe der Zeit mehrfach umgebaut und erneuert. Von der Innenausstattung sind bemerkenswert die spätgotische Sakristeitüre und das Altarkruzifix aus dem 16. Jahrhundert. Umgeben ist die Kirche von einer Mauer mit dem interessanten Einbau des "Karräsperle", eines ehemaligen Ortsarrestes, dessen eisernes Gitter die Verbindung mit der Außenwelt der Mitmenschen aufrecht erhielt.
Das Pfarrhaus, das Rathaus (1716 und aus dem 16. Jahrhundert), das Schulhaus (1816) und unweit davon auch ein Brunnen (1746) vervollständigen

die Kirchhofanlage im ganzen. Im Westen des Ortes stehen noch drei Keltern, wenn auch baulich etwas verändert, und auch drei Mühlen in der Steigstraße 13 und 14 wurden ehedem von dem gefällsreichen Grunbach angetrieben.

24. Großheppach (233 m NN)

Der Ort beginnt unmittelbar an der Rems und erstreckt sich von da aus nach Nordwesten bis zu den unteren Hängen der Buocher Höhe. Das Remstal gewinnt hier insgesamt an Weite dadurch, dass die Buocher Höhe im Norden immer weiter nach Nordosten zurücktritt, schließlich zu einem nordsüdlich gerichteten Verlauf seiner Steilstufe gelangt und in Richtung auf Winnenden sogar in südwestlich-nordöstliche Richtung umschwenkt. Dieser Randverlauf der Buocher Höhe gegen das Remstal und das Neckargebiet im weiteren Sinne soll uns allerdings nur im Blick auf das erstere beschäftigen.

Jedenfalls tritt hier die Schwäbisch-Fränkische Schichtstufenlandschaft auf eine vorherrschende Weise in Erscheinung und die bisher von uns beschriebene Tallandschaft der Rems geht damit in jene über. Sie „vermischen sich“ allmählich.

Hier im Remstal befinden wir uns im Übergangsbereich von der Muschelkalk (Gäu)- Landschaft in die des Keupers. In unserer Beschreibung gehen wir allerdings den umgekehrten Weg vom Keuper zum Muschelkalk. Auf unserem ganzen Weg vom Ursprung der Rems bis nach Großheppach sind wir immer wieder gleichsam einen Stock tiefer gestiegen im Gebäude der Landschaft. Aber tiefer geht es nicht mehr. Wir sind hier nämlich mit dem Muschelkalk „im Keller“ der uns hier begegnenden Gesteinsschichten angekommen, - also ganz unten. Zwischen den Orten Großheppach und Beinstein beginnt der letztere, wenn auch etwas zögernd, an der Erdoberfläche in Erscheinung zu treten, allerdings zunächst nur auf der rechten Seite der Rems, doch ab Waiblingen bestimmt er auch die linke Talseite. Hier ist jedoch eine gewisse Einschränkung in unserer Aussage zu machen, da der Muschelkalk zunächst nur wenig greifbar wird, allenfalls in den unteren, steileren Hangteilen, während er weiter oberhalb vom Unteren Keuper überdeckt wird. Hinzu kommt noch der eiszeitlich entstandene Löss, der als mehr oder weniger mächtige Decke seinerseits dem Unterkeuper aufliegt. Im Norden des Ortes steigt das Gelände erheblich an. Es wird alsbald von Weinbergen erobert, die über die Gewanne Diemersberg

Großheppach

und Ziegenberg bis zur Hochfläche hinaufreichen, diese selber jedoch ist mit Obstbäumen und Äckern bedeckt, mit freilich recht magerem Boden, der sich auf relativ grobkörnigem Stubensandstein entwickelt hat. Staunässe und Versauerung des Bodens treten hier allerdings nicht auf, da das Gelände stetig weiter gegen Nordwesten ansteigt. In den steileren mittleren und oberen Hängen regieren - von unten nach oben - Gipskeuper und Bunte Mergel. Beide eignen sich ausgezeichnet für den Weinbau, wobei der erstere oft von einer dicken Hangschuttschicht überlagert wird, unter der die dichten, farbigen Tone und Mergel eine wasserundurchlässige Grundlage abgeben, wodurch der Wasserhaushalt überraschend gut geregelt wird. Gipsmergel und Bunte Mergel haben zwar die Eigenschaft durch Feuchtigkeitsaufnahme zähplastisch zu werden, lassen sich aber im ganzen erstaunlich gut landwirtschaftlich, in diesem Falle durch den Weinbauern, bearbeiten. Östlich Großheppach bahnt sich der Gundelsbach von Norden nach Süden seinen Weg. Er entspringt im westlichen Waldgebiet der Buocher Höhe, wo er von zahlreichen Zubringern von allen Seiten gespeist wird. Das Tal hat im Waldbereich einen ausgesprochen romantischen Charakter. Es kann auf guter Fahrstraße bis Ortsende Gundelsbach befahren und von dort aus am besten in nördlicher Richtung durchwandert werden. Mit Erreichen der Hochfläche bietet sich eine lohnende Fortsetzung des Weges über den Hörnleskopf bis zum Sattel zwischen Korb und Hanweiler an. Die reizvolle Waldtal-Landschaft ist übrigens erstaunlich tief in den Untergrund eingeschnitten, kann aber vom Weg aus, der durch sie hin-

durch führt, recht gut eingesehen werden. Aber auch der Talabschnitt unterhalb des Waldes lohnt beschaut zu werden, türmen sich doch hier im Osten die steilen Hänge, die unten von Streuobstwiesen, oben aber weithin von herrlichen Weinbergen bedeckt sind, welch letztere sich nach Grunbach hinabziehen, mächtig gen Himmel. An den nach Osten gerichteten Hängen des Tales nehmen die Streuobstwiesen bis hinauf zum Waldrand weiten Raum ein, der allerdings im Westen in das große Weinbaugebiet um Groß- und Kleinheppach übergeht.
Im Südosten von Großheppach ist die ebene Talaue besonders gut und weitausgreifend ausgebildet. Durch dieses Gebiet floss einst die Rems in zahlreichen Mäandern, die zwischen 1935 und 1938 einer Korrektion unterworfen wurden. Das Remsbett wurde damals zunächst gestreckt und dann von Dämmen eingefasst. Damit wurde die praktisch jährlich auftretende Hochwassergefahr so gut wie gebannt. Die Folge hiervon war die Trockenlegung des Gebietes zwischen der Rems und den Hängen der Buocher Höhe im Norden und denen des Schurwalds im Süden. Die Feuchtwiesen in diesem Bereich verloren ihren bisherigen Charakter und konnten nun in Ackerland und Obstwiesen übergeführt werden, die stellenweise durch Schrebergärten ergänzt wurden. Auch in der Bodenentwicklung setzte mit jenen Eingriffen in die Naturlandschaft ein Wechsel ein. So standen einst weithin sogenannte Staunässeböden (Pseudogley), die von dem schwankenden Grundwasserstand geprägt wurden, im Vordergrund. Bezeichnend ist für sie der jahreszeitlich bedingte Wechsel von Staunässe und Austrocknung. Wo der Grundwasserspiegel in die Nähe der Erdoberfläche kommt und damit den Unterboden ständig der Einwirkung des Grundwassers aussetzt und auch den Oberboden zeitweilig - wie beim Pseudogley - durchtränkt, entsteht der Bodentyp des Gleys oder - bei hohem Tonanteil - des Pelosol-Gleys.
Solange der Grundwasserspiegel hoch bleibt - und dies ist bei langsamer Wegfuhr des Flußwassers der Fall - ändert sich dieser Bodentyp kaum. Wenn aber jener Wasserspiegel durch Flusskorrektion abgesenkt wird, tritt der Boden in eine neues Stadium der Entwicklung über.
Zu bedenken ist ferner, dass der Auenboden in Überschwemmungszeiten regelmäßig mit einer neuen Decke von durch den Fluss transportiertem und dann in der Aue abgesetztem Material überzogen wurde. Bohrungen haben z.B. gezeigt, dass im mittleren Remstal der jetzige Auenboden mehrere Meter tief von einem dergestalt abgelagerten Sediment bedeckt ist. Dieses geht nun Schritt um Schritt in brauen Auenboden und von da in

Braunerde bzw. Parabraunerdeboden über, wenn der Grundwasserspiegel absinkt, was er üblicherweise nach einer Flusskorrektion, die den Fluss zum Einschneiden und zur schnelleren Wegfuhr des Wassers veranlasst, tut. Der Boden kann nun durch entsprechende Bearbeitung in gutes Acker- und Gartenland übergeführt werden.
Am Fluss selber gedeihen im Galeriewald am besten Erle, Weide, Esche, Ulme und Pappel, die auch unter gelegentlich hohem Flusswasserstand nur wenig leiden. Die Besiedlung des Gebietes von Großheppach setzt, wie Bodenfunde zeigen, spätestens in der Jungsteinzeit ein. E. Reinhard konnte im Westen und Nordwesten des Ortes Funde aus jenem Zeitabschnitt bergen und sie seinem Museum in Kleinheppach einverleiben. Weiter zurück in die Vorzeit, nämlich die vorletzte Eiszeit, leiten mehrere Funde von Mammutbackenzähnen, die in der Nähe des Friedhofes sowie der Zehntscheuer ans Tageslicht gefördert wurden. Beim Friedhof stieß man in diesem Zusammenhang auch auf Flussschotter, immerhin gut 20 m über der jetzigen Talaue. Wenn man von den Flussschottern, die mehrere Meter unter der Talaue lagern, ausgeht, kommt man in die Nähe von 30 m als Höhendifferenz zwischen unterer und oberer Schotterschicht. Somit dürften die letzteren vermutlich in die Riß oder gar Mindeleiszeit zu stellen sein. Da der nördliche Teil des Ortes und deshalb unser Fundplatz wahrscheinlich im Remstalgraben liegt, könnte jene Höhendifferenz sogar noch größer ausfallen. Immerhin stoßen wir hier zuverlässig auf die Spuren eines ehemaligen Remstalbodens, die in Verbindung mit anderen Funden eine gewisse Rekonstruktion der Entwicklung des Tales im Verlaufe erdgeschichtlicher Zeiten ermöglichen sollte.
Der Name Großheppach taucht aus dem Dunkel der Geschichte urkundlich belegt, mit dem Jahre 1236 auf und zwar als "Hegnesbach", danach 1278 als "Heggebach". Verschiedene Herrschaften teilten sich in der Folgezeit in die verschiedenen örtlichen Besitztümer. 1456 stellten sich erstmals die Württemberger ein, die 1506 den ganzen Ort in ihren Besitz brachten. 1462 allerdings musste der Ort von Graf Ulrich V. wegen Teilnahme an einem verloren gegangenen Reichskrieg gegen die Pfalz und Bayern an die erstere eine zeitlang abgetreten werden.
Im 30jährigen Krieg, genauer im Jahr 1643, lieferten sich hier Schweden, Franzosen und Weimarer auf der einen und die Kaiserlichen, vornehmlich Bayern, auf der andern Seite, an der Rems einen erbitterten Kampf. Im Jahr 1704 fand hier im Rahmen des "Spanischen Erbfolgekrieges" ein denkwürdiges Treffen zwischen Prinz Eugen, dem englischen Herzog von

Marlborough und Markgraf Ludwig von Baden, dem "Türkenlouis", im Gasthaus zum Lamm statt, woran die dortige "Prinz Eugen Stube" und ein Denkmal erinnern.
Von Kulturdenkmalen seien genannt: Die Evangelische Sankt Ägidius-kirche, von 1468-91 als Wehrkirche erbaut. Seine jetzige charakteristische Form erhielt der Chorturm im Jahre 1769. In denselben barocken Formen ist das Pfarrhaus, Pfarrgasse 3, von 1744/45 gehalten. Mit Nr. 19 und 19a in der Pfarrgasse stehen die beiden alten Schulhäuser.
In der Schlossstraße erhebt sich das Schloss seit etwa 1600, das schon seit langer Zeit den Freiherren von Gaisberg zugehört. Im 18. und 19. Jahrhundert erfolgten Umbauten und Erweiterungen. Die Häckermühle, Brückenstraße 8, von 1601, ist durch Renovierung in ihr ursprüngliches Erscheinungsbild zurückversetzt worden. Das Rathaus, Pfahlbühlstraße 12, um 1605 erstellt, ist in seinem oberen Teil in Fachwerkweise aufgeführt. In derselben Straße sowie in der Grunbacher Straße, stehen schöne Weingärtner- und Bauernhäuser aus dem 16. und 17. Jahrhundert. Schließlich verdient das prächtige Fachwerkgebäude im Schäfergässle Nr. 12 - um 1600 erbaut - besondere Erwähnung.

25. Kleinheppach (258 m NN)

Kleinheppacher Kopf

Der Ort erscheint, auf den ersten Landkartenblick besehen, wie ein natürliches Anhängsel an das hauptnamenverwandte Großheppach. Der Schein trügt hier. Kleinheppach gehört seit der Gemeindereform zur Gemeinde Korb, während der andere Ort Bestandteil von Weinstadt ist. In Kleinheppach weitet sich der Blick nach Nordwesten gegen Korb hin und darüber hinaus ins Mittlere Neckarland, zumal wenn man diesen Blick vom Hausberg des Ortes, dem Kleinheppacher Kopf, in sich aufnimmt. Die Weitung des Blickes und nicht nur die Aussicht hängt damit zusammen, dass sich das Remstal in diesem Bereich fächerförmig nach Nordwesten öffnet, gleichzeitig aber sich in dieser Richtung gleichsam verliert und diese seine Bezeichnung aufgibt. Im Süden geschieht freilich Ähnliches, dort wo der Schurwald ebenfalls nach Westen zu der Neckarlandschaft Platz macht, die im Schmidener Feld vorwiegend einen ebenen Charakter erhält. Zunächst befinden wir uns in Kleinheppach in einem besonderen Tal, dessen Bach der Rems zufließt.

Der Heppach entspringt im Nordnordosten von Korb-Steinreinach, zieht als Randfluss am Fuße der Buocher Höhe fürs erste nach Süden, biegt dann bei Kleinheppach mehr und mehr nach Südosten, um bei Großheppach wieder nach Westen seinen Lauf zu nehmen und fließt wenig nördlich der B 29 in die Rems. Das Heppachtal wird im Süden von einem langsam zur Hohen Straße aufsteigenden Gelände begrenzt, das alsbald nach Süden hin zur Rems abfällt. Die Hohe Straße wurde einst vor langer Zeit angelegt, als das Remstal in diesem Bereich infolge Unwegsamkeit, aber gleicherweise auch das Heppachtal, noch nicht zu begehen bzw. zu befahren waren. Später, verursacht durch mancherlei technische Eingrenzungen der Flüsse und Bäche, konnte die Straße von Korb direkt über unseren Ort nach Großheppach geführt und dort in die große Remstalstraße eingebracht werden.

Von Nordwesten grüßt als Wahrzeichen des Ortes der Kleinheppacher Kopf, kurz das "Köpfle" genannt. Das Gelände steigt dabei über steile Weinberglagen, die aber durch querverlaufende Sträßchen gut zugänglich gemacht sind, bis zu jenem Kopf auf, an dem der Wald etwas nach Norden zurücktritt und damit einer eigenartigen Landschaft Raum gibt, die sich von hier aus zwischen Weinbergen und Wald etwa 1 km nach Südosten hinzieht. Köpfle und Berg schließen sich hier zu einem Gebiet zusammen, das eingehendere Betrachtung verdient.

Auf unserem Weg zu den vorgenannten Höhen sollten wir immer wieder unseren Blick über den Ort hinweg und hinüber zu der Hohen Straße schweifen lassen, wodurch uns die grabenartige Struktur der Landschaft zwischen den Steilhängen im Nordosten und den flacheren Hängen im Südwesten, wie von der geologischen Karte aufgezeigt, verständlich wird. Die nördliche Störung verläuft von unserem Ort an Großheppach vorbei nach Grunbach, von dort nach Geradstetten und weiter bis in die Gegend von Hebsack.

Die Störung, die sich mit dem Verlauf der Steilhänge weithin deckt, ist je-

doch nur örtlich nachgewiesen. Die südliche Störung, die ebenfalls nur streckenweise nachgewiesen werden konnte, zieht von der Gegend nordwestlich des Ortes über die Höhe hinweg, die von der Hohen Straße und Pfahlbühlstraße markiert wird. Bei Großheppach biegt sie aus südöstlicher Richtung mehr und mehr nach Ostsüdost um und hält diesen Verlauf bis in die Gegend von Winterbach bei, wobei sie sich ebenfalls an die unteren Steilhänge, allerdings nun des Schurwalds, hält.
Vermerkt sei hier, dass damit nur die Großstruktur des Remstalgrabens nachgezeichnet wird. Die Verhältnisse liegen im einzelnen deutlich komplizierter und lösen sich hier in eine Reihe von kleinen Störungen auf, die nur statistisch im Gesamtverlauf als Graben in der beschriebenen Weise dargestellt werden können. Es sei auch nicht verschwiegen, dass neuerdings diese Anlage des Grabens in dem aufgeführten Bereich in Zweifel gezogen wird. Die Gesteins- und Bodenschichten westlich und östlich von Kleinheppach sind auf verschiedene Weise gestaltet.
Während im Westen die Höhen von restlichem Löss und Lösslehm bedeckt sind, die auch durch die Störung nicht auseinander gerissen werden, gelangen wir über die östlichen Steilhänge, die in der unteren Partie vom hellgrauen, weichen Gipskeuper geprägt sind, über die nicht auffälligen Schichtstufen des härteren Schilf- und Kieselsandsteins, unterbrochen von den Bunten Mergeln, hinauf zur Hochfläche des Köpfles und Belzberges, die vom harten, flächenbildenden Oberen Stubensandstein bedeckt sind.
Der Kleinheppacher Kopf, das "Köpfle", stellt mit seiner Umgebung, wie sie sich vor allem nach Südosten erstreckt, eine landschaftliche Besonderheit dar. Die Hochfläche zwischen Weinbergen und Wald wird teilweise von Obstwiesen und Äckern eingenommen. In der Zone zwischen letzteren und den Weinbergen hat sich die eigentümliche Vegetation der sogenannten "Steppenheide" angesiedelt. Der Ausdruck Steppenheide ist vor Jahrzehnten bereits von dem bedeutenden Geographen und Pflanzenkenner Robert Gradmann geprägt worden und hat sich - trotz Widerstands dagegen - bis heute erhalten. Die Steppenheide unterscheidet sich von anderen Landschaftsformen dadurch, dass sie eine trockenheits- und wärmeliebende Vegetation aufweist, wie sie in dieser Weise nur hier anzutreffen ist. Die Steppenheide ist also weithin waldfrei, einzelne Baumexemplare mögen freilich da und dort eingestreut sein. Ähnliches gilt auch von den niedrigen Büschen, die zwar örtlich ebenfalls sich ausbreiten mögen, jedoch die Gesamtsituation der Steppenheide nicht wesentlich ändern können, auch wenn ihre Ausbreitungstendenz nicht unterschätzt werden darf und

nicht selten durch menschlichen Eingriff reduziert werden muss. Im Vordergrund der Steppenheide steht vielmehr die artenreiche Gesellschaft der Kräuter, Gräser und Blumen, aus dem vom Korb-Steinreinacher Heimatbuch folgende Arten angeführt seien: Ästige Graslilie, Echtes Labkraut, Sonnenröschen, Schwalbenwurz, Bergaster, Großblütige Braunelle, Kleine Bibernelle, Kartäusernelke, Färberginster, Bunte Kronwicke, Weidenblättriger Alant und mehrere Kleearten.
Dazu gesellen sich - wenn auch seltener auf diesem Areal - Franzenzian, Gelber Augentrost und Golddistel als Herbstblüher, sowie die Nieswurz, die allerdings eine durchaus stärkere Bewaldung der Steppenheide vorzieht.
Diese wärmeliebende Vegetation ist offenbar aus dem Südosten Europas nach der Eiszeit bei uns eingewandert und wird in dieser Eigenschaft als Pontische Flora bezeichnet. Diese Flora konnte sich nur auf waldfreiem Gebiet entwickeln, das zudem von Boden und Klima her geeignete Voraussetzungen hierfür bot.
Der Untergrund besteht auf dem Kleinheppacher Kopf aus Fleins, einem hellen Kalksandstein, der sich durch eine große Härte auszeichnet und der deshalb auch größere Verebnungen hervorruft, wie sie in diesem Gebiet durchaus gegeben sind. Das bedeutet für die Verwitterung, dass sie hier nur sehr langsam vorankommt. Sie greift die zahllosen Quarz- und Quarzitkörner des Gesteins kaum an, so dass beim Zerfall des Gesteine gröberer oder feinerer Sand im Boden verbleibt und diesem insgesamt einen vorwiegend sandigen Charakter verleiht.
Der Feldspat des Fleins verwittert da schon leichter und geht in das weißliche Kaolin über, das in dem rotbraunen Gestein bisweilen einen eigentümlich hellen Eindruck hinterlässt. Das Gestein selber kann übrigens jetzt sehr gut am Weg oberhalb der Weinberge am Rande der Hochfläche in Augenschein genommen werden, wo eine große Anzahl von einzelnen Felsbrocken aufgereiht steht. So stellt der Fleins beim Verwittern einerseits dem Boden eine genügende Menge Kalk zur Verfügung, wodurch auf diesem eine kalkliebende Flora gedeihen kann. Andererseits ist der sandige, nur wenig Ton enthaltende Boden für das Niederschlagswasser sehr durchlässig, so dass sich hier nur eine trockenheitsliebende Vegetation ausbreiten kann. Der Boden vermag aber nicht für Bäume und größere Sträucher hinreichende Feuchtigkeit zu speichern, so dass jene in der Steppenheide nur teilweise und zumal bei den Bäumen, nur in weitständigen Einzelexemplaren ihr Dasein fristen können.

Stiftskirche Beutelsbach

Der Boden ist im ganzen nur gering entwickelt und kann daher leicht ausgetrocknet werden, eine Erscheinung, die sich im Übergang zum Steilhang noch verstärkt. Hinzu kommt der Wind, der über die niedrigen Pflanzen verhältnismäßig gut hinweg und zwischen ihnen durch kommt. Diese und noch andere Faktoren tragen zur natürlichen Entstehung einer Steppenheide auf dem Kleinheppacher Kopf bei.
An die Steppenheide des Köpfle schließt sich nordöstlich das Waldgebiet der Buocher Höhe an, das hier von recht trockenem, aber auch warmem Charakter ist. Demzufolge stoßen wir hier auf eine Waldart, die man durchaus sinnvoll als Steppenheidewald bezeichnen kann. Diese Waldart hat sich in früheren Zeiten zunächst über die ganzen Hänge ausgebreitet, später musste sie dem Kultureifer des Menschen weichen, der hier gute Bedingungen für seinen Weinbau antraf. Die moderne Flurbereinigung sorgte dann ihrerseits dafür, dass Steppemheide und -wald auf ein ziemlich genau eingegrenztes Areal zurückgedrängt wurden. Erfreulicherweise nimmt sich zwar die Natur- und Landschaftspflege ihrer an, doch wenn hier zugleich Erholungsgebiete für den heutigen Menschen erstehen sollen, ist auch dieser dazu verpflichtet, zur Erhaltung dieser gefährdeten Landschaftsformen etwas Nachhaltiges beizutragen.
Neben der sonst üblichen Stieleiche treffen wir hier auch die mehr wärmeliebende Traubeneiche an. Diese Eichenarten werden gerade in jenem Bereich durch herrliche Arten repräsentiert. Ferner treten auf: Hainbuche, Rotbuche, Vogelkirsche, Elsbeere, Waldkiefer und Ahorn.

Am Waldrand haben sich Sträucher wie Schlehen, Weißdorn, Hasel, Liguster, Hartriegel, Holunder und Wildrosen angesiedelt - wo ihnen noch genug Licht für gedeihliches Wachstum zur Verfügung steht.
H. Scheerer ("Naturdenkmale im Rems-Murr-Kreis"), dessen Zusammenstellung wir an dieser Stelle folgen wollen, führt für den Steppenheidewald im besonderen an Stauden und anderen Gewächsen Flügelginster, Deutscher Ginster, Bergplatterbse, Wiesenwachtelweizen, Johanniskraut und Habichtskräuter auf; dazu gesellen sich noch die pfirsichblättrige Glockenblume, die Doldenmargerite und die Schwärzliche Platterbse.
Einzigartig zu nennen ist das Vorkommen der Esskastanie in einigen prächtigen Exemplaren, die wohl von Menschenhand hierher verpflanzt worden sind, sowie eine Feigenkaktusart, eine Opuntie, der es besonders an den Weinbergmauern dieses Biotops gefällt.
Die sehr früh erfolgte Besiedlung der Landschaft um Kleinheppach - und darüber hinaus im unteren Remstal - wird durch das Steinzeitmuseum im früheren Rathaus des Ortes ausgezeichnet dokumentiert.
Es verdankt seine Entstehung dem tatkräftigen und aufopferungsvollen Einsatz von Eugen Reinhardt, der es über Jahrzehnte hinweg aufgebaut hat. Die frühesten Funde weisen wohl in die Mittlere Altsteinzeit zurück, doch können sie nicht sicher den bekannten Kulturstufen zugerechnet werden.
Auch die folgenden Zeitabschnitte bis zur Merowingerzeit sind mit Fundgegenständen gut vertreten und geben einen instruktiven Einblick in die Vor- und Frühgeschichte des unteren Remstals. Der Ort Kleinheppach wird im Jahr 1284 erstmals als "Hekkebach superius" genannt und bis dahin von dem Ort Großheppach noch nicht unterschieden. Zunächst waren die Herren von Urbach mit dem Ort durch Güter und Rechte verbunden, doch schon im Jahr 1467 verkauften sie diese an Württemberg. Die Evangelische Kirche war ursprünglich eine spätgotische Kapelle - Maria geweiht - von 1480, mit einem Altarkreuz aus dem Jahr 1500. In der Nähe der Kirche erinnert heute noch der Bergplatz an eine staufische Wasserburg, die bis in das 14. Jahrhundert hinein Bestand hatte.

26. Beutelsbach

Auf der Höhe von Großheppach im Norden und Beutelsbach im Süden nimmt das Remstal insgesamt eine andere Form an als im Bereich oberhalb hiervon, aber auch gemessen an der Talform unterhalb von der Stadt

Waiblingen. Ab dem Ort Großheppach treten die Berghänge im Norden aus ihrer Ostwest-Richtung in eine solche von Südosten nach Nordwesten gerichtete Verlaufslinie über, die bis zu dem Abschnitt des Korber Kopfes beibehalten wird. In dem Bereich des Südens liegen die Dinge etwas anders, obwohl auch hier die Keupersteilstufe des Schurwalds bis zu einem gewissen Grade nach Süden zurücktritt und genügend Raum für einige breite Buchten gibt, in denen die Weinorte Beutelsbach, Schnait, Strümpfelbach und Stetten mittlerweile ihren Platz gefunden haben.Wenn man aber eine Linie vom Kappelberg östlich Beutelsbach bis zum Bergvorsprung gleichen Namens südlich von Fellbach hinüberzieht, verbleibt man fast in der allgemeinen Ostwest-Richtung des Remstales.
Dies bedeutet aber, dass sich das große Tal asymmetrisch nach Westen öffnete. Im Norden auf der Seite des Abschlusses durch die Buocher Höhe, im Süden hingegen durch ein vorübergehendes Zurückweichen des Stufenrandes, der aber als solcher erst weit im Westen, schon in der Nähe des Neckartales, ausläuft. Im Norden wird der Stufenrand an seinem Fuß durch einen Randfluss oder besser -bach, den Heppach, markiert, wie man solche sogenannten subsequenten (dem Steilrand folgenden) Flüsse nicht ganz selten in diesem Falle antrifft.
Im Süden hingegen fehlt ein derartiger einzelner Randfluss. Hier treffen wir vielmehr sogleich auf mehrere zum Teil bedeutende Bäche, die zudem durch tiefe Täler hinablaufen und der Rems zustreben.
Da haben wir zunächst den Schweizerbach, der in seinem Oberlauf Beutelsbach genannt wird und der zwischen Großheppach und Beutelsbach die Rems erreicht. Genaue Reliefkarten zeigen, dass dieser Bach ungewöhnlich weit nach Süden und damit in den Schurwald hinaufgreift. Dasselbe gilt vom Strümpfelbach und besonders vom Stettener Haldenbach, die sich unterhalb von Stetten zusammentun und gemeinsam bei Endersbach in die Rems fließen.
Der Beibach noch weiter im Westen dringt gerade noch in die Steilstufe nordwestlich des Kernen ein, der Krettenbach, der über Rommelshausen zum Schüttelgraben fließt, berührt eben noch den Rand des Schurwalds und der letztere hat für sich allein in seinem Verlauf mit dem Bergland dahinter schon gar nichts mehr zu tun. Die Konzentration so vieler Bäche in diesem verhältnismäßig kleinen Bereich - so dass man geradezu von einem "hydrographischen Knoten" sprechen kann - ist bemerkenswert, wenigstens ebenso aber ihr Verlauf in Bezug auf die Keuperstufe dahinter. Wenn man vom Kappelberg ab Beutelsbach zum Katzenkopf südwestlich von

Kirchturmspitze Beutelsbach

Stetten eine Linie zieht, so erfasst man damit den Steilrand der Keuperstufe. Schüttelgraben und Beibach, sowie unterer Haldenbach, verlaufen dazu auffallend parallel, aber Krettenbach, oberer Haldenbach, Strümpfelbach und Schweizerbach tun dieses ihrerseits nicht. Wenn man davon ausgeht, dass die erste Gruppe dem Schichtstreichen des Gesteinsuntergrundes folgt, das von Südwesten nach Nordosten gerichtet ist, so muss man andererseits beachten, dass die zweite Gruppe sich über diese Gegebenheiten hinwegsetzt und fast entgegen dem Schichtfallen nach Norden bzw. Nordwesten zur Rems strebt. Da davon auszugehen ist, dass die Keuperschichtstufe im Laufe der Zeit zurückgewandert ist, könnten die Bäche der ersten Gruppe einst deren Rand markiert haben. Die Bäche der zweiten Gruppe hingegen gehen in ihrer Laufrichtung mit der Rems konform, stellen also alte Zubringer derselben dar, die offenbar wohl ihren Lauf nach Westen und Nordwesten schon vor der Schrägstellung der Schichten nach Südosten innehatten. Die Hebung der Schichten nach Nordwesten hatte natürlich auch auf den Remsverlauf erhebliche Auswirkungen, denn nun hatte der Strom entgegen dem allgemeinen Schichtfallen zu fließen. Offenbar aber hat die Rems mit dieser Hebung Schritt halten können, so dass sie sich im Endeffekt gegen die ihr ungünstige Bewegung durchzusetzen vermochte. Hinzu kommt aber noch ein weiteres. Auf der Linie Waiblingen-Aldingen hat sich ein tektonischer Graben ausgebildet; die Schichten sind hier auf einer Breite von ca. 700 m in die Tiefe abgesunken. Der Grabenbruch kommt mit seiner nördlichen Begrenzung in die Remstalaue bei Waiblingen ein und zieht dann in östlicher Richtung bis Großheppach durch. Dadurch hat sich im Norden des Flusses eine scharfe Bruchstufe ergeben, die zur Heraushebung des Muschelkalkes über die Talaue geführt hat. Die südliche Grabenbegrenzung verliert sich, wie es scheint, bereits südlich von Beinstein im Taluntergrund. Bei Großheppach trifft der Graben auf einen weiteren, der von Korb-Kleinheppach bis nach

Winterbach reicht. An der Nahtstelle beider Gräben gehen die Schicht-Höhenlinien in die Waagrechte über. Dies hat in der Vergangenheit bewirkt, dass die Rems oberhalb der Linie Großheppach-Beutelsbach besonders stark mäandrierte, d.h. unzählige Schlingen bildete, da der Fluss in seinem Lauf verlangsamt wurde.
Die bisher vorwiegende Tiefenerosion der Rems ging nun mehr in eine solche nach beiden Seiten über, wodurch eine allgemeine Talerweiterung eintrat. Zwischen Großheppach und Beutelsbach kam jedoch die Rems auch in den Waiblingen-Aldingen-Grabenteil ein und glitt nun an dessen Nordgrenze bzw. an der Muschelkalkstufe entlang nach Westen bis Waiblingen. Durch diese Entwicklung ergab sich auch eine neue Talform. Während die Rems oberhalb von Großheppach-Beutelsbach im Laufe der Zeit ein sogenanntes Sohlental ausgebildet hatte, mit beiderseits der Talebene gleichartig ansteigenden Hängen, nahm nun das Tal in Richtung Waiblingen eine eigenartige asymmetrische Form an, mit steilen Hängen im Norden und einem flachen Anstieg im Süden, der sich in einer welligen Ebene gegen den Schurwald hin verlor.
Die wellige Ebene, die den Südostabschluss der Waiblinger Bucht bildet, findet bei Beutelsbach ihren Abschluss. Hier steigt das Gelände über den Kappelberg steil bis zum Schönbühl an. Der erstere erstreckt sich weit nach Nordwesten und weist am Westhang eine gewisse Verebnung mit Resten einer Burgruine auf, die auf den unterlagernden, vorwiegend harten Schilfsandstein zurückzuführen sein wird. Der weitere Aufstieg zum Schönbühl vollzieht sich dann über die Bunten Mergel und den Unteren und Mittleren Stubensandstein. Die gegen Beutelsbach gerichteten Hänge fallen steil ins Schweizertal ab. Während die Südhänge des Kappelberges von Streuobstwiesen bedeckt sind, breiten sich auf den Westhängen weithin Weinberganlagen aus, die sich bis zu dem Rande des Ortes hinziehen. Weiter im Süden in Richtung Schnait steigen jene bis in die untersten Talhänge herab. Hier hat sich auch noch ein kleines Gebiet mit Streuobstwiesen erhalten. Westlich des Schweizerbachs schickt der Schurwald im Utz- und Rossberg einen markanten Ausläufer gegen die Waiblinger Bucht vor. Hier sind ebenfalls Weinberge angesiedelt, die nur um die Ortslage Burg von Streuobstwiesen unterbrochen werden. Nach Westen senkt sich das Gelände zum Strümpfelbach ab. Die Flachhänge gegen Endersbach hin sind mit Äckern und Wiesen besetzt. Der Untergrund aus Unterem Keuper ist von einer Lössauflage überzogen, die jedoch weithin in Lösslehm übergegangen ist, der seinerseits einen guten, humosen Charakter aufweist. Zu

recht heißt es von ihm in der alten Oberamtsbeschreibung von Schorndorf von 1851: "Der Boden mit tiefgehendem Humus ist ausgezeichnet fruchtbar". Die Weinberge darüber ziehen sich über Gipskeuper und Bunte Mergel bis in den Mittleren Stubensandstein um Burg in fast 400 m NN hinauf. Noch weiter oben stockt auf Oberem Stubensandstein schöner Mischwald. An dessen nordwestlichem Rande befindet sich ein prächtiger Aussichtspunkt, von dem aus man weit ins Land nach Norden schaut.
Der Name Beutelsbach taucht als "Butelsbach" erstmals in einer Urkunde um 1080 auf und zwar in Zusammenhang mit der Heirat zwischen Konrad von Wirtinisberk und Luitgard von Beutelsbach, wodurch der Ort als ältester Besitz von Württemberg ausgewiesen wird. Ab dem Jahr 1238 ist von den Herren von Beutelsbach die Rede, die eine Burg am Kappelberg bis 1433 bewohnten.
Schon sehr früh, nämlich im 11. Jahrhundert, bestand hier ein Chorherrenstift, woran dessen Stiftskirche, die Vorgängerin der späteren Sankt Leodegardskirche, erinnert. Die erste Kirche diente bis 1311 als Grablege für die Württemberger, nach Zerstörung des Stifts durch die Esslinger wurde diese 1321 nach Stuttgart verlegt. In Kirche und Kirchturm, der aus einer vier- in eine achteckige Form übergeht, stecken noch romanische Bauteile. Daran erinnern Rundbogenfriese an der Westseite des Turmes. Die jetzige Kirche stammt wohl vom Anfang des 16. Jahrhunderts. Sie ist als ehemalige Wehrkirche noch teilweise von einer Mauer umgeben und besitzt einen Rundturm von 1506. Von der Innenausstattung der Kirche sind der netzrippengewölbte Chor, der Orgelprospekt von 1727, die Emporenbilder aus dem 16. Jahrhundert, die Kanzel von 1688/85, sowie der Taufstein mit Schwertengel von 1416 hervorzuheben, dazu ein Gedenkstein, einst wohl Grabplatte mit dem württembergischen Wappen, ebenfalls aus dem 15. Jahrhundert.
Nördlich der Kirche steht unweit das Pfarrhaus mit Unterbau von 1613 von Schickhardt und dem Fachwerkobergeschoss aus dem Jahr 1746. Der Stiftpflegehof-Komplex daneben reicht ins 15. Jahrhundert zurück, liegt in seiner jetzigen Form - gegliedert als Haupthaus, Zehntscheuer, Torbogen und Hofmauer - jedoch erst seit dem Jahr 1686 vor; welches in der Toreinfahrt abzulesen ist. Das Alte Rathaus in Stiftsstraße Nr. 11 entstand im Jahr 1534, der Arkadenumgang allerdings erst im Jahr 1977. Das schmucke Fachwerkgebäude, an den beiden Westtoren mit dem württembergischen Wappen, zusammen mit dem des Ortes versehen, dient jetzt als Heimatmuseum.

Von den imposanten Weingärtner- und Bauernhäusern seien hier aufgeführt: Stiftsstraße 18 mit Fachwerk, um 1600; Marktstraße 55, von 1615, mit geschnitztem und bemaltem Fachwerk; Schönbühlstraße 8/10, um 1580, mit prächtigem Zierfachwerk, Realteilung zerlegte das Gebäude in zwei Teile und gab Nr. 8 im Jahre 1666 einen Giebelvorbau; Burghaldenstraße 1 aus dem 16. Jahrhundert; Nr. 11 von 1685; die Dorfkelter, Annastraße 18 wurde 1770 vom Bach hierher versetzt; Untere Mittelkelter, Burghaldenstraße 62, von 1688; beide Keltern ohne alte Ausstattung.

27. Schnait (270 m NN)

Das Silcherhaus in Schnait

Der Ort liegt im Beutelsbachtal, das in seinem Unterlauf Schweizerbachtal genannt wird. Der Bach reicht weit nach Süden in den Schurwald hinein. Das Tal gewinnt unterhalb des Ortes an Breite und eine andere Form dadurch, dass hier der Schurwaldrand im Roßberggebiet ausläuft und weiterhin in Richtung nach Südwesten bis in die Gegend des Ortes Stetten zurücktritt. Durch diese Änderung im Verlauf des Keuperstufenrandes erscheint das Schweizerbachtal bei der Ortschaft Beutelsbach geradezu asymmetrisch im Querschnitt geformt, da dem Steilhang östlich von Beutelsbach kein ebensolcher Hang im Westen gegenüber liegt. Dort läuft das Gelände vielmehr in relativ ebenes, wenig gewelltes Terrain bis zum Haldenbach aus.
Anders verhält sich hingegen die Talform des Beutelsbachs bei der Ortschaft Schnait und vor allem südlich hiervon. Hier verengt sich das Tal und zwar von beiden Seiten her, immer mehr, bis es bei der Ortschaft Baach seinen Talboden beziehungsweise seine Aue praktisch einbüßt und sich sowohl im Bereich des Gunzenbachtals in Richtung nach Süden und zuletzt in Richtung nach Westen, als auch gegen Schlierbachtal in Rich-

tung nach Norden und Nordosten, mit einem etwas engen Kerbtal begnügt. Beide Täler mit ihren Bächen greifen weit hinauf in den Schurwald. Der Gunzenbach beginnt seinen Lauf südlich von Aichschieß im Gewann Erlach am Rande des Waldes. Er bahnt sich seinen Weg durch hochstämmigen Mischwald, der jedoch vorwiegend sich als Laubwald darstellt. Der Bach biegt aus seinem anfänglich östlich gerichteten Lauf mehr und mehr nach Norden um und tritt bei Baach aus dem Waldesdunkel in die Helle eines freundlichen Wiesentales, durch das sich der Bach in mäßig ausgebildeten Windungen schlängelt.

Inzwischen hat der Gunzenbach von Nordosten her im Schlierbach einen Bundesgenossen gewonnen, der auf dem Goldboden südöstlich von Manolzweiler seinen Ausgang nimmt, zunächst munteren Laufes nach Westen sich entfernt, dort jedoch nach Südwesten umbiegt, bis er bei Baach in den Gunzenbach fließt. Beide Bäche empfangen von beiden Seiten weitere Zubringer, die fast alle die charakteristische Klingenform, zum Teil von sehr schroffer Art, aufweisen. Bei den Nebenbächen des Schlierbachs ist diese Form fast noch stärker ausgebildet, als dies bei den Zuflüssen des Gunzenbaches der Fall ist. Dabei ist zu bemerken, dass die Klingen nicht überall von perennierenden Bächen durchströmt werden, ihre Form lässt aber eindeutig erkennen, dass dies schon in früheren Zeiten und zwar periodisch der Fall war. Dabei handelt es sich keineswegs einfach um Vorzeitformen, da die Klingen auch jetzt noch Niederschlagswasser aufnehmen, wenn solches in der Umgebung reichlich fällt und vom Waldboden nur teilweise verschluckt wird.

Das Gefälle unserer beiden Bäche ist zwischen Ursprung und Baach beträchtlich, senkt sich doch der Gunzenbach von 430 m NN bis 280 m ab und der Schlierbach kommt sogar von 460 m herunter. Aus diesem Grunde sind beide Bachläufe, im ganzen betrachtet, gestreckt, im kleinen und einzelnen jedoch in Augenschein genommen, trifft man aber auch hier auf, wenn auch schmale Talböden, in denen die Bäche viele kleine Schlingen bilden, die sich unterhalb Baach einigermaßen vergrößern, wenngleich sie noch nicht eigentliche Mäanderform erreichen. Um zu dieser zu gelangen, müsste sich das Gefälle noch weiter verringern, das zwischen Baach und Schnait immerhin noch 30 m beträgt. Die Hänge steigen nun talab sowohl im Osten als auch im Westen auf eindrucksvolle Weise an. Der Talquerschnitt ist nun fast symmetrisch zu nennen, der Talboden verbreitert sich gegen Schnait hin mehr und mehr. Dies hängt nicht nur mit der jetzt größeren Wasserführung des Baches zusammen, auch im Gesteinsuntergrund ist

inzwischen ein Wechsel eingetreten. Während sich Gunzen- und Schlierbach ausschließlich durch Stubensandstein bis Baach ihren Weg bahnen, tritt dort der Beutelsbach in die weicheren Bunten Mergel über, die ein stärkeres Ausräumen des Tales durch jenen erlauben.
Die Hänge steigen vom Talboden zunächst nur langsam an, gewinnen jedoch bald an Steilheit. Diese Tendenz bleibt beiderseits des Tales bis zu den Hochflächen erhalten. Der Talboden ist von verhältnismäßig jungen Sedimenten bedeckt, die vom Bach in Zeiten reichlicher Wasserführung ausgebreitet worden sind. Sie werden unterlagert von Gipskeuper, der jedoch ab Schnait seinerseits von Schilfsandstein überdeckt wird, der eine Terrasse ausgebildet und auf dem der alte Ortsteil teilweise seinen Platz gefunden hat. Die untersten Partien des Ost- und Westhanges werden ab jetzt sogar von grauen Gipsmergeln eingenommen.
Die Westhänge des Beutelsbachtales sind im Bereich von Schnait weithin von Weinbergen bedeckt. Die Anlagen ziehen sich, allerdings etwas ungleichmäßig, hinauf bis in Waldesnähe. Die verschiedenen Gewanne weisen eine Exposition auf, die von Südosten bis Westen reicht.
Südliche bis südwestliche Ausrichtung haben die Gewanne Buchhalde, Dachsrain und Sandmorgen im Südosten unseres Ortes. Zwischen den ersten beiden erstreckt sich ein tief eingeschnittenes Klingental nach Osten, auf dessen nach Süden weisendem Hang auffallend zahlreiche Quellen im Bereich Bunte Mergel/Kieselsandstein entspringen, deren Abflüsse die Gewässer des Beutelsbaches offensichtlich anschwellen lassen, so dass dieser nun zu einem recht ansehnlichen Bach wird. Auf dem Niveau um 300 m NN scheint sich vor allem auf der Ostseite des Beutelsbachtales ein ausgespochener Quellhorizont kundzutun, der sich bis hinauf nach Baach in Form von Quellen und Brunnen verfolgen lässt.
Östlich von Schnait wird das große Weinbaugebiet im Steinhau von Streuobstwiesen unterbrochen, die nördlich der Straße nach Manolzweiler ein ansehnliches Areal einnehmen. Es fällt überhaupt auf, dass bei der in junger Vergangenheit erfolgten Reblandumlegung verschiedene Talausschnitte bei diesem erheblichen Eingriff in die Landschaft erhalten geblieben sind. Dadurch wirkt letztere, im ganzen genommen, differenzierter und insbesondere naturnäher in ihrem Charakter. Dieser Eindruck ergibt sich nicht zuletzt auch aus der Ferne, etwa von Burg aus, wenn man z.B. die Weinbauflächen von Schnait mit denen von Beutelsbach vergleicht. Noch weiter im Norden wird das Gelände von den ausgedehnten Weinberganlagen der Schnaiter Halde, des Hochberges und Altenberges bedeckt. Nörd-

lich hiervon bildet Gewann Stettenbronn den Abschluss des ganzen. Hier befinden sich die besten Schaiter Weinlagen, die Hänge sind insgesamt bemerkenswert steil und die Exposition schwingt von der Halde bis zum Altenberg zuerst von Süden nach Westen, alsdann sogar nach Südosten und dann wieder über Süden bis nach Westen. Seine guten Weinlagen verdankt Schnait verschiedenen günstigen Faktoren bodenkundlicher aber auch klimatischer Art. Die Bunten Mergel enthalten zunächst einmal eine Menge Nährstoffe, deren Wirkung auf die Fruchtbarkeit des Bodens durch geeignete Pflege noch bedeutend erhöht werden kann. Allerdings werden die Nährstoffe vor allem in einem humosen Oberboden in eine für die Weinstöcke geeignete Aufnahmeweise umgesetzt.
Aus diesem Grunde ist die Pflege des Oberbodens von geradezu großer Bedeutung. Andererseits ist er besonders durch die gefürchtete Bodenerosion gefährdet und bedarf deshalb spezieller Schutzmaßnahmen, die seine Erhaltung weitestgehend gewährleisten. Die Erosion ist durch die Weinbergumlegung und -neugestaltung sichtlich verstärkt worden, da hierdurch die Mauern und die damit verbundene Terrassierung wegfielen. Man versucht die dadurch entstandenen Nachteile u.a. durch Aufbringung einer Streuauflage zu begegnen, füllt aber auch mehr und mehr die Gassen zwischen den langen, hangauf - bzw. abwärtslaufenden Weinstockreihen etwa mit Graswuchs aus, so dass dadurch eine leidliche Bodenbefestigung eintritt. Das Hangklima, das sehr wichtige Faktoren zum Gedeihen der Weinkulturen beiträgt, kann freilich nur in differenziertem und kleinklimatischem Rahmen betrachtet werden, wenn seine großen Wirkungen deutlich gemacht werden sollen. Die vorwiegend nach Südwesten und Westen gerichteten Hänge empfangen gerade aus diesen Richtungen einen beträchtlichen und für sie ausreichenden Niederschlag. Durch die Keupersteilstufe werden die Wolken zum Aufsteigen gezwungen, die Hänge - im sogenannten Luv gelegen - erhalten auf diese Weise vermehrten Regen.
Die Jahresquote steigt z.B. von der Gegend westlich von Waiblingen und Fellbach von 500 - 650 mm auf ca. 750 - 800 mm an den genannten Hängen an. Dieser Steigungsregen wirkt sich bis in die höchsten Lagen des Schurwalds hinein aus. Die Keupermergel besitzen im allgemeinen eine gute Speichermöglichkeit für den Niederschlag, die relativ vielen Quellen auf den westwärts gerichteten Hängen zeigen dies klar an, wobei die zwischengeschalteten Sandsteinlagen durch ihre Klüfte dafür sorgen, dass in ihnen das Wasser gesammelt wird und an geeigneten Stellen auf den unterlagernden dichten Mergeln ans Tageslicht treten kann.

Die Sonneneinstrahlung ist an den Süd- und Südwesthängen besonders hoch. Sie ist am intensivsten im März und September, letztere Jahreszeit spielt für die Reifung der Trauben eine besonders wichtige Rolle. Viel von der Sonnenstrahlung geht im Sommer bekanntlich an die Lufttemperatur, die dadurch ihre höchsten Werte erreicht. Die unmittelbare Austrocknung des Bodens wird zwar durch den Pflanzenbewuchs vermindert, doch kann bei Süd- bis Südwestexposition der Weinberge der Sonnenschein zwischen den dem natürlichen Hangverlauf angepassten Weinstockreihen gut durchkommen, so dass die Schattenwirkung der Weinstöcke selber herabgesetzt wird. Auf der andern Seite wird bei dieser Hanglage auch die Windgeschwindigkeit herabgemindert, dem dann ein größerer Ausgleich der Temperatur in Erdbodennähe im Vergleich zum oberen Ende der Weinstöcke entspricht.
Im ganzen kann aber die Sonnenstrahlung bei der beschriebenen optimalen Hanglage voll zur Geltung kommen, was sich natürlich besonders auf die Qualität des Weines auswirkt. Im Frühjahr ist zwar die Intensität der Sonneneinstrahlung ausgesprochen hoch, doch bedeutet dies auch einen erheblichen Unterschied im Tagesgang der Temperatur: Bei Tage stärkeres Ansteigen der Temperatur im Talgrund, hangaufwärts Rückgang derselben, die Luftbewegung - von solchen Temperaturverhältnissen ausgelöst - nach oben gerichtet. In der Nacht ergibt sich ein umgekehrter thermischer Austausch der Luftmassen. Der Temperaturunterschied zwischen Tag und Nacht ist im Frühjahr größer als im Sommer, da vor allem in dieser Jahreszeit die Luftmassen auf den Höhen während der Nacht stark abgekühlt werden. Sie sinken dann gegen Morgen langsam hangabwärts, verdrängen die stärker erwärmte Luft, die im tieferen Teil des Tales im Verlaufe des Tages erzeugt worden ist. Wenn die Abkühlung sehr niedrige Werte erreicht, können Frostschäden in den Weinberganlagen entstehen. Oft zeitigt allerdings diese gefährliche Abkühlung differenzierte Auswirkungen, was einerseits mit den verschieden sich entwickelnden Weinsorten zusammenhängt, zum andern aber auch auf die unterschiedlichen Hangkleinlagen zurückzuführen ist, die den Temperatureinfluss nicht selten erheblich modifizieren. Der Name Schnait geht wohl auf Snait; -Sneite; - Schneise durch den Wald gehauener Weg zurück, womit angezeigt wird, dass der Ort an einer Stelle des Waldgebiets entstanden, wo dieser für eine menschliche Ansiedlung gerodet worden ist. Eine andere Version zur Namensentstehung bietet die Oberamtsbeschreibung Schorndorf von 1851, in der von Einschnitten an Bäumen zur Bezeichnung von Waldwegen die Rede ist.

Schnait taucht 1238 zum ersten Mal urkundlich auf. Im Südosten des Ortes stand die schon im 16. Jahrhundert verfallene Burg der Herren von Dürnau. Diese waren jedoch bereits Lehensträger der Württemberger, die sich schon im 11. Jahrhundert hier festgesetzt hatten. Später wechselten die Ortsherrschaften: Im 15. Jahrhundert die Urbacher, danach die Schenken von Limpurg (ab 1478). 1607 kommt der Ort ganz an Württemberg. Schon Anfang des 16. Jahrhunderts übersiedelten die Burgbewohner in das neu erstellte Schloss, das sogenannte Alte oder Untere Schloss (Silcherstraße 10+12).

In jener Zeit war allgemein die Umsiedlung aus den mittelalterlichen Burgen auf Bergeshöhen in Schlösser, die mitten in den Städten bzw. Orten, oder auch an deren Rand standen, in vollem Gange. Die wirtschaftliche Entwicklung Schnaits war schon früh mit dem Weinbau verbunden, zu dem später noch der Obstanbau hinzukam. In oben genannter Ortsbeschreibung heißt es hierzu u.a.: "Eigentlicher Ackerbau wird nicht betrieben. Im ganzen Ort ist weder Pflug noch Zugvieh und kein Einwohner erzeugt sein Brodbedürfniss selbst.... Der liebliche weiße und hellgelbe Schnaiter Wein, der beste des Bezirks, ist überall im Lande berühmt und schon vom Herbst an sehr angenehm zu trinken".

Das bereits aufgeführte Alte oder Untere Schloss bestand ursprünglich aus zwei Teilen: Dem Nordostbau und dem Hauptgebäude mit Scheuer und Hofmauer. Der erstere dürfte bald nach 1500 errichtet worden sein, 1590 erfolgte aber ein wichtiger Umbau.

Hiervon erhalten geblieben sind: Die Hallenkonstruktion im Erdgeschoss und die Ausmalung in Obergeschossen und Dachgeschoss. Das Hauptgebäude entstand später (um 1600), es weist über einem Doppelkeller eine Halle und im Innern künstlerisch gestaltete Obergeschosse auf. Das Obere oder Neue Schloss (Haldenstraße 23), 1609 von den Gaisbergern erbaut, ist mit einer Erkerkonsole aus jener Zeit versehen.

Im nördlichen Ortsteil stehen, vor allem in der Hochberg-, Silcher- und Haldenstraße bedeutsame Weingärtnerhäuser, von denen Silcherstraße 90 (um 1600) mit seinen schönen Schnitzereien besonders hervorgehoben sei. Das Gasthaus zum Hirsch blickt bis auf das Jahr 1753 zurück. In der Burgstraße 6 steht ein Haus mit Malereien im Dachgeschoss im sogenannten Sommerstubenstil.

Die Evangelische Kirche Sankt Wendelin lässt sich bis um 1500 zurückverfolgen. Aus jener Zeit stammt noch der Ostturm. 1747 erfolgte eine weitreichende Umgestaltung der Kirche, durch die sie Saalform erhielt.

Das Altarretabel von 1497 ist kunstgeschichtlich sogar berühmt geworden. Der Schrein mit Schnitzfiguren von Maria und vier Heiligen befindet sich an der Ostwand; am Schrein die Altarflügel mit Darstellung der Geburt Christi und Anbetung durch die drei Könige auf der Außenseite, die Verkündigung in zwei Bildern auf der Innenseite. An den Schiffswänden sind Steingrabmale derer von Gaisberg angebracht.
Großartig ist der umfangreiche Bildzyklus mit Darstellungen aus dem Leben Jesu an der Empore. Ferner sind - rein historisch - zu nennen: Das Rathaus von 1482, das im Jahr 1964 abgebrochen wurde und das Pfarrhaus von 1767, dem 1974 dasselbe geschah.
Das einstige Schulhaus von 1767 bei der Kirche ist inzwischen zum - an seinem Äußeren wie in seinem Inneren - sehenswerten Silcher-Museum umgestaltet worden, das die Erinnerung an den großen Liederkomponisten und Sohn der Weinstadter Teilgemeinde Friedrich Silcher (1789-1860) wach- und hochhält.

28. Baach (279 m NN)

Wenig unterhalb des Punktes wo der Schlierbach von Nordosten kommend sich mit dem von Südwesten herandrängenden Gunzenbach vereinigt, entstand vor alten Zeiten eine Mühle, an die sich im Laufe der Zeit ein kleiner Weiler anschloss. Erste urkundliche Erwähnung desselben wird im Jahre 1357 getan. Die Anlage einer Mühle in diesem Bereich legte sich nicht nur wegen des relativ hohen Gefälles der beiden Bäche, sondern auch infolge der durch die Vereinigung dieser beiden herbeigeführten, deutlich gesteigerten Wassermenge nahe. Schlier- und Gunzenbach mussten nun ihren Namen zugunsten eines Beutelsbaches aufgeben, der seinerseits eigenartigerweise ab Beutelsbach dem Schweizerbach in der Namengebung weichen musste.
Die weitere Geschichte Baachs ist nicht uninteressant. Der Wald tritt im untersten Schlierbachtal nach Osten deutlich zurück und räumt seinen Platz den grünen Wiesen, auf denen teilweise Obstbäume stehen. Die Fruchtbarkeit des Bodens dürfte nicht sonderlich hoch einzustufen sein, da der Untergrund bereits dem Unteren Stubensandstein zuzurechnen ist. Trotzdem scheint vom 15. bis 16. Jahrhundert hier sogar - freilich nur vereinzelt - Weinbau betrieben worden zu sein. Südexposition der Hänge im "Mühlhöfle" dürfte diesem fast ehrgeizigen Unternehmen zu Hilfe gekommen sein. Dass auch die Köhlerei wegen des beinahe allseitig sich ausbrei-

tenden Waldes gedieh, ist deshalb nicht verwunderlich. Der Fund vieler Ziegel im "Mühlhöfle", in der alten Oberamtsbeschreibung von Schorndorf erwähnt, bedarf hinsichtlich seines Herkommens wohl noch weiterer Aufklärung. Um 1345 ging das bisher teckische Baach an Württemberg, das den Ort zunächst dem Krummhardter, später Aichschießer, Ämtlein zuteilte. l45O legten die erbosten Esslinger im Städtekrieg den winzigen Ort in Schutt und Asche, aus dem er sich aber bis 1500 wie ein Phönix in erneuerter Gestalt wieder erhob. Im Dreißigjährigen Krieg scheint die Mühle jedoch eine neuerliche Zerstörung erlitten zu haben, von der sie sich erst im Verlaufe von Jahrzehnten zu erholen vermochte.
Wichtiges Datum wurde für den Ort das Jahr l842, als er an die Gemeinde Schnait und damit auch ans Oberamt Schorndorf kam. In der Folgezeit erlebte Baach aber offensichtlich einen wirtschaftlichen Niedergang, der sich vor allem auch in einem starken Rückgang der ohnehin geringen Bevölkerungszahl widerspiegelte. Dieser Vorgang kehrte sich allerdings nach dem 2. Weltkrieg wieder in einen Aufwärtstrend um. Gut erschlossene Wanderwege laden zum Besuch der ruhigen und reizvollen Waldtäler ein.

29. Strümpfelbach (296 m NN)

Der Ort liegt am Bach gleichen Namens. Dieser entspringt am Nordrand von Schanbach auf dem Schurwald. Der Höhenunterschied zeigt das erhebliche Gefälle des Baches bis nach Strümpfelbach an: 440 zu 296 m.
Die Quelle des Baches entspringt an der Untergrenze des Oberen Keupers, auch Rhät genannt, einem hellen, graugelblichen Sandstein, der auch mehr tonigen Charakter annehmen kann. Der Obere Keuper tritt auch im Westen des Schurwaldes auf und bildet dort eine ca. 5 m mächtige Schicht, die sich zwischen dem Überlagernden oder Hangenden des Schwarzjura alpha und dem Unterlagernden oder Liegenden des Knollenmergels einschaltet.
Oberhalb der Quelle stoßen wir bei Schanbach auf eine Hochebene, die sich von dort nach Nordwesten bis über Lobenrot hinaus, nach Norden bis Aichelberg und nach Südosten über Aichschieß bis etwa zur Höhenstraße Baltmannsweiler-Oberesslingen erstreckt. Dort biegt sie nach Nordosten um und greift in Gestalt einer schmäleren Zunge bis zum Goldboden über Winterbach. Diese Schwarzjura alpha-Platte ist durch die Bäche, die sich mit ihren tiefen Tälern in sie hineingefressen haben, stark zerstückelt und liegt eigentlich nur noch in geringen Resten dem unterlagernden Oberen und Mittleren Keuper auf. Die allgemeine Abtragung auf dem Schurwald

Strümpfelbach

ist mittlerweile schon so weit vorangeschritten, dass sie im Westen des Gebiets die ursprünglich durchgehende Schwarzjuraplatte inzwischen fast beseitigt hat.

Hohen Anteil an der Schurwald-Abtragung - jedenfalls in jüngerer Zeit - haben also die Bäche, die nach Norden zur Rems abgehen, aber ebenso auch die, die nach Süden zur Fils und zum Neckar hinabfließen. Der Strümpfelbach ist einer von denen, die ihren schnellen Lauf im Schurwald beginnen, mit Verlassen des Berglandes jedoch in die Waiblinger Bucht hinein einen gemächlicheren Schritt einlegen, um schließlich in recht verhaltener Weise in die Rems einzukommen. Zunächst bahnt sich der Bach seinen Weg durch ein schmales Tal, das beiderseits von schönem Mischwald bestanden ist. Dort wo der Strümpfelbach den Wald verlässt, öffnet sich die Landschaft langsam nach Norden. Die Hänge weichen im Osten und Westen etwas zurück, so dass ein schmaler Talboden entsteht, auf dem der Bach dahinläuft. Der Ort befindet sich zum Teil auf dem Talgrund, allerdings klettern die Häuserreihen noch etwas die Hänge hinauf, doch bleibt jener ein Talort, dessen Form der des Tales gut angepasst ist. Der Lauf des Ortsbaches, der nun in den Untergrund verwiesen ist, verlangsamt sich jetzt mehr und mehr. In der alten Oberamtsbeschreibung von Waiblingen heißt es noch von ihm "dass er geschlängelt sei", ein Zeichen

für die Laufverzögerung, die ab hier in Erscheinung tritt. Auf sie ist auch die Ausbildung eines leidlich breiten Talbodens zurückzuführen, deren Ursache zum einen in der verstärkten Seitenerosion des Baches zu suchen ist, zum andern wird dieser durch die langsamere Bewegung gezwungen die mitgeführte Schuttlast abzusetzen, zu sedimentieren. Das Ergebnis dieser Vorgänge ist eine Umformung des Kerbtales im oberen Abschnitt desselben in ein Sohlental, das bei Hochwasser weithin überschwemmt werden kann. Der überschwemmbare Bereich der Talsohle wird auch als Talaue bezeichnet.
In diesem zeitweise feuchten Gebiet treffen wir Feuchtwiesen und Auenwald an, der aber normalerweise nur entlang des Baches als Galeriewald ausgebildet ist. Der Strümpfelbach hat inzwischen durch Korrektionen seinen geschlängelten Lauf eingebüßt. Unweit der Seemühle vereinigt er sich mit dem Stettener Haldenbach, der ihm nun sein Laufgefälle nach Nordosten zur Rems aufzwingt.
Im Süden von Strümpfelbach geht ein enges Tal, der Hüttentobel, nach Süd-Südwesten ab. Er steigt in dieser Richtung hinauf bis in die Gegend östlich von Lobenrot, allerdings immer flacher werdend. Die Talformen widerspiegeln überraschend gut die unterlagernden Gesteinsformationen: Zunächst Kerbtalform in den Bunten Mergeln, die relativ leicht der Tiefenerosion durch das Wasser zum Opfer fallen. In dieser Höhenlage kommen von Westen her Quellbächlein in den Tobelbach ein. Talaufwärts verbreitert sich das Tal immer mehr zum Muldental im Stubensandstein, allerdings sind die untersten Hänge immer noch recht steil, wogegen hangaufwärts rasch Verbreiterung des Talquerschnitts eintritt. Diese Mischform von Kerb- und Muldental verliert sich bald nach Süden hin und zurück bleibt nur noch eine ganz flache Talung, die sich schließlich kaum mehr von ihrer Umgebung abhebt. Der ostexponierte Hang des Hüttentobels wird von Weinbergen eingenommen, deren untere Steilhänge jedoch in Wiesen bzw. Streuobstwiesen übergehen.
Auf der Ostseite des Tobels beginnen die Streuobstwiesen, die sich nach Osten bis zum Strümpfelbach und noch darüber hinaus hinziehen. Sie umgehen unseren Ort im Westen. Dort erfahren sie allerdings eine kurze Unterbrechung durch die Weinanlagen in der Lindhalde, die nach Südosten orientiert sind. Danach sind die ausgedehnten Hänge jenes Gewannes von den prächtigsten Streuobstwiesen bedeckt, die weithin unter Landschaftsschutz stehen. Hier soll noch einmal kurz die alte Oberamtsbeschreibung zu Wort kommen, die auch heute noch großenteils für dieses Gebiet zu-

trifft: "Das Obst gerät hier besonders gerne, namentlich Kirschen, welche fast nie fehlen; aber auch Pfirsiche und Aprikose gedeiht. Von Kernobst finden sich alle Gattungen.... Zwetschgen und Pflaumen sind seltener". Besonders hervorgehoben seien an dieser Stelle auch die eindrucksvollen alten Mostobst-Birnbäume, die manchmal wie Veteranen im Meer dieser Baumlandschaft wirken. Die Schönheit dieser Hänge im Frühjahr zur Blütezeit der verschiedenen Baumarten ist hinreißend. Zahlreiche Vogelarten, wie auch ein Heer von Insekten, finden hier den für sie geeigneten Lebensraum, der dafür freilich sonderlichen Schutzes bedarf. Oberhalb der Lindhalde beginnt bei ca. 400 m NN der Wald. Etwas unterhalb hiervon ist bei ca. 380-390 m eine Verebnung ausgebildet, die vom Unteren in den Mittleren Stubensandstein überleitet. Der Kammerforst südwestlich hiervon markiert wohl die nächste Stufe des Oberen Stubensandsteins. Nach Südosten ergibt sich im Schießackerhau (473 m) eine weitere Stufe, die bereits dem Schwarzjura alpha zugehört.

Wechseln wir nun auf die rechte Talseite des Strümpfelbachs über: Hier bietet sich uns sofort ein durchaus anderes Gesamtbild dar. Die Hänge sind vorwiegend nach Westen bis Südwesten orientiert, d.h. sie sind fast durchweg von Weinbauanlagen eingenommen. Die Weinberge steigen örtlich bis über 420 m NN hinauf und finden ihr Ende erst unmittelbar am Waldrand, vom Wald selber nur durch Wege getrennt. Hier dürfte sich einst vor der Reblandumlegung ein Steppenheidegürtel zwischen Wald und Weinberge eingeschoben haben, wie er jetzt nur noch in kümmerlichen Resten nördlich und südlich des Karlsteins in Erscheinung tritt. Der scharfe Schnitt zwischen Wald und Weinbergen ist jedenfalls nicht dem Wirken der Natur zuzuschreiben, sondern ausschließlich menschlichem Eingriff anzulasten. Die Weinberge reichen hangabwärts bis zu den ersten östlichen Häuserreihen Strümpfelbachs. Unterlagert werden sie von den Gesteinsschichten des Unteren und Mittleren Stubensandsteins, der Bunten Mergel und schließlich des Schilfsandsteins, welch letzterer aber durch seine relative Härte eine eigene, wenn auch nicht besonders in die Augen fallende, Stufe erzeugt hat, und auf dem zum Teil die vorgenannten Häuserreihen gebaut wurden.

Die Hänge wirken heutzutage auffallend geglättet, was offensichtlich mit der aufgeführten Umlegung zusammenhängt, die die kleinen Reliefunterschiede weitgehend beseitigt hat, um die Bearbeitung der Hänge zusätzlich zu erleichtern. Ehedem zogen sich hier wie anderwärts Tobel von der Höhe bis ins Tal hinab,die zwar zu Normalzeiten kein Niederschlagswas-

ser mit sich führten, jedoch nach Starkregen sowie entsprechender Schneeschmelze solches reichlich zu Tal schießen ließen. Diese Gefahr ist im Prinzip auch heute noch gegeben. Man sucht ihr allerdings dadurch zu begegnen, dass man künstliche Abflussrinnen geschaffen hat, die oberhalb des Ortes in mehrere Rückhaltebecken münden, die die Aufgabe haben, das überschießende Wasser zu stauen und es in möglichst geregelter Weise dem Strümpfelbach zuzuleiten. Ein solches Becken ist beispielsweise östlich von "in der Geiß", ein größeres weiter oberhalb des Aichelberger Weges angelegt worden.
In diesem Zusammenhang verdient auch das neugeschaffene Rückhaltebecken oberhalb des Freibades erwähnt zu werden, das einen wichtigen Beitrag zur Regulierung des Strümpfelbachs selber liefern soll. Die Lage der Weinberge auf der rechten Talseite des Strümpfelbachs muss als ausgesprochen günstig eingestuft werden. Die Hänge weisen zwar vorwiegend West- bis Südwestexposition auf, doch ergeben sich in den ehemaligen Tobeln sogar Südostlagen, so dass sich ein ganzes Spektrum von weinbaufreundlichen Lagen darstellt. Die Sonneneinstrahlung ist in den entscheidenden Monaten nirgendwo behindert, hier setzt nur die Exposition gewisse Grenzen. Die Winde aus Südwesten werden durch den Schurwald teilweise abgebremst, bzw. streichen über diesen hinweg und berühren dann die Weinberge verhältnismäßig wenig. Die kühleren Winde aus Westen bis Nordwesten werden ebenfalls durch den nach Nordwesten vorspringenden Schurwald in ihrer vollen Auswirkung behindert, so dass durch diesen Windstau eine ausgesprochen gute Erwärmung der Hänge hervorgebracht wird,die zur allgemeinen Qualitätsverbesserung des Weines einen erheblichen Beitrag leistet. Außerdem steigt die jährliche Niederschlagsmenge von der Waiblinger Bucht bis zur Schurwaldstufe von ca. 650 auf gut 750 mm an, bedingt durch den Vorgang des Wolkenaufstiegs, der diesen zu erhöhter Kondensation des Wasserdampfes in der Luft und zu nachfolgendem Regen veranlasst. Die gute Beregnung der Hänge beugt auch einer zu großen Austrocknung vor. Dies gilt besonders für die tonreichen Mergelböden wie sie vor allem in den Bunten Mergeln und im Gipskeuper anzutreffen sind. Hier ist aber auch zu beachten, dass die lockeren Mergel leicht die Hänge hinabtransportiert werden können, insbesondere durch starke Niederschläge, die sowohl in der Fläche, als auch über Rinnen - die späteren Tobel - ihre gefährliche Zerstörungsarbeit zuwege bringen. Ferner spielt die Schwerkraft überhaupt bei solchen Massenverlagerungen eine nicht zu unterschätzende Rolle, da sie die harten Sandsteinblö-

cke am Hang nach Loslösung aus ihrem Verband veranlasst, bergabwärts zu rollen.
Insgesamt ergibt sich an einem Steilhang der beschriebenen Art etwa folgende Entwicklung: Die harte Schwarzjura-Platte - wo vorhanden - widersteht relativ lange der Abtragung. Diese vollzieht sich eher am oberen Steilrand des Hanges durch Ablösung einzelner Steinblöcke, wodurch allerdings die Stufe immer mehr zurückweicht, bis schließlich die ganze Schwarzjura-Platte aufgelöst ist. Die Tonmergel in derselben suchen ebenfalls ihren Weg in die Tiefe, legen sich dabei jedoch flächenhaft über die unterlagernden weichen Knollenmergel und vermischen sich mehr oder weniger mit ihnen. Die Stubensandsteine bilden meist eine Steilstufe, können aber infolge ihres Mergelanteils auch zu gewissen Verebnungen führen. Die Bodenstruktur wechselt von schweren Tonmergelböden bis lockeren Sandböden - je nach unterlagerndem Ausgangsmaterial. Die Bunten Mergel zerfallen wieder leichter, ergeben aber wegen ihres Nährstoffreichtums und ihrer guten Entwässerung in Hanglage einen für die Weinberge besonders guten Boden, der außerdem nicht allzu schnell austrocknet. Kiesel- und Schilfsandstein wirken sich bezüglich Bodenbildung an den Steilhängen nur wenig aus.
Oft werden sie auch von abgetragenen Ton- und Kalkmergeln überdeckt. Der Gipskeuper erzeugt einen recht lockeren Boden, neigt deshalb bei größerer Hangneigung zu stärkerer Austrocknung, eignet sich aber trotzdem gut für den Weinbau, zumal die Anpflanzung des Trollingers.
"Striumphilbach" tritt urkundlich 1265 ins Licht der Geschichte, jedoch reicht seine Vergangenheit viel weiter zurück. Werkzeugfunde aus der späten Mittelsteinzeit, die auf der Lindhalde und auch an weiteren Stellen gemacht wurden und zum Teil in die Museen gefunden haben, beweisen dies. Strümpfelbach - der Ortsname ist bezüglich seiner Herkunft verschieden gedeutet worden, so auf die strumpfförmige Anlage des Dorfes im gleichnamigen Tal; auf einen See, dessen unterer Abfluss entweder verschlossen, oder auch geöffnet und mit dessen abfließendem Wasser eine Mühle betrieben werden konnte; auf einen Personennamen freilich nicht ganz klarer Schreibung, der aber bei der Gründung des Ortes eine wichtige Rolle gespielt haben könnte. Der Ort als solcher muss zwar als altwürttembergischer Besitz angesehen werden, doch waren hier auch die Klöster Salem, Bebenhausen und Denkendorf zeitweilig begütert. Die Weinerzeugung spielte seit alters für den Ort eine überragende Rolle. 1449 jedoch geriet ihm dies fast zum Verhängnis, fielen doch damals die Esslinger im

Städtekrieg in den württembergischen Besitz im Remstal ein, wobei sie die Strümpfelbacher in besonders bösartiger Weise dadurch bestraften, dass sie deren soeben neu erzeugten Wein in den Keltern - es waren bei 1500 Eimern - aus den Bütten heraus auf den Erdboden laufen ließen. Strümpfelbachs Ortsansicht ist einmalig, man könnte den Ort als ganzen ein "Weinbaugeschichtliches Freilandmuseum" nennen. In der Ortsmitte steht, zwar zwischen zwei Straßen, aber trotzdem behaglich hingelagert, das Rathaus von 1591. Man kann sich heute fast nicht mehr vorstellen, dass es in den 60er Jahren, als Verkehrshindernis angesehen, abgebrochen werden sollte. Dazu ist es glücklicherweise nicht gekommen, sondern umgekehrt zu einer Erneuerung, die den Ständerbau über dem Zusammenfluss von Strümpfel- und Hüttenbach zu einem Kleinod unter den Rathäusern ringsum - und darüber hinaus! - gemacht hat. Man weiß nicht, was man an ihm mehr bewundern soll, die geschickte Fachwerkkonstruktion, die Holzschnitzereien, oder die gut auch auf die Umgebung abgestimmte Bemalung. Sinnvoll wirkt auch die Aufstellung der wasserspendenden Nixe von Fritz Nuß in einem offenen Bachgewölbe unter dem Gebäude.

Dem Rathaus würdig zur Seite steht das Gasthaus zum Hirsch von 1629, dessen Fachwerkschmuck freilich nicht ganz einzigartig aus den vielen umgebenden Fachwerkgebäuden hervorsticht, die vor allem die Hauptstraße nördlich des Rathauses und die Hindenburgstraße südlich von ihm überaus malerisch säumen. Nicht alle denkmalgeschützten und -würdigen Gebäude können hier genannt werden, doch seien wenigstens einige stichwortartig aufgeführt.

Da ist Hauptstraße Nr. 4 (um 1570/80), die das Heimatmuseum beherbergt; Nr. 6 - wenn wir talabwärts nach Norden wandern - mit schöner Giebelzier (um 1600); Nr. 9 (18. Jahrhundert) Nr. 15 (ab 1609); Nr. 21 (1794); Nr. 28 mit Kellertor und Schnitzereien von 1788; Nr. 3o (Giebel von 1559; Nr. 32 (18. Jahrhundert); Nr. 33 (ab 1561); Nr. 34 (16. Jahrhundert); Nr. 39 (18. Jahrhundert); Nr. 42 (spätes 16. Jahrhundert); Nr. 43, eine typische Hausform – Bauernhaus, mit querstehender Scheuer dahinter verbunden - für Strümpfelbach; Nr. 44 (1607); Nr. 46 (1570); Nr. 48 (um 1600); Nr. 61 (Giebel um 1600); Nr. 65, ebenfalls dem Strümpfelbacher Haustypus zugehörig, mit nicht ganz leicht deutbaren Schnitzereidarstellungen. Die Hindenburgstraße schließt sich an das Rathaus geradlinig nach Süden an, sie machte, im Verein mit der Hauptstraße, aus dem alten Ort geradezu ein Straßendorf.

Hervorzuheben sind hier: Nr. 1, ein Weingärtnerhaus mit Giebelfachwerk

von 1570/80; Nr. 6 (1594) mit bemerkenswertem Giebel und eigenartigen Schnitzereien; Nr. 12 (1598); Nr. 14 (um 1600); Nr. 24 (1594); Nr. 38 (1570-80); Nr. 20 - fast kurios - ein Handwerkerhaus mit Rundbogentür und Ladenfenster, Damenschuh und Stulpenstiefel zeigen an, wer hier gearbeitet hat. Schließlich sei auch noch auf das ausgedehnte Anwesen in Oberdorf Nr. 5 aufmerksam gemacht, dessen Wohnhaus breitseitig zur Straße steht und dessen alte Scheuer uns ihre Schmalseite zeigt, die aber von einem großen Keller unterfahren wird.
Unweit davon schmiegt sich an den Streitberg die gleichnamige Kelter, auch Bittelwiesenkelter genannt, aus dem frühen 16. Jahrhundert, mit Resten der alten Dachstuhlkonstruktion. Die Sankt Jodocuskirche (evangelisch, in der Hindenburgstraße 31) sei noch einer besonderen, kurzen Betrachtung unterzogen. Sie entstand wohl zwischen den Jahren 1470 bis 1480 als spätgotische Chorturmanlage. Bei ihrer Erneuerung 1970/71 sind auch schöne Wand- und Deckengemälde freigelegt worden, unter denen Christus mit einem Engel, in der Kelter tätig, hervorsticht, aus der Erbauerzeit auch die insgesamt 12 Rundbilder an der Südwand, die sich mit den 10 Geboten beschäftigen. Die Renovierung von 1781 brachte an Neuerungen eine Gipsdecke, Empore und Gestühl ein. Die Bronzeeingangstür von Fritz Nuß besitzt einen hohen künstlerischen Wert. Westlich der Kirche erhebt sich das Pfarrhaus, östlich das Schulhaus aus dem Jahr 1866.

30. Stetten (265 m NN)

Bei Stetten reicht die Waiblinger Bucht am weitesten nach Süden. Der Keuperstufenrand des Schurwalds läuft von hier zum einen nach Nordwesten und zum andern nach Nordosten weg. Stetten muss man, so gesehen, bereits der Waiblinger Bucht zurechnen. Es darf aber nicht übersehen werden, dass hier auch noch ein zweites Strukturelement wesentlich landschaftsgestaltend ist. Der Ort wird nämlich von dem insgesamt etwa 10 km langen Stettener Haldenbach durchflossen, der den Schurwaldrand - ähnlich wie Strümpfel- und Beutelsbach - zersägt hat. Durch diesen Vorgang hat sich südlich von Stetten eine Tallandschaft ergeben, deren Reize mit denen der beiden vorgenannten Täler durchaus wetteifern kann, zumal wenn man die Fortsetzung des Haldenbachtales nach Südosten mit hinzu nimmt, die gänzlich von schönem Mischwald ausgefüllt und die beiderseits des Baches bis Aichschieß hinauf unter Naturschutz gestellt worden ist. Der Bach beginnt in Aichschieß, unter schlichterem Namen als Stette-

Bei Stetten

ner Bach, am Waldrand südwestlich jenes Ortes aus den unteren Schichten des Schwarzjura alpha heraus seinen Lauf durch ein ziemlich enges Kerbtal, zahlreiche kleine Schlingen bildend, weil diese nur wenig Entfaltungsmöglichkeiten nach den Seiten hin erhalten. Andererseits kann man aber auch gut die Entwicklung solcher Kleinmäander verfolgen, zumal man den Bach vom Ursprung bis fast nach Stetten auf gutem Weg begleiten kann. Von Norden und insbesondere Süden her kommen - wie gewohnt in ähnlichen Fällen im Schurwald - tief eingeschnittene, kleinere und größere Klingen in das Haupttal ein. Mit dem Austritt des Haldenbachs aus dem Wald beginnt sich das Tal, aber auch der Talboden, zu weiten. An den Hängen breiten sich jetzt Wiesen aus, die teilweise in Obstbaumwiesen übergehen. Die Bewirtschaftung der einzelnen Flächenstücke erfolgt jedoch, wie so manchenorts im mittleren und unteren Remstal, nicht mehr gleichmäßig, so dass die Hangwiesen da und dort langsam in Ödflächen übergehen. Hier scheint sich langsam eine Entwicklung anzubahnen, die nicht einfach sich selber überlassen werden kann, sondern zu Überlegungen und entsprechenden Maßnahmen führen sollte, die als Landschaftspflege bezeichnet werden können.
Von Westen her kommt nun der Mönchwiesenbach in das Haldental ein, der in seinem unteren Teil von Streuobstwiesen umgeben ist, in seinem oberen Teil jedoch in Wiesen übergeht. Die Formen des Haldenbachtales haben sich inzwischen ebenfalls geändert. Bis fast zum Ende des Waldgebietes ist das Bachbett in die vorwiegend härteren Stubensandsteinschichten eingesenkt und deshalb kerbförmig gestaltet. Nun aber treten weiche Bunte Mergel in Erscheinung, die vom Schilfsandstein unterlagert werden. Dies hat einen Hangknick und eine gewisse Verflachung des Hanges zur Folge, der freilich alsbald wieder in den Bunten Mergeln eine steilere Form annimmt. Hier setzen dann links und rechts der Straße, die nach Wäldenbronn führt, Weinberge ein, die weiter nach Norden hin an den

Hängen immer breiteren Raum einnehmend aus Süd- in Nordexposition übergehen und damit ihre günstige Lage einbüßen.
Die klimatischen Gegebenheiten machen diesen Nachteil bis zu einem gewissen Grad wett. Die Steilstufe des Schurwalds schirmt die Anlagen nach Westen gegen scharfen Wind ab und auch der Nordwestwind wird von dem weit in diese Richtung vorspringenden Höhengebiet wirksam abgebremst. Mehrere steilwandige Klingen haben sich in diesem Bereich in den Nordrand des Schurwaldes hineingefressen. Neben dem bereits beschriebenen Mönchwiesenbach kommt der Gehrnwiesenbach bereits im Süden von Stetten in den Haldenbach ein.
In seinem oberen Abschnitt zeigt er sich besonders tief in den Untergrund eingegraben und trägt hier die Bezeichnung Ständlesklinge. Kein Weg führt durch diese zum nahe gelegenen Kamm des Schurwalds hinauf, der hier eine Einsattelung zwischen Katzenkopf im Süden und Kernen im Norden bildet. Dieser Sattel hängt mit dem Gehrnwiesenbach auf der einen und dem Krebsbach auf der andern Seite zusammen, welch letzterer sich von Südwesten zum Kamm herangearbeitet hat, so dass dieser hier infolge der von beiden Seiten her intensiv betriebenen Abtragung recht schmal geworden ist. So dürfte schon bald der sogenannte Kampf um die Wasserscheide einsetzen, die Frage also zu entscheiden sein, wer als erster von den beiden Bächen den Kamm erreicht und das Wasser des andern zu sich herüberzieht. Beide haben in dieser interessanten Auseinandersetzung ihre Vorteile. Der Gehrnwiesenbach hat mit der Rems die etwas tiefere Erosionsbasis gegenüber dem südlichen Widersacher, der zum Neckar abfällt, aufzuweisen (225/235 m NN), der Krebsbach jedoch, der bald in den größeren Hainbach übergeht, hat beim letzteren das Schichtfallen nach Südosten auf seiner Seite, während Gehrnwiesen- und Haldenbach etwa ab Stetten mit dem Schichtstreichen konform gehen."
Südöstlich des genannten Sattels ragt der Katzenkopf etwa 50 m über jenen auf (493 m) und im Norden erhebt sich der Kernen mit 512,6 m zu noch stolzerer Höhe. Den Ruhm allerdings, der höchste Berg des Schurwaldes zu sein, muss er mit der Oberberkener Mäderwies (beim Wasserturm 513,2 m) teilen, die ihn also noch um eine Winzigkeit übertrifft.
Wenn wir von Süden her zum Kernen wandern, bewegen wir uns zunächst auf Stubensandstein, der an dem zuvor beschriebenen Sattel mit den Mittleren Lagen aufwartet, dann nach Norden stetig ansteigt und am Fuße des letzten Stockwerks, das noch einmal steiler zur Bergspitze hinaufleitet, in den Knollenmergel eintritt - man beachte die unruhiger werdenden Ober-

flächenformen! - und hangaufwärts in Schwarzjura, der hier weithin als grau-gelber Angulatensandstein in Erscheinung tritt, übergeht. Wenn wir nun den hochragenden Aussichtsturm besteigen - und das sollten wir unbedingt tun! - dann haben wir von dort oben einen überaus freien Blick fast ringsum über den Wald hinweg, der nicht anders denn als großartig bezeichnet werden muss. lm Norden breitet sich das dunkle Band des Schwäbisch-Fränkischen Waldes bzw. der Buocher Höhe, der Berglen und - schon mehr nach Osten hin - des Welzheimer Waldes aus. Nach dieser Richtung sinkt zwar der Schurwald selber ab, doch verfängt sich der Blick hier mehr im grünen Waldmeer. Nach Süden aber schweift jener über den Neckareinschnitt hinweg und über das hügelige Albvorland zur hochragenden Mauer der Schwäbischen Alb. Mit unseren Augen können wir sie weit nach Südwesten verfolgen, bis sie sich in blaugrauer Ferne schließlich verliert. Wenn wir die Rundwanderung unseres Blickes fortsetzen, ahnen wir mehr in unergründlicher Ferne die wuchtige Front der Schwarzwaldhöhen. Vor sie schiebt sich jetzt der dunkle Wald des Schönbuchs, mit den Höhen um Stuttgart im näheren Vordergrund. Im Nordwesten - und damit wandert unser Blick über das insgesamt flachere Mittlere Neckarland hinweg - hebt sich deutlich die langgezogene Kette des Strombergs über ihre Umgebung hinaus. Und wenn wir das Glück einer ungestörten Fernsicht haben, können wir unmittelbar links vom Lemberg sogar den Katzenbuckel erkennen, der in den Odenwald überleitet. Zuletzt aber noch einen Blick hinab auf unseren Ort und auf den lang sich hinziehenden Westhang des Haldenbachtals. Ganze 250 m Höhenunterschied liegen zwischen uns in luftiger Höhe und dem Talgrund, in dem zwar Alt-Stetten noch ausreichenden Platz fand, dessen Raumangebot aber dem ausufernden Neu-Stetten längst nicht mehr genügte, das sich deshalb zunächst an den Ost- und Westhängen des Tales nach oben ausdehnte, später aber den großen Schritt ins "Feld" nach Norden hinaustat und sich damit tatsächlich Luft in seiner Enge verschaffte.

Im Südosten des Ortes erhebt sich auf einer Verebnung, die wohl durch Kieselsandstein bedingt ist, der wuchtige Viereckturm der Ruine Yburg (ca. 325 m NN), der - freilich renovierte - Überrest einer einstigen mittelalterlichen Burg. Die malerische Wirkung derselben kommt vor allem dadurch zustande, dass sie rings von den Weinbergen umgeben ist und deshalb eine erwünschte Abwechslung in diese hineinträgt, zumal sich auch das Sandstein-Mauerwerk gut in die Landschaft einfügt.

Weiter oberhalb am Hang tritt erneut und nun eine noch deutlichere Ver-

flachung bei ungefähr 360 m NN ein, dort wo auch die Weinberge enden. Wir befinden uns hier bei den sogenannten "Sieben Linden", wo sich eine gute Aussicht nach Stetten hinab bietet. Hier dürften auch - auf Grund von Schichtvergleichen mit dem umgebenden Gebiet - die Bunten Mergel enden und dem zur Verebnung neigenden Unteren Stubensandstein Platz machen. Die Trockenheit auf den westexponierten, sandigen und wenig Humus enthaltenden Böden nimmt derart zu, dass sich bereits Anzeichen von Steppenheide bemerkbar machen, was sich im reichlichen Auftreten etwa der Karthäusernelke äußert. Der zunehmend magere Boden ist für den Weinstock nicht mehr geeignet, ihn fruchtbar zu machen, würde eine unverhältnismäßig hohe Düngung erfordern. Die sonst in solchen Gebieten einsetzende Obstbaum-Landschaft fehlt hier noch, sie macht sich aber weiter oben am Hang geltend, wo der Boden wieder mergeliger, aber auch tiefgründiger wird und nicht mehr sonderlich von Austrocknung bedroht wird. Dort gewinnen auch die üblichen Wiesengräser die Vorherrschaft und verdrängen die Steppenheidevegetation.
Diese Entwicklung kann gerade in dem Gebiet zwischen Weinanlagen und Wald besonders gut studiert werden. Nach Nordosten nehmen die Streuobstanlagen immer mehr zu und erfüllen dann ein Gebiet, das weit in dieser Richtung landschaftsbestimmend ist. Der Stettener Haldenbach vereinigt sich im Nordosten des Ortes mit dem Strümpfelbach und hält nun die Laufrichtung bis Endersbach und damit zur Rems bei. Die mäßig hügelige Landschaft gehört in diesem Bereich vorwiegend dem Ackerbau zu. Sie kann von der Lindhalde aus gut eingesehen werden, wie überhaupt sich der Blick von hier in die Waiblinger Bucht hinein öffnet.
1229 ist die erste urkundliche Bezeugung des Ortes. Wie bei manch anderen Orten des Remstales geht die Besiedlung jedoch viel weiter in die Geschichte zurück. 1241 ist die nächste Jahreszahl, die in das Licht der Geschichte tritt. Hier taucht mit Eberhard, einem Truchsessen, der erste Vertreter der nachfolgenden Herren von Stetten auf. Sie hatten dieses Amt, das die Aufsicht über Haus und Tafel an vornehmem Hof in sich schloss, bis 1507 inne. Die Stettener waren Lehensträger der Württemberger, sie besaßen neben Stetten auch die Orte Schanbach und Lobenrot auf dem Schurwald. Ende 14. Jahrhundert verlegten die Stettener ihren Sitz von der Yburg in ein neu (ab 1384) erbautes Schloss im Tal - und folgten damit schon früh einem Trend der Zeit, der die Burgherren ihre Wohnsitze nun inmitten ihrer Untertanen aufschlagen ließ. Auf der Yburg verblieben aber zunächst noch die Yburger Herren. Im 16./17. Jahrhundert befand sich

Stetten im Besitz der Thumb von Neuburg, allein schon 1664/66 gaben sie diesen an Württemberg ab. Das Schloss erfuhr nun weiteren Ausbau und diente im 17./18. Jahrhundert württembergischen Herzoginnen als Wohnsitz. 1831 wurde es in eine Erziehungsanstalt umgewandelt und seit 1863 besteht in ihm - sowie späteren Erweiterungsbauten - eine Kinderheil- und Pflegeanstalt von großer Bedeutung.
Der Hauptflügel gliedert sich in den Liebensteinischen Bau, der im Erdgeschoss den bemerkenswert gut stukkierten und bemalten Altansaal enthält und den Eberhardinischen Bau von 1722/23, mit dem der Name der damals berüchtigten Herzogs-Mätresse von Grävenitz verbunden ist. Der Kirchenflügel wird gemeinhin als Bonnscher Bau bezeichnet, der eine prächtig geschmückte Kapelle von 1681/82, einen eigenartigen Altar sowie zwei Kanzeln, links und rechts von ihm, aufzuweisen hat. Ein weiterer Bau besticht durch seinen schön gestalteten barocken Volutengiebel. Von der Evangelischen Kirche Sankt Maria und Veit im Ort steht noch der spätgotische Westturm von 1471. Das Schiff als Quersaal wurde 1698 neu erbaut. Kanzel und Altar sind stukkiert, sie stammen mit dem Taufstein von 1698. Ein Holzepitaph und ein Sandsteingrabmal gehören den Neuburgern zu. Bei der Kirche: Pfarrhaus (1805), ehemaliges und heutiges Rathaus(1550/51 und 1840/41) stehen am Kirchplatz unter Nr. 1, 9 und 11.
An Bürger- und Weingärtnerhäusern seien hier aufgeführt: Gasthaus zum Ochsen, Kirchstraße 13, mit Barockportal und sehenswertem Wirtsschild. In Hindenburgstraße 24 (von 1620) ist das Heimatmuseum untergebracht, Grundriss und innere Ausmalung vermitteln ein gutes Bild von der Wohnkultur des 17. Jahrhunderts. Am Haus Nr. 37 ist ein prächtiger Kellertorflügel von 1799 zu sehen. In der Mühlstraße sind Nr. 5, Gasthaus zum Lamm (1752) und Küferhaus Nr. 9 (1721) sowie die Dorfmühle von 1621 sehenswert, ebenso in Klosterstraße 21 ein alter Fachwerkgiebel von 1568. Auch die Glockenkelter, Hindenburgstraße 43, deren Glocke zur Traubenlesezeit jeweils am Ende von der Tagesarbeit geläutet wurde, sollte besichtigt werden. Die Pfefferstraße erinnert an den Pfeffer von Stetten (1769-1842), ein schwäbisches Original, dessen Anekdoten und Aussprüche nicht nur in Stetten, sondern landesweit die Runde machten.

31. Rommelshausen (271 m NN)

Der Ort schließt im Norden an Waiblingen an, von diesem jedoch getrennt, einmal durch das natürlich entstandene Tal des Schüttelgrabens und zum andern durch die Anlage der neuen B 29, die jenen östlich von Fellbach bis zur Rems hin für ihre Zwecke benutzt. Im Süden breitet sich die Teilgemeinde von Kernen bis zum Beibach aus, überschreitet hierbei den Krätten- oder Krettenbach, der sein eingedohltes Gewässer dem Schüttelgraben zuführt. Letzterer ist ebenfalls fast ganz von der Erdoberfläche verschwunden und in seinem Oberlauf nur noch durch die Talform einigermaßen erkennbar.

Alte Karten zeigen, dass der Schüttelgraben am östlichen Ende von Fellbach seinen Lauf aufnahm und sich dann in dieser Richtung bis zur Rems erstreckte. Schon bald nach seinem Ursprung erhielt er Zuflüsse aus dem Süden in Form von zwei Bächen, die in den Gewannen Hasentanz und Geifitzenäcker ihren Ausgang nahmen, jetzt jedoch nur noch in flachen Talungen erhalten geblieben sind. Interessanterweise wird der Geifitzenbach - wie wir ihn hier nennen wollen - an seinem östlichen Rand von Schotterablagerungen begleitet, die immerhin ein höheres Alter aufweisen dürften und ein deutlich größeres Einzugsgebiet des Baches im Süden nahezulegen scheinen. Beide Bäche ziehen von Süden nach Norden, halten sich also weder ans Schichtenfallen noch Streichen des Gesteinsuntergrundes: ersteres geht nach Südosten, das zweite hat Südwest-Nordostrichtung inne. Auch der Krättenbach hält in seinem Unterlauf dieselbe Richtung, nämlich nach Norden, ein. Dieser beginnt seinen Lauf innerhalb des Schurwalds. Die eng eingeschnittene Diebsklinge zeigt wohl sein Ursprungsgebiet an, auch wenn er jetzt etwas östlich hiervon in einem kleinen Teich seinen Ausgang nimmt.

Im Blick auf die Oberflächenform des Tales ist es bedeutsam, dass die Diebsklinge zwar im Bereich des stark fallenden Geländes - innerhalb des Waldes - ausgebildet ist, diese schroffe Form alsbald im flacheren Terrain verliert, später aber, ab der Straße Stetten-Fellbach sich erneut deutlich in den Untergrund einschneidet, um schließlich gegen die Rems zu sich wieder zu sanfteren Hangformen zu bequemen.

Das Gefälle des Beibachs schließt sich ganz eng an das Schichtstreichen des Gesteins an, nur in seinem Oberlauf, wo er aus dem Schurwald, bzw. dessen Steilstufe heraustritt, hält er sich an das Relief, das nun einmal von Süden nach Norden abfällt. Von Westen her erhält der Beibach einen Zufluss durch den Haldenbach, der mit seinem Tal auch jetzt noch bis zur Höhenstraße auf dem Schurwald hinaufgreift und dort in einer engen Klinge endet. Insgesamt ist das Gelände in unserem Bereich von Süden nach Norden geneigt und zwar von ca. 340 - 320 m am Waldende des Schur-

walds bis auf 229 m in Waiblingen. Der Südteil der Waiblinger Bucht, in deren Mitte sich unser Rommelshausen niedergelassen hat, hat aber auch ein Gefälle von Westen nach Osten. So stehen wir in Fellbach auf 290 m NN, in Rommelshausen sind es noch 270 m und in Endersbach gar befinden wir uns bei 240 m. Der allgemeine Anstieg von Rommelshausen nach Stetten geht zögernder vonstatten als der vom Ort in Richtung Südwesten zum Schurwald-Steilrand, da der Stettener Haldenbach durch seine kräftige Abtragungsarbeit das allgemeine Oberflächenniveau in seinem Bereich inzwischen recht tief heruntergeschaltet hat.
Bei der Betrachtung der geologischen Karte unseres Gebiets fällt sogleich auf, dass zwischen ihm und dem Schurwald im Süden und der Buocher Höhe im Norden erhebliche Unterschiede bestehen. Diese tun sich nicht nur im bereits besprochenen Relief kund, sondern auch im Gesteinsuntergrund. So haben wir in den beiden Hochgebieten alle Keuperschichten stockwerkartig übereinander aufgebaut vor uns, wogegen der Südflügel der Waiblinger Bucht weithin von Löss und vor allem Lösslehm bedeckt ist, aus dem nur da und dort inselartig die Schichten des Unteren Keupers und des Gipskeupers herausragen. Der erstere ist vor allem am Rande der Bachtäler erschlossen, so etwa im Schüttelgraben und im unteren Krättenbachtal, aber auch am unteren Beibach stoßen wir auf ihn. Der Untere Keuper - früher auch Lettenkeuper genannt - ist also in den betreffenden Gebieten durch die Erosion von Bächen freigelegt worden. Er dürfte ganz allgemein das große Lössgebiet unterlagern, jedoch wegen der nicht unerheblichen Dicke der Lössschichten - sie beträgt mehr als 5 Meter - eben nur in kleineren Fenstern in der Landschaft erscheinen. Löss und Unterer Keuper ihrerseits werden vom Muschelkalk unterlagert, wie etwa im untersten Remstal zwischen Waiblingen und Neckarrems klar zu ersehen ist. Damit ist die Waiblinger Bucht noch der Muschelkalk- oder Gäulandschaft zuzurechnen, deren Hauptgebiet westlich des Neckars liegt und dort hinüber bis zum Schwarzwald reicht, sowie sich nach Süden in einem immer schmaler werdenden Gürtel zwischen Schwarzwald und Schwäbischen Alb bis zum Hochrhein etwa bei Waldshut zieht. Im Norden wird dieser Gürtel im Neckargebiet zwischen Schwäbisch-Fränkischem Wald einerseits und Stromberg/Heuchelberg andererseits bis fast zum Verschwinden eingeengt. Erst im Bereich von Kocher- und Jagstmündung erlangt die Gäulandschaft im Frankenland eine ungewöhnliche Breite zwischen Odenwald und Spessart im Westen und Frankenhöhe, Steigerwald und Haßberge im Osten. Die Tauber durchfließt auf fast ihrem ganzen Weg diese Ge-

steinszone und auch der Main durchmisst in einem Riesenbogen zwischen Haßfurt-Schweinfurt-Würzburg-Gemünden dieselbe, die weiter im Norden erst hinter der Saale bei Mellrichstadt endet. In unserem Gebiet, das uns in erster Linie hier beschäftigt, greift die Gäulandschaft in der Waiblinger und auch Backnanger Bucht deutlich in die Keuperschichtstufe ein. Bei der letzteren ist dies in besonders hohem Maße der Fall, bedingt durch eine Hebungsachse, die vom Nordschwarzwald herüberkommt und sich mindestens bis in jene Bucht hinein auswirkt. Im Bereich des Schwäbisch-Fränkischen Sattels sind die Keuperschichten stärker als andernorts ausgeräumt worden, wodurch die Gäulandschaft hier erheblich an Raum gewonnen hat.

Eine Eigentümlichkeit der Gäulandschaft zwischen Schwarzwald und unseren beiden Buchten besteht nun darin, dass sich zwar östlich jenes Gebirges alsbald ein Muschelkalkgürtel anschließt, dieser jedoch gegen den Neckar hin zunächst vom Unteren Keuper abgelöst wird, der aber seinerseits im Strohgäu und Langen Feld ganz vom Löss und dessen Weiterentwicklungen überdeckt wird. Genau dieser Zustand bleibt bis zum Rand der Keupersteilstufe erhalten. Landschaftlich, bzw. vom Relief her gesehen, gehört also der Untere Keuper und gehören die Lössflächen der Gäulandschaft zu. Deren Schnittfläche übergreift auch noch jene beiden. Die Mächtigkeit des Unteren Keupers übertrifft die des Lösses mit gut 15 m nicht besonders.

Das Gelände steigt südlich und südwestlich von Rommelshausen nun stärker an und wir betreten jetzt die Schichten des Gipskeupers. In ihm sind - wie vielfach anderwärts - die ausgedehnten Streuobstwiesen angelegt, auf die der Landschaftsschutz bereits seine Hand gelegt hat, oder im Begriff ist, dieses zu tun. Südlich des Ortsteils Hangweide gehen die Obstbaumwiesen in Ackerland über, im Bereich des feuchteren Beibachgeländes in Wiesen. Die Streuobstwiesen schieben sich im Süden bis an den Wald heran, im Osten müssen sie den Weinbaugebieten um Stetten weichen und im Südwesten beginnt sich dieselbe Nutzungszone in Richtung Fellbach breit zu machen. Der Weinbau reicht nach oben bis zu den Bunten Mergeln. Schilf- und Kieselsandstein treten an den Hängen nur in wenig breiten Verflachungen hervor. Schließlich erobert der Stubensandstein die Höhenlandschaft und gibt einem Mischwald Lebensraum. Wie wir bereits gesehen haben, bestimmt die Lössformation fast die gesamte weitere Umgebung des Ortes, nur am Schüttelgraben ist der Untere Keuper und auch oberster Muschelkalk an der Erdoberfläche anzutreffen. Am Krätten- und

Beibach und weiterhin gegen Fellbach zu, bildet der Gipskeuper die oberste geologische Schicht. Bezüglich des Unteren Keupers sei hier angemerkt, dass am Schüttelgraben vor allem Sandsteinschichten anstehen, die aber wegen des Straßenbaus und der Umgestaltungen der Böschungen mit ihren Neubepflanzungen kaum in Erscheinung treten. Die Sandsteine haben im übrigen eine graugrüne Farbe, weisen eine schiefrige Schichtung auf und enthalten viel kleinblättrigen Glimmer. In Richtung Fellbach gehen diese Sandsteine mehr in Wechsel von Mergeln, gelben Dolomiten und sogar grünen Letten über, wie es überhaupt ein Kennzeichen des Unteren Keupers ist, in der Horizontalen überraschend oft mit den Schichten zu wechseln, wodurch eine genaue Bestimmung der Schichtlagerung jeweils nur an Ort und Stelle möglich ist. Im Süden von Rommelshausen - über die Jägerstraße erreichbar - ist ein kleiner römischer Gutshof ausgegraben worden. Er war ab dem späteren 2. Jahrhundert n. Chr. bis Mitte des 3. Jahrhunderts und wohl auch eine gewisse Zeit darüber hinaus, bewohnt, zuletzt von den Alemannen. Von den verschiedenen Zwecken dienenden Baulichkeiten konnte das Wohngebäude restauriert werden. Darin war wohl teilweise eine Fußbodenheizung - Hypocaustum - eingebaut, der Wohnraum besaß einen Estrichboden. Unter dem Gebäude stieß man auf einen Keller, aus Backsteinen mit Fugenverputz aufgeführt, mit Nischen und Lichtschächten ausgestattet.

Im Jahr 1137 wird der Ort als Rumoldeshausen erstmals genannt, in Verbindung mit einem Ortsadel, der bald danach unter württembergische Oberherrschaft geriet. Auch die Herzöge von Teck hatten hier zeitweilig (etwa um 1300) Besitz. 1457 ist von einem Schafhof mit ausgedehntem Weiderecht die Rede. Die Evangelische Kirche Sankt Mauritius geht in ihren Ursprüngen bis in das 14., wenn nicht gar 13. Jahrhundert, zurück. Damals wurde sie als Chorturmkirche konzipiert. 1843/44 erhielt sie im neugotischen Stil ihre jetzige Gestalt. Es lohnt sich, die Fresken im Chorbogen und Chor zu betrachten und auch das Altarkreuz aus dem l6. Jahrhundert nicht zu vergessen. Zu der Kirche gehören das alte Rathaus aus dem Jahr 1777, sowie der ehemalige Pfarrhof (16. Jahrhundert) mit Pfarrhaus, Pfarrscheuer (aus dem Jahr 1743), Wasch- und Backhaus. Wo sich Haupt- und Pfarrstraße treffen, stehen Bauernhäuser aus dem 18. Jahrhundert. Zum einstigen Schafhof, der der herzoglichen Verwaltung unterstand, gehören noch das Maierhaus (Schafstraße 23 und 23/1) und die Stallscheuer.

32. Endersbach (241 m NN)

Die Rems verläuft zwischen Winterbach und der Gegend zwischen Grunbach und Großheppach im sogenannten Remstalgraben. Es handelt sich hierbei um eine Störung, deren Charakter als Bruch (Verwerfung), oder nur als Verbiegung (Flexur), im einzelnen noch nicht hinreichend geklärt ist. Dass hier jedoch eine tektonische Störung besteht, scheint hinreichend nachgewiesen zu sein. Die Asymmetrie des Remstales gerade auf der Höhe von Endersbach, fällt regelrecht in die Augen. lm Norden die Taleinfassung durch einen ausgeprägten Steilhang, an dessen Fuß sich zunächst die Rems gleichsam entlang schlängelt. Später, in Richtung Beinstein, tritt der Hang etwas nach Norden zurück, nähert sich aber in Waiblingen alsbald wieder dem Fluss. Im Süden dagegen schwingt das Tal weit in diese Himmelsrichtung aus, so dass es fast schwer fällt, jenes gegen das Bergland abzugrenzen. Das Gelände steigt zuerst nur langsam, dann freilich merklicher gegen den Keuperstufen-Steilrand an, der im Sonnenberg (389 m) nordöstlich von Strümpfelbach schon fast erklommen ist. Östlich des Ortes treten wir in das flache Tal des Schweizerbaches ein, der vom Schurwald herabkommt und dann über Schnait und Beutelsbach die Rems erreicht. Der Ort selber wird vom Haldenbach, allerdings in der Hauptsache unterirdisch, durchmessen; dieser kommt in einem künstlich angelegten Winkel in die Rems ein. Der frühere Zulauf erfolgte einst im rechten Winkel. Dies musste sich aber bei bedeutender Wasserführung des Baches als auch Flusses sehr nachteilig in der Weise auswirken, dass die stärkere Rems durch den schwächeren Bach in ihrem Fluss kaum gehemmt, jener jedoch wegen des schroffen Auftreffens auf die Rems geradezu gestaut wurde, so dass sich mit Notwendigkeit ergab, was in der alten Beschreibung des Oberamts Waiblingen so ausgedrückt wird: „...welcher mehrmals austritt und dem Orte Schaden bringt". Auch nach Westen gewinnt die Landschaft langsam an Höhe. Dort fließt der Beibach etwa parallel zum Haldenbach ebenfalls - durch Straßenbau und Bahn bedingt - teilweise unterirdisch der Rems zu, auch hier nach Westen,aus zuvor dargelegtem Grund, abgewinkelt.

Sonnenberg bei Endersbach

Kehren wir nun noch einmal auf die Nordseite des Tales zurück und widmen wir uns etwas genauer der geologischen Lage. Der Südhang des Gewanns Beutelstein hebt sich hier schroff und unvermittelt aus der Remstalsohle heraus, hervorgerufen durch die nördliche Störung des Remstalgrabens. Dies wird daran deutlich, dass ab hier auch tiefere, und zwar ganz andere Gesteinsschichten zutage treten, als wir sie bisher auf unserem ganzen Wege ab Ursprung der Rems kennen gelernt haben.
Ehedem waren die Schichten des Oberen Muschelkalks durch verschiedene Steinbrüche gut erschlossen, die aber jetzt zum Teil verfüllt worden sind, so dass deren Schichtung nicht mehr genügend eingesehen bzw. studiert werden kann. Es ist aber an dieser Stelle noch anzumerken, dass die einst erschlossenen Schichten bis fast an den unteren Beginn der sogenannten Nodosusschichten - der mittlere Abschnitt des Oberen Muschelkalks - reichte und damit eine Einsichtnahme in einen Großteil dieses Komplexes ermöglichten. Der Beutelstein ist in seinem zentralen Teil, der im Süden an die Steinbrüche grenzt, von Weinbergen bedeckt. Diese ziehen sich hinauf bis zur Hohen Straße, die, von Korb herkommend, den Höhenrücken zwischen Rems und Heppach längs durchquert und im Südwesten von Großheppach in diesen Ort ankommt. Zu den tieferen Lagen zur Rems hin gehören Streuobstablagen, die im Westen des Beutelsteins ein großes Areal für sich in Anspruch nehmen, in der Mitte aber und im Norden ebenfalls Weinbauanlagen aufweisen. Da es sich in diesem Gebiet um Südhänge handelt, bietet sich diese Art von landwirtschaftlicher Nutzung fast von selbst an.
In der Talaue trat einst in einer Quelle Mineralwasser in nicht unerheblichem Umfang zutage, doch ist die Schüttung offenbar später so zurückgegangen, dass sich die Nutzung des Wassers nicht mehr lohnte. Der Zusammenhang mit den Quellen in Beinstein, die den Remstalsprudel liefern, liegt natürlich auf der Hand. Auch auf dieses Phänomen werden wir deshalb unter "Beinstein" noch genauer eingehen.
Eine etwas andere Landschaftsgestaltung zeigt sich uns im Süden des Ortes. Die langsam nach Süden ansteigenden Flächen sind vorwiegend von Äckern bedeckt, da auch hier der Untergrund vom Löss bestimmt wird, der eine entsprechende Fruchtbarkeit des Bodens gewährleistet. Schon in der alten Oberamtsbeschreibung von Waiblingen heißt es von den Endersbachern, sie "leben mehr vom Acker, als vom Weinbau". Außerdem sei "der Boden sehr fruchtbar an allen „Erzeugnissen". Beim Getreideanbau wird vor allem die Sommergerste hervorgehoben, sowie - einigermaßen unge-

wöhnlich - der Flachsanbau, von dem es ebendort heißt, dass er zwar "nicht besonders fein, aber lang und gut“ sei. Nicht zu vergessen die Wiesen, die nach jener alten Beschreibung sogar noch ein größeres Areal einnahmen als die Weinanlagen. Nicht uninteressant dürfte an dieser Stelle sein, auch die Angaben einzubringen, die in der alten Beschreibung hinsichtlich Verteilung der Markung nach landwirtschaftlichen Gesichtspunkten gemacht werden, auch wenn diese natürlich in unserer Zeit so nicht mehr ohne weiteres zutreffen. Es werden z.B. aufgeführt: 1168 Morgen Acker, 375 Morgen Wiesen und 264 Morgen Weinberge.
Die Wiesen waren wohl in erster Linie an den Halden- und Beibachhängen, im Osten gegen den Schweizerbach zu und im Süden im stärker gegen das Käppele ansteigenden Gelände anzutreffen. Beim letzteren beginnt ja auch wieder das Weinbaugebiet, das nahtlos in die großen Weinanlagen um Beutels- und Strümpfelbach übergeht. Die ehemalige Markung von Endersbach griff schlauchartig weit nach Süden bis in die Umgebung von Strümpfelbach aus, von Osten her stark durch Beutelsbach und Schnait und von Westen her durch Stetten und Romelshausen eingeengt. Da der Ort jetzt jedoch zu Weinstadt gehört, spielt die östliche Begrenzung nur noch eine untergeordnete Rolle, während im Westen die Grenze zur Gemeinde Kernen bestehen geblieben ist. Auf ein paar landschaftliche Besonderheiten sei noch zusätzlich hingewiesen.
Zum einen auf den Aussichtspunkt Schützenhütte auf dem Sonnenberg und wenig südlich hiervon den Klingenberg, die beide, da von Weinbergen freigehalten, eine eigentümliche Steppenheidevegetation ihr eigen nennen, die durch eine besondere Flora gekennzeichnet wird, wie etwa das reichliche Vorkommen der Karthäusernelke. Wichtiger aber noch ist der Hinweis auf den teils natürlich vorgegebenen, teils durch menschliche Eingriffe im Werden sich befindliche Beibach-Biotop östlich von Rommelshausen. Allerdings muss an dieser Stelle sogleich vermerkt werden, dass diese Biotop-Entwicklung von der Gemeinde Kernen ins Werk gesetzt worden ist, da sich der Biotop in der Hauptsache auf der Markung dieser Gemeinde befindet.
Die Umverteilung des Gebietes auf Endersbach mag dadurch einigermaßen gerechtfertigt erscheinen, als der östliche Talhang des Beibachs in diesem Bereich zum Teil zur Gemeinde Weinstadt gehört und dieser sich zwanglos in den größeren Rahmen fügt. Da das Beibachtal nur durch den Ortsteil Hangweide menschlicherseits besiedelt ist, bietet sich ein solches Experiment durchaus an. In der naturlandschaftsnahen Gestaltung des Bio-

tops spielt der Beibach selber und seine unmittelbare Umgebung die Hauptrolle.
Die Talaue des Baches ist von Natur aus hinreichend breit entwickelt, weshalb das Gewässer früher nicht den jetzigen geradlinigen Verlauf einhielt, sondern sich in Form von Schlingen durch die Wiesenlandschaft bewegte. Diese wurden durch menschlichen Eingriff zwecks Entwässerung und Gewinnung von nutzbaren Wiesen weithin eliminiert. Nun soll der Bach wieder jenem seinem natürlichen Lauf angeglichen werden, was selbstverständlich auch entsprechende Auswirkungen auf die Neugestaltung der Flora in dem Gesamtgebiet nach sich ziehen wird. Das ganze wird wohl nach und nach die Gestalt eines Feuchtbiotopes annehmen und man darf gespannt sein, wie sich die weitere Entwicklung des Schutzgebietes anlassen wird.
Im Jahr 1278 erscheint Endersbach als "Andrespach" - der Name seiner Herkunft nach umstritten. Schon früh kam der Ort in württembergischen Besitz. Auch eine Burg scheint hier bestanden zu haben, da sie in der Auseinandersetzung zwischen den Grafen von Hohenberg und Württemberg eine gewisse Rolle spielte, die mit ihrer Zerstörung endete.
Die Besitzverhältnisse im einzelnen wechselten im Ort recht häufig, so dass es wenig Sinn hätte, hier im einzelnen darauf einzugehen. Sehr detaillierte Angaben hierzu, die sozial- und wirtschaftsgeschichtlich interessant sind, finden sich zu unserem Ort in der alten Oberamtsbeschreibung von Waiblingen. Im Sommer 1707 tritt Endersbach ins Licht der großen Geschichte jener Zeit, als während des Spanischen Erbfolgekrieges die Franzosen nach ihrem Übergang über den Neckar in der Nähe des Ortes lagern.
An bedeutsamen Bau- und Kulturdenkmälern seien aufgeführt: Die Evangelische Kirche St. Agatha (Schulstraße), eine Chorturmanlage, stammt in ihren ältesten Teilen im Schiff von 1469, doch ging an ihrer Stelle 1429 bereits eine Kapelle gleichen Namens voraus.
Bemerkenswert die stuckierten Decken in Schiff und Chor. Von der Innenausstattung verdienen ferner hervorgehoben zu werden: Taufstein (um 1470), sowie ein steinernes und hölzernes Epitaph (nach 1603/nach 1609). Nahebei (Schulstraße 8) das Pfarrhaus von 1771 und unweit hiervon das in seinem Fachwerk bis ins 16. Jahrhundert zurückgehende Rathaus (Traubenstraße 2). Das sehenswerte Heimatmuseum, mit dem Namen P. Hekeler eng verbunden, ist in Schulstraße 12 untergebracht.
An der Pflasterstraße, die an die Traubenstraße im Norden anschließt, bedeutsam das Gebäude Nr. 14, dessen Ursprünge als Bauernhaus mit eigen-

artigem Fachwerk bis in das 15. Jahrhundert zurückweisen. Etwas jünger Nr. 10 (um 1600) und Nr. 4 (1585). Fachwerkgeschmückt auch Schmidgasse Nr. 13 (1567/68), Kornstraße 3 und Müllergasse 8, die Untere Mühle von 1617 und später. Das Gasthaus zum Rössle, an der Ecke Waiblinger und Strümpfelbacher Straße, ist mit einer ganzen Baugruppe verbunden und hält mit dem Reiterlesstein und Resten eines Pferdegöbels einige historische Reminiszenzen für Interessierte bereit. Gut 1 km südlich des Ortes liegt am Rande der Weinberge im "Käppele" eine ehemalige Wallfahrtskapelle aus der Zeit um 1450, deren Reste nach dem 2. Weltkrieg renoviert wurden.
Ein überraschend umfassender Ausblick vom Weg Endersbach-Käppele mag in diesem Zusammenhang gleichfalls erwähnt werden. Am Fahrweg nach Strümpfelbach sind noch sogenannte "Grueba" (im Schwäbischen: ausruhen) erhalten, steinere Bänke zum leichteren Absetzen und Aufnehmen von Traglasten, die in den Ort getragen wurden. Am gleichen Weg steht wenig seitab die Happenhaldenkelter von 1827. Für Endersbach und Umgebung bedeutsam ist die große Industrie-Ansiedlung mit einem großen Nudelfabrik-Komplex, der die ehemalige Talauenlandschaft wesentlich verändert hat.

33. Beinstein (226 m NN)

Der heutige Ort grenzt im Süden fast an die Rems, aber der alte Ortskern befindet sich ein gutes Stück weiter im Norden und gruppiert sich im wesentlichen um die Straßen im Berg, Rathaus-, Groß- und Kleinheppacher Straße. Der Form nach könnte also bei unserem Ort von einem Straßendorf ausgegangen werden, an dessen Kristallisationskern sich dann im Laufe der Zeit, besonders aber nach dem 2. Weltkrieg, weitere Siedlungsgebiete, vor allem im Norden, aber auch im Süden, angelagert haben.
Einst floss die Rems nur wenig südlich der Waiblinger Straße und parallel zu ihr, machte dann aber einen scharfen Bogen etwas östlich der Endersbacher Straße nach Süden und erreichte ihr jetziges Bett in der Gegend der Beibachmündung. Dieser Verlauf des alten Remsbettes kann noch gut auf der Karte in der alten Oberamtsbeschreibung von Waiblingen erkannt werden. Allerdings ist dort schon das neue Remsbett eingezeichnet, das offenbar einen Durchstich im Gelände erforderlich machte, um zunächst wieder an den Hang im Süden heranzukommen und damit auch den alten Remsarm entwässern zu können.

Im weiteren Verlauf gegen Waiblingen schwingt die Rems dann wieder an den Südrand der Talaue, an dem sie bis zum Beginn des historischen Waiblingen, mit hartem Muschelkalkuntergrund, bleibt, jedoch von letzterem gezwungen wird, nach Osten auszuweichen. Im Zuge dieser Remsverlegung hat dann auch die alte Bundesstraße 29 südlich der Ortschaft Beinstein eine neue Streckenführung auf der Höhe über dem Fluss erhalten.
Im Südosten des Ortes schließt sich unmittelbar an denselben ein ungewöhnlich flaches Gebiet an, die sogenannten Sulzwiesen. Diese Landschaft, die sich nach Osten bis Ost-Endersbach hinzieht, ist auf eine eigenartige Weise geprägt worden. Zunächst fällt ja, wenn man in sie eintritt, der riesige Gebäudekomplex am westlichen Ende, dort wo der Ort beginnt oder zu Ende geht, auf.
Es handelt sich hierbei um die Remstal-Quellen-Anlage, die aus mehreren Bohrlöchern, die durch kleine Überbauten geschützt sind, ihr Mineralwasser empfängt. Zu bedenken ist zunächst einmal, dass die Sulzwiesen überhaupt einen hohen Grundwasserspiegel aufweisen. Aus diesem Grunde floss einst reichlich Wasser aus verschiedenen Quellen, das in westliche Richtung abging und dort alsbald sich in die nahe vorbeifließende Rems ergoss.
Diese Situation lässt sich noch gut auf der alten - bereits angeführten Karte aus dem Jahr 1850 - erkennen. Inzwischen ist der Grundwasserspiegel aus mehreren Gründen abgesunken, so dass die Sulzwiesen nunmehr relativ trocken geworden sind. Außerdem wurden Gräben durch die Ebene gezogen, die für weitere Entwässerung Sorge tragen.
Das Absinken des allgemeinen Grundwasserspiegels hängt natürlich in erster Linie mit der Entnahme des Mineralwassers aus dem Untergrund zusammen, wozu noch die Abführung von Trinkwasser für den Ort kommt. Beide Wasserarten müssen aber bis zu einem gewissen Grad unterschieden werden und zwar nicht nur hinsichtlich ihrer Trinkwasserqualität, sondern auch bezüglich ihrer Herkunft.
Danach scheint das Mineralwasser einen durchaus längeren unterirdischen Weg als etwa das dem Talgrund entnommene normale Trinkwasser zu durchmessen. Gewisse Beobachtungen beziehungsweise Untersuchungen weisen darauf hin, dass das Mineralwasser mindestens zu einem Teil aus der südlichen Waiblinger Bucht, aus der Fellbacher Gegend, aber auch aus dem nordwestlichen Schurwald stammt. Die Streichlinien der Gesteinsschichten verlaufen für den unterirdischen Abfluss des Wassers in dieser Richtung nicht ungünstig.

Steinbruch bei Beinstein

Die Bezeichnung "Mineralwasser" wird übrigens im Normalfall dann einem Quellwasser verliehen, wenn der Anteil der gelösten Stoffe auf 1 kg Flüssigkeit mindestens 1 g beträgt. Bei der Remstal- und Elisabethenquelle in unserem Raum wird von einem Calcium-Magnesium-Natrium-Hydrogenkarbonat-Sulfat-Mineralwasser gesprochen. Der anteilmäßig hohe Gehalt gerade an Sulfat-Karbonat und -Chlorid zeigt an, dass das Wasser insbesondere den Mittleren und Oberen Muschelkalk sowie den Gipskeuper durchflossen und dabei gewisse Stoffe aus diesen Schichten aufgenommen hat, bevor es wieder an der Erdoberfläche austritt. Zwar ist das Mineralwasser inzwischen durch einige mehrere Meter tief gebrachte Bohrungen erschlossen worden, doch hat es in der davor liegenden Zeit ganz von selber diesen Weg nach oben genommen, allerdings dürfte die Schüttung einst relativ gering gewesen sein. Immerhin wird bereits 1442 der "Sauerwiesen" bei Beinstein Erwähnung getan und nachher ist dann von einem gewissen Badewesen die Rede, insbesondere im 19. Jahrhundert. 1896 wird zum ersten Mal die Hauptquelle gefasst und ein kleiner Bau zum Schutz vor unberechtigtem Zugriff darüber errichtet.

Zur Hauptquelle kamen später die Parkquelle und die Wirtschaftsquelle hinzu, inzwischen ist eine Vereinfachung der Bezeichnungen eingetreten, so dass nur noch von Remstal- und Elisabethenquelle gesprochen wird.

Es ist kein Zufall, dass das Mineralwasser gerade in den Sulzwiesen aufdringt. Im Norden, d.h. am Fuße des dort ansteigenden Steilhangs läuft ja die große Remstalstörung durch, die von Aldingen bis nach Großheppach reicht. Da auch im Süden eine Störung, als Bruch oder Flexur, anzunehmen ist, stehen wir bei diesem Phänomen bezüglich Lage und Aufbau der Gesteinsschichten vor einer Grabenbildung. Dass an solchen offenkundigen Störungen Mineralwasser an der Erdoberfläche heraustritt, ist auch sonst keine ungewöhnliche Erscheinung. Durch die Einsenkung der Schichten im Graben entstehen im Randbereich natürlicherweise Spalten, die den Weg des Wassers nach oben freigeben. Wenn dann noch ein entsprechender sogenannter hydrostatischer Druck von unten her dazukommt - und dies ist bei den Beinsteinquellen der Fall - muss das Wasser geradezu mit Gewalt aus dem Erdinnern heraus befördert werden. Die Sulzwiesen sind weithin von fruchtbaren Äckern und Wiesen bedeckt. Die einst stärker hervorgetretene Naturlandschaft, ehedem gefördert vor allem auch durch den andersartigen Remsverlauf, ist durch eben diesen menschlichen Eingriff in erheblichem Maße in eine gleichartige Kulturlandschaft abgewandelt worden.

Allerdings fehlt es neuerdings auch nicht an Versuchen, die Naturlandschaft wieder deutlicher zur Geltung zu bringen. So sind z.B. an den Gräben, die zur Entwässerung des Gebietes angelegt wurden, kleine Biotope entstanden, die freilich gerade wegen dieser Eigenschaft auch leicht übersehen werden können. Diese Gräben heben sich teilweise sogar über ihre Umgebung hinaus, fallen aber trotzdem nicht sonderlich ins Auge - was nicht zum Nachteil für sie gereichen dürfte.

An den Gräben hat sich ziemlich rasch im Laufe der Zeit eine bemerkenswerte Flora und auch Fauna entwickelt, die aber besonderen Schutzes bedarf, um weiter gedeihen zu können. An Pflanzenvertretern seien aufgeführt die Binsen und Seggen, dazu das penetrant - wenn blühend - duftende Mädesüß und der ebenfalls durch schöne, jedoch rote Blüten in Erscheinung tretende Gemeine Baldrian.

Der ihm an Farbe ähnliche, in der Form jedoch ganz unähnliche, in der Höhe ihn aber übertreffende Blutweiderich kann auch kaum, wenn er blüht, übersehen werden. Die ökologischen Zusammenhänge werden noch ergänzt durch die zahlreich anzutreffenden Insekten, die ihre Nahrung an den Pflanzen finden und die ihrerseits die Nahrungsgrundlage für etwa die Vögel abgeben. Letztere finden ihren Lebensraum allerdings nicht nur in diesem Gebiet vor, sondern auch an dem nach Norden steil ansteigenden Hang, der von Obstbaumwiesen, an den unzugänglicheren Stellen jedoch von Gebüsch, eingenommen wird. Diese und andere Zusammenhänge zu erkennen und entsprechende schützende und pflegerische Maßnahmen anzuwenden, darf als eine vordringliche Aufgabe angesehen werden und

sollte auch jedem Natur- und Landschaftsfreund am Herzen liegen. Zum Landschaftsbild an dem steilen, nach Süden gerichteten Hang tragen, wenngleich nicht unbedingt positiv, auch die verschiedenen Steinbrüche, die vor längerer Zeit in ihm angelegt, später jedoch aufgelassen worden sind, bei. Es handelt sich hierbei um freigelegte Gesteinsschichten des Oberen Muschelkalkes, der sich im wesentlichen aus den tiefer liegenden Nodosus- und den diese überlagernden Semipartitusschichten zusammensetzt. Die letzteren zeigen sich hier freilich teilweise durch gelbe Dolomitbänke ersetzt. Die Ausbildung dieses sogenannten Trigonodus-Dolomits kann hier gut studiert werden. Die Aufschlüsse sind aber leider nicht mehr gut zugänglich. Der Abbau der blaugrauen Nodosuskalke und der darüber liegenden Dolomite hat in all den Steinbrüchen, die sich an dem Südhang zwischen Endersbach und Beinstein entlangziehen, stattgefunden. Der Trigonodusdolomit ist noch allenthalben erschlossen, dagegen kaum noch der Nodosuskalk, da die Steinbrüche, die einst wesentlich tiefer gereicht haben, inzwischen fast verfüllt worden sind.
Die tektonische Lage scheint auf der Südseite der Rems gegenüber unserem Ort ziemlich klar zu sein. Hier wird die Südstörung des Remstalgrabens im Relief gut greifbar. Zwischen unterem Beibach und dem Schüttelgraben weiter im Westen hebt sich das Gelände deutlich an, was - allerdings in geringerem Umfang - dem Ansteigen des Hanges im Norden des Ortes entspricht. Auf dieser Anhöhe verläuft die alte sowie neue B 29. Weiter in südlicher Richtung verflacht sich die Landschaft jedoch alsbald wieder, so dass sowohl gegen Rommelshausen als auch Stetten hin keine wesentliche Erhöhung des Terrains mehr eintritt. Die genannten höheren Lagen sind von Äckern bedeckt, an den Abhängen gegen die Rems zu werden diese aber teilweise auch von Obstbaumwiesen ersetzt. Streuobstwiesen treffen wir auch am Hang gegen den Hörschbach an und im Norden tritt dieses Landschaftselement erneut in Erscheinung; im Osten wird das Gebiet sogar noch stärker von ihm beherrscht. Hier nimmt freilich der Weinbau ein größeres Areal gegen die Markungsgrenze von Korb-Kleinheppach zu und neuerdings auch nördlich der Großheppacher Straße für sich in Anspruch.
Die Geschichte Beinsteins beginnt bereits - ähnlich wie in mehreren Nachbarorten - in der Jungsteinzeit und ist damals von der Bandkeramischen Kultur des Großraums um Waiblingen und Stuttgart geprägt worden. Mehrere Hinweise auf Siedlungen haben sich durch Grabungen ergeben. Der Name Beinstein geht wohl auf "Baienstein" zurück, womit ein römisches

Grabmal aus dem 2. Jahrhundert n. Chr. bezeichnet wurde, das in der Nähe der Evangelischen Kirche Aufstellung gefunden hatte. Hier lief auch die Römerstraße Rhein-Donau über das Remstal vorbei, an ihm lag ein römischer Gutshof. Der "Baienstein" ist erstmals 1129/30 bezeugt, aber auch schon Anfang des 14. Jahrhundert in Abgang gekommen. Mit dem Baienstein-Gutshof verbunden war eine Töpferei, die in der Nähe der Schüttelgraben-Mündung in die alte Rems tätig war. Die berühmte Terra sigillata, die der Anfertigung der verschiedenerlei Töpferwaren diente, lag sicherlich in Grundstoffform nicht weitab im Lössgebiet in hinreichendem Ausmaß vor.
Wie die Orte Waiblingen und Winterbach gehörte Beinstein im 11. Jahrhundert zum Hausgut der Salierkaiser, von denen Heinrich IV, im Jahr 1086 diesen namentlich, als zu seinem Besitztum zählend, nennt. Mit Waiblingen zusammen gelangt Beinstein um 1250 an die Württemberger als Erben der Staufer in diesem Bereich. Später besaßen hier geistliche Herrschaften aus Speyer, Weil und Kaisersheim und auch das Spital in Eßlingen einige Güter. Der Dreißigjährige Krieg und die Französischen Revolutionskriege zogen den Ort in schwere Mitleidenschaft. Im Westen des alten Ortskerns steht seit 1470 die Evangelische Kirche St. Stephanus. Turmreste reichen noch bis ins 13. Jahrhundert zurück. 1622/23 wurde dem Turm ein Glockenraum, 1843 ein Helm aufgesetzt. Im Innern zieht das Netzrippengewölbe des Chores den Blick auf sich, ebenso die Orgel mit ihrem Gehäuse von 1730. Außerdem finden sich hier interessante Wandgemälde, wie etwa die sogenannte Hostienmühle und ein Marienzyklus vor.
Eindrucksvoll auch der Deckenschmuck des Schiffs mit Reliefmedaillons (um 1690). Darunter am Chorbogen die reichverzierte Kanzel mit bemerkenswerten Figuren aus derselben Zeit. Das Altarkreuz vom 16. Jahrhundert, sowie ein Grabmal aus dem 17. Jahrhundert, vervollständigen die Innenausstattung in passender Weise.
Beim Alten Friedhof befindet sich auch das Pfarrhaus mit Pfarrscheuer, außerdem das Back- und Waschhaus aus dem Jahr 1745. Unweit davon baut sich das Rathaus von 1582 mit der Freitreppe von 1844 auf. Am Rathaus hat der Dorfbrunnen aus dem 17. Jahrhundert Aufstellung gefunden, freilich in erneuerter Form. An der Kleinheppacher Straße steht unter der Hausnummer 7 ein beachtliches Fachwerkhaus aus dem Jahr 1601, Bergstraße 10 sogar eines von 1552, dazu gesellt sich in der Rathausstraße 86 eines von 1570/80. Zu erwähnen bleibt auch die sogenannte Geheime

Mühle, die bereits 1442 belegt ist, ihren jetzigen Bestand jedoch erst dem Wiederaufbau nach einem Brand im Jahre 1923 verdankt. Zu ihr führt über die Rems eine schmale Brücke, aus Sandsteinquadern 1825/26 errichtet. Anzumerken bleibt noch, dass Beinstein im Jahr 1971 nach Waiblingen eingemeindet wurde.

34. Waiblingen (229 m NN)

Die Stadt liegt an einem wichtigen Schnittpunkt zweier voneinander sehr verschiedener Tallandschaftsformen. Während flussaufwärts das Gewässer der Rems einen im Wesentlichen gestreckten Lauf einhält, geht es ab dieser Stadt ziemlich plötzlich in eine gewundene Form über, die sich flussabwärts mehr und mehr verstärkt und bis zur Einmündung in den Neckar bei Neckarrems in dieser Art und Weise Bestand hat.
Aber nicht nur der Fluss selber verändert seine Laufform, sondern auch das Tal als ganzes gewinnt ab Waiblingen ein ganz anderes Gesicht, als es sich oberhalb desselben darbietet. Während das Tal flussaufwärts zum einen eine verhältnismäßig breite Sohle aufzuweisen hat, von der im Süden die Hänge flach, im Norden aber ziemlich schroff in die Höhe streben und weiter in östlicher Richtung zwar mit beiderseits hoch hinaufreichenden Hängen aufwartet, aber einen breiten Talboden beibehält, erfährt gerade der letztere ab Waiblingen einen bedeutsamen Wandel dergestalt, dass dieser nun von beiden Seiten her erheblich eingeengt wird. Das Tal insgesamt erhält dadurch einen ausgesprochen schmalen Charakter, der die Durchgangsmöglichkeiten bezüglich von Wegen und Straßen spürbar einschränkt.
Eigentliche Straßen finden hier fast auf der ganzen Strecke keinen wirklich ausreichenden Platz mehr und auch die Wegmöglichkeiten werden flussabwärts immer mehr reduziert. Dabei bietet die rechte Seite der Rems für Weganlagen im allgemeinen günstigere Voraussetzungen als die Gegenseite. Diese auffallende Verschiedenheit der beiden Tallandschaften ober- und unterhalb von unserem Ort ist keineswegs durch Zufall entstanden, sondern hat verschiedene Gründe.
Bei Betrachtung der geologischen Karte, beziehungsweise der Spezialkarte, fällt sofort auf, dass sich unser Ort in der Hauptsache in einem sogenannten Graben, dem Remstalgraben, angesiedelt hat. Dieser wird sowohl im Norden als auch Süden von einer Störung begrenzt, die den Bereich dazwischen in nicht unerheblicher Weise hat einsinken 1assen. Die nördliche

Störung des Grabens beginnt im Nordwesten mitten in Aldingen und verläuft danach nördlich der Harthöhe, südwestlich von Hegnach vorbei, direkt auf das alte Waiblingen zu, das davon etwa in seiner Mitte durchschnitten wird.

Alsdann verlegt sich die Verwerfung in der Remstalaue nach Norden an den Fuß des Steilhangs, der sich von Beinstein bis nach Großheppach hinzieht. Die südliche Störung bildet dazu einen auffallend parallelen Verlauf, der in der Gegend des Holzbaches südlich von Aldingen beginnt, nordöstlich von Öffingen den Ruckgraben überquert, sodann auf die Stadt Waiblingen zuführt, dieses im Westen, Südwesten und Süden durchschneidet und über den unteren Schüttelgraben hinweg sich - mindestens in morphologischer Hinsicht - in der Gegend südlich von Beinstein in dem Gelände verliert. Diese Grabenbildung ist nicht allerorten gleichmäßig erfolgt - wenn man die Verhältnisse mit der Umgebung sowohl im Norden als auch Süden des Grabens vergleicht.

Danach sieht es so aus, als ob die Einsenkung an der nördlichen Störung in größerem Ausmaß als an ihrer Gegenseite im Süden vonstatten gegangen sei. Außerdem nehmen die Verschiebungsbeträge von Waiblingen nach Aldingen mehr und mehr ab.

Während sie bei Waiblingen im Norden bei 30 Meter bis 40 Meter liegen, gehen sie bei Aldingen auf etwa 10 Meter zurück, und während sie an ihrem Südrand in Waiblingen nur gut 20 Meter betragen, sinken sie südlich von Aldingen ebenfalls auf nur 10 Meter ab. An diesen Gegebenheiten wird zumindest dies deutlich, dass die Grabenbildung nicht gleichmäßig in ihrer ganzen Ausdehnung vor sich gegangen ist, sondern sich in mehrere Abschnitte zerlegt, die sich im Verhältnis zueinander ebenfalls verschoben haben und nur in ihrer Gesamttendenz einen Graben entstehen haben lassen.

Wir wollen uns nun aber wieder dem Remstal selbst zuwenden. Hier ist zunächst festzustellen, dass der Fluss seinen bisherigen Lauf von Osten nach Westen südlich von Beinstein aufgibt und sich langsam nach Nordwesten einpendelt, aber auch diese Richtung nur bis an den Ostrand von Alt-Waiblingen beibehält. Von da ab strebt er nach Norden, welche Richtung er erst westlich von Hohenacker aufgibt, um auf seinem letzten Abschnitt noch einmal - wenn auch in mehreren Bögen - in den alten Ostwest-Verlauf einzukommen. Es stellt sich die Frage, weshalb es gerade zu dieser Anlage des Flusses gekommen ist, da nach Lage verschiedener Dinge eine andersartige Richtung für die Rems durchaus näher gelegen hätte.

Die Rems bei Waiblingen

Denn es ist doch an dieser Stelle zu bedenken, dass die wesentliche Richtungsänderung des Flusses, wie sie zuvor aufgezeigt worden ist, in Waiblingen eintritt, also genau an dem Punkt wo der Remstalgraben von Nordwesten kommend das Tal, im engeren Sinn verstanden, schneidet.
Demnach wäre anzunehmen, dass der Fluss über den tiefer gelegenen Graben den Weg zum Neckar gesucht und natürlich auch gefunden hätte. Dass aber die Rems ab Waiblingen mehr und mehr nach Norden umgebogen ist, lässt kaum einen anderen Schluss zu, als dass der Grabeneinbruch erst nach Anlage des jetzigen Talverlaufs stattgefunden hat.
Immerhin hat die Grabenbildung bewirkt, dass die verschiedenen Gesteinsschichten - wie wir bereits gesehen haben - wesentlich tiefer als in ihrer nördlichen und südlichen Umgebung zu liegen gekommen sind. Der Fluss hätte sicherlich von dem Graben bei seinem weiteren Verlauf Gebrauch gemacht, wenn jener bereits bei seiner Frühanlage vorhanden gewesen wäre. Von einem alten Flussbett der Rems, das durch den Graben gegangen wäre, kann, da jeglicher konkrete Hinweis darauf fehlt, keine Rede sein. Wieso hat also der Fluss diese unerwartete Laufrichtung eingeschlagen? Zusätzlich ist anzuführen, dass die Rems gerade ab Waiblingen ganz und gar in die Gesteinsschichten des harten Muschelkalkes übergetreten ist und damit die im allgemeinen weicheren Schichten des Keupers, die

Steinbruch bei Neckarrems

entschieden leichter im Graben auszuräumen gewesen wären, für immer verlassen hat.

Des Rätsels Lösung dürfte in enger Verbindung mit der Schichtlagerung des Erduntergrundes zu suchen sein. Danach beobachten wir im Süden der Waiblinger Bucht, den westlichen Teil des Schurwaldes eingeschlossen, ein allgemeines Schichtfallen von Nordwesten nach Südosten. Dagegen neigen sich diese nördlich unseres Remsabschnitts deutlich nach Nordosten in Richtung einer Mulde, die sich etwa von Poppenweiler über Hochdorf und Bittenfeld bis nach Winnenden erstreckt. In ihr hat sogar - verständlicherweise - ein Bach, der Zipfelbach nämlich, seinen Platz gefunden. Die relativ kleine Hochdorf-Bittenfelder Mulde wird freilich im Norden dann wieder vom Backnanger Sattel begrenzt, dem östlichen Flügel des großen Schwäbisch-Fränkischen Sattels, der bis zum Nordschwarzwald reicht. Unser Fluss bewegt sich also ab Waiblingen langsam aber sicher auf die genannte Mulde zu, ohne allerdings ganz in diese einzugehen. Der Einfluss der Mulde auf den Lauf der untersten Rems konnte sich deshalb auf jenen auswirken, weil diese schon vor Anlage unseres Flusses gegeben war, oder sich gleichzeitig mit diesem formte. So bog also die Rems mit Erreichen des historischen Stadtkerns von Waiblingen scharf nach Nordosten um, umlief dann den Ort im Osten und schlug danach ihren Weg nach Norden ein.

Ein paar Beobachtungen und Überlegungen zur Mäanderbildung speziell in unserem Bereich erscheinen hier angebracht. Es fällt auf, dass die Rems

ihre eigentliche Mäanderformung erst unterhalb von Neustadt aufnimmt. Hier stößt sie nämlich auf eine Aufwölbung, die vom Neckar zwischen Münster und Hofen über das Schmidener Feld und die Rems bei Neustadt-Hirschlauf herüber zieht. Sie verliert sich weiter östlich gegen Korb zu im Gelände. Die dadurch bewirkte Stauung der Rems hat die Anlage von Schlingen ausgelöst, weil auf diese Weise die Tiefenerosion des Flusses stärker in eine Seitenerosion übergeführt wurde. Diese Tendenz zur Mäanderbildung wurde unterhalb der Aufwölbung - die relativ früh in der Flussgeschichte aufgetreten sein muss - nicht aufgegeben und zwar deshalb nicht, weil die Gesteinsschichten hier nach Nordosten einfallen, die Rems jedoch nur zögernd diesem Gefälle gefolgt ist, sondern sich an die Streichlinien gehalten hat, die sich nach Nordosten in diesem Raum nur wenig absenken, nach Nordwesten zu gegen den Neckar aber genau dies tun.
Drei Rahmenbedingungen gestalten also den Verlauf der Rems zwischen Waiblingen und Neckarrems: Zum einen die Aufwölbung Münster-Hofen-Neustadt/Hirschlauf, dadurch Beginn der Mäanderbildung; zum zweiten die Hochdorf-Bittenfelder Mulde, die dem Fluss insgesamt eine nördliche Richtung aufzwingt; drittens aber auch das noch stärkere Schichtfallen gegen Neckarrems und damit zum Neckar als tiefste Erosionsbasis für unseren Fluss überhaupt, wodurch sich zuletzt Nordwest-Richtung als vermittelnde Resultante einstellt.
Zwischen Waiblingen und Rommelshausen zieht sich der Schüttelgraben von Westen nach Osten. Im Westen bildet er die Markungsgrenze zwischen der Kreisstadt und der Gemeinde Kernen. An den Rändern des Grabens steht meist Unterer Keuper an, im Osten des Tales ist sogar oberster Muschelkalk angeschnitten. Allerdings sind diese Gesteinsschichten kaum irgendwo unmittelbar zu sehen. Sie sind weithin von ansehnlichen Bodenbildungen überdeckt, die oberflächennah teilweise mit Löss vermischt sind. In diesem Boden stößt man da und dort sogar auf alte Flussschotter, deren Höhenlage auf Entstehung in der Späteiszeit - etwa Würm - schließen lassen. Unterer Keuper ist auch im nordwestlichen Stadtgebiet von Waiblingen anzutreffen. Dort ist eine Talform ausgebildet, die sich im Westen im Schmidener Feld verliert. Hier trägt sie den bezeichnenden Flurnamen "Grund". Der "Grund" kommt südlich der Altstadt, dort wo die Rems einen scharfen Bogen nach Nord-Nordosten macht, in jene ein. Zwischen "Grund" und Schüttelgraben ist der Löss besonders mächtig und besonders gut in seinem ursprünglichen Charakter erhalten. Kein Wunder, dass hier einst große Lehmgruben entstanden, aus denen die dort angesie-

delten Ziegeleien ihren Grundstoff für die Herstellung ihrer Fabrikate entnahmen. Auch das Gewann Hafneräcker zwischen unserem Ort und Fellbach erinnert noch an das Gewerbe, das hier geeigneten Rohstoff für seine daraus verfertigten Produkte vorfand.
Die Verbindungsstraße Waiblingen-Fellbach führt im Waiblinger Bereich durch eine immerhin wahrnehmbare Talung, die jedoch nicht als eigentliches Tal angesprochen werden kann. Dies zeigt nicht nur die ausgesprochene Talmuldenform an, sondern auch die Geologische Karte, die keinerlei Hinweis auf Bachablagerungen in diesem Areal enthält. Anders steht es allerdings mit dem Tal weiter im Norden, das sich durch das Gewann Kostesol bis zur Rems bei der ehemaligen Waldmühle zieht. Offenbar ist hier tatsächlich einst ein Bach als Zubringer zu unserer Rems geflossen, der aber nicht über Kostesol hinaus nach Westen vorgedrungen ist. Interessanterweise kommt hier jedoch unser Bach einem weiteren solchen und zwar nach Westen gerichteten entgegen.
Es handelt sich bei diesem um den Finkenbach, der in den Ostwest verlaufenden Ruckgraben nordöstlich von Öffingen einmündet, welcher seinerseits dem Waldachtal zustrebt, das ihn nordwestlich des vorgenannten Ortes in sich aufnimmt. Finkenbach und das Tal werden aber in Kostesol an ihrer beiderseitigen Vereinigung gehindert. Diese Trennung ist darin begründet, dass gerade in diesem Bereich einst die bereits aufgeführte tektonische Hebung zwischen Neckar und Rems, die sich quer über das Schmidener Feld erstreckt, sich eben in diesem Sinne ausgewirkt hat, dass beide Bäche nicht zusammen kommen konnten.
Das westliche Bachsystem ist bedeutend stärker entwickelt als das östliche, so dass sich das erstere sehr weit nach Osten zurückschneiden konnte. Demgegenüber hatte der ostwärts gerichtete Bach nur geringe Chancen wirksam nach Westen voran zu kommen. Zu bedenken ist auch, dass der Finkenbach und zum Teil auch der Ruckgraben im großen Remstalgraben verlaufen, in dem sie nur die verhältnismäßig weichen Löss-, Unter- und Gipskeuperschichten auszuräumen hatten, allerdings weiter im Westen auf die harten Schichten des Oberen Muschelkalkes stießen. Diese mussten sie durchsägen, nun aber schon außerhalb des großen Grabens. Das allgemeine Gefälle der Bäche zum Neckar trug aber weiterhin dazu bei, dass jene auf ihrem Weg nach Westen in ihrer Ausräumungsarbeit gut vorankamen.
Das Gewann "Kostesol“ ist weithin von Obstbaumanlagen bedeckt. Wenn wir nun auf die rechte Seite der Rems überwechseln, so fällt uns sofort auf, dass hier die Schichten des Oberen Muschelkalks praktisch durchgehend

im Bereich zwischen Waiblingen und Neckarrems zutage treten. Dies ist schon einfach daran zu erkennen, dass das Tal hier allenthalben Steilränder bildet. Von Osten her kommen mehrere kleinere Täler ins Haupttal ein, so etwa der Kätzenbach, der einen deutlichen Schuttkegel gegen jenes vorschiebt.
Die Hänge zur Korber Höhe und zum Galgenberg sind jetzt stark überbaut. In den oberen Hanglagen steht Unterer Keuper an, der nach Osten hin von Löss überdeckt, welcher seinerseits örtlich von Gipskeuper durchstoßen wird. Hier waren einst Streuobstwiesen in ausgedehntem Maße landschaftsformendes Element. Auf den Lössflächen freilich breiten sich - verständlicherweise - Äcker aus, allerdings greift auch hier die Überbauung mehr und mehr auf diese Flächen über, die damit der unmittelbaren landwirtschaftlichen Nutzung verloren gehen - eine Erscheinung, die gewiss nicht nur den Raum um Waiblingen betrifft.
Die Besiedlung der Waiblinger Landschaft reicht in ferne Zeiten zurück. Funde und Grabungen haben gezeigt, dass hier schon die Kultur der sogenannten Bandkeramiker in der frühen Jungsteinzeit Platz griff. Mehrere Siedlungsreste aus jener Zeit samt verschiedenen Hockergräbern konnten nachgewiesen oder freigelegt werden.
Auch in der Römerzeit taucht unser Ort aus dem Dunkel der Geschichte auf. Am Kätzenbach im Osten der Stadt konnten Überreste einer - vermutlich - römischen Villa freigelegt werden. Die Anlage wurde, soweit dies möglich war, fachkundig restauriert und in die Grünanlagen des Freizeitheims einbezogen. Ein gewisses Bild kann man zudem noch vom Keller mit seinen Wandnischen gewinnen, wichtiger Bestandteil der Villa, die wohl von einem wohlhabenden römischen Bürger bewohnt wurde, der seinerseits eng mit der Herstellung von Töpferwaren im Bereich von Waiblingen verflochten war. Hier wurde bereits der Grundstein zur späteren Töpferei und Ziegelherstellung gelegt, zumal der Grundstoff wie Lösslehm und Mergel in der Umgebung in reichlichem Maße und hoher Qualität vorhanden war.
Die Nachsilbe "ingen" in Waiblingen lässt eine frühe Entstehung des Namens und damit des Ortes selber vermuten. Wir befinden uns damit wohl in alemannischer Zeit, in der auch die Anlage einer Pfalz (eines Herrschaftsgebietes) erfolgte. Diese gewann in der Folgezeit bereits unter den Karolingern, wie etwa in der Zeit Karls III., erheblich an Bedeutung. Für das Jahr 885 ist dessen Aufenthalt hier urkundlich nachgewiesen. Danach weist die Geschichte Waiblingens eine längere Lücke auf, deren Ende das

Aufkommen des Salierhauses mit dem Herrscher Konrad II. markiert. Dessen Herkunft wird durch die Bezeichnung "de Weibelingen" eng mit unserem Ort in Verbindung gebracht. Einer besonderen Wertschätzung erfreute sich Waiblingen bei Kaiser Heinrich IV., der es aber auf Grund eines Gelübdes, das er am Vorabend der entscheidenden Schlacht im Jahre 1080 gegen seinen Widersacher Rudolf von Rheinfelden getan hatte, samt einigen weiteren Besitztümern, wie etwa das in unmittelbarer Nähe gelegene Winterbach, an die Speyrer Domkirche weiterschenkte.

Hohwachturm in Waiblingen

Inzwischen war aber der Stern der Staufer schon im Steigen begriffen, wozu nicht wenig auch die Verbindung Herzog Friedrichs I. von Schwaben mit Agnes, der Tochter Heinrichs IV., beitrug, so dass Friedrich noch vor dem Jahr 1100 Waiblingen in seinen Besitz zu bringen vermochte. Unter den Staufern erhielt der Ort eine geradezu schicksalhafte Bedeutung dadurch, dass die wohl seit der Belagerung und Einnahme der Burg Weinsberg aufgekommene Bezeichnung "Waiblinger" für jene zum Symbolnamen im Reich, als "Ghibellinen" - besonders in Italien, - wurde. Die Gegenspieler waren bekanntlich die Welfen - in Italien "Guelfen" - die sich eine Zeitlang zu harten Widersachern der Staufer entwickelten, schließlich sich aber doch deren größeren Macht beugen mussten. Wohl zwischen 1200 und 1250 ging die Oberhohheit über den Ort an die Württemberger über, die ihn sogleich auch zur Stadt erhoben. Wie es einer Stadt damals zustand, führte diese um ihre Wohngebiete ein schützendes Mauerwerk auf, in das drei Tortürme eingebaut waren: Das Fellbacher Tor im Westen, das Schmidener Tor im Südwesten und das Beinsteiner Tor - noch erhalten - im Osten. Die Befestigung wurde im relativ offenen Westen am stärksten ausgeführt, wozu die weitere Anlage des Hochwachturms wesentlich beitrug.

Die Stadt erlangte nun zunehmende Bedeutung, die sich nicht zuletzt auch in der Erhebung zur Amtsstadt widerspiegelte. Den Charakter einer Han-

delsstadt hatte der Ort schon früher erhalten, doch wurde er in der Folgezeit noch weiter entwickelt.
Im Städtekrieg konnte sich die Stadt zwar gegen die Belagerung durch die Widersacher der Württemberger zunächst behaupten, doch musste sie sich 1312 dann doch jenen übergeben. Anfang des 15. Jahrhunderts setzten die Württemberger adelige Vögte über die Stadt. Das Interesse des Herrscherhauses an Waiblingen wuchs erneut und schlug sich nun auch in der Form nieder, dass Mitglieder desselben, von jetzt ab mindestens zeitweise, das Schloss bewohnten. Unter dem Dreißigjährigen Krieg hatte die Stadt schwer zu leiden. Der Ort brannte 1684 praktisch völlig ab, darunter auch das Schloss. Der Wiederaufbau vollzog sich nur langsam. Ende des 18. Jahrhunderts wüteten weitere Brandkatastrophen im Stadtgebiet, wodurch wieder wertvolle historische Gebäude vernichtet wurden. Im 19. und 20. Jahrhundert verzeichnete die Stadt einen lebhaften wirtschaftlichen Aufschwung, der insbesondere auch durch die Anlegung der Remstal- (1861) und Murrtalbahn (1876) gefördert wurde. Handel und Gewerbe erreichten mit der Ansiedlung einer wachsenden Anzahl von Betrieben eine neue Blüte.1806 wurde das Oberamt Waiblingen erweitert, 1938 der Ort zur Kreisstadt erhoben, 1956 diese zur Großen Kreisstadt ausgerufen und schließlich wurden mehrere Nachbargemeinden in den Stadtverband aufgenommen.
An namhaften historischen Bauten in der Stadt seien folgende hier aufgeführt: Die Michaelskirche (evang.) im Südosten auf der Niederterrasse der Rems gelegen, deren erste Erbauung zwar zeitlich nicht genau festgelegt werden kann, deren älteste durch Grabungen festgestellten Baureste jedoch in die romanische Zeit zurückdatiert werden können. Der jetzige spätgotische Bau wurde um 1440 mit dem Chor begonnen und mit einem Kreuzrippengewölbe versehen. Das Langhaus erstand erst 1480-90 und weist aus jener Zeit ebenfalls ein Kreuzrippengewölbe auf. Schon 1459-63 wurde der Westturm aufgeführt. 1634 - im Dreißigjährigen Krieg - wurde die Kirche bei der allgemeinen Stadtverwüstung schwer beschädigt, danach jedoch wieder aufgebaut.
1866/67 erfolgte eine gründliche Renovierung des gesamten Baus. Im nördlich gelegenen Marienchor befindet sich auf der Ostseite das Hochrelief des Heiligen Michael von 1470. Die Kanzel stammt von 1484 und ist mit Reliefs der Kirchenväter und Evangelistensymbolen versehen. An die einstige Wehrkirche mit Friedhof erinnert noch das sogenannte Nonnenkirchle oder Marienkapelle von 1496, damals einem Beginenhaus zugehö-

rig, zweigeschossig errichtet, in dessen Untergeschoss ein Beinhaus untergebracht war. Über die Kapelle spannt sich ein farbiges Netzrippengewölbe. Hinzuweisen ist noch auf die jüngst erfolgte größere Renovierung der Michaelskirche.
Wenn man vom Nonnenkirchle nach Norden geht, passiert man das Kapellentor, das den Beginn der Stadt- samt Zwingermauer markiert, die sich von hier ab nach Westen gut restauriert darstellen und auf dem bedachten Wehrgang begangen werden können. Weiter im Norden stoßen wir - bereits innerhalb der Mauer auf die Nikolauskirche (evangelisch), auch als Kleine oder Innere Kirche bezeichnet. Sie ist bereits 1269 genannt und könnte ehedem als Pfalzkapelle, zumal in der Salier- und Stauferzeit, gedient haben. Als Erbauungszeit für die Kirche wird 1488 angegeben. Der Stadtbrand von 1634 zerstörte weithin auch die Nikolauskirche, die erst ab 1674 und nun in frühbarockem Stil im Innern ausgestattet wurde. Zu erwähnen ist die barocke Kanzel von 1676, von dem Waiblinger Gipser Heinrich Waibel gefertigt.
Etwa im Zentrum der Altstadt breitet sich der Marktplatz aus. Darin erhebt sich der Marktbrunnen von 1688/89. Der Platz ist von markanten Gebäuden gesäumt, unter denen das Alte Rathaus (Marktplatz 4) von 1597, - nach dem Brand von 1634 in neuer Gestalt errichtet, - und das ehemalige Oberamtsgericht (Marktplatz 1) hervortreten. Letzteres hat farbiges, barockes Zierfachwerk sowie einen Erker aufzuweisen.
Es empfiehlt sich nun ein Rundgang über die Kurze und Lange Straße, da insbesondere in diesem Bereich weitere bemerkenswerte Gebäude zu bewundern sind. So z.B. die ehemalige Stadtschreiberei (Kurze Straße 11), von 1643, mit ungewöhnlicher Balkenmarmorierung, Arabesken in der südlichen Traufseite und mit stuckierten Decken von 1680 im Innern. Kurze Straße 25 stellt das Alte Dekanat, Mitte 18. Jahrhundert erbaut, dar. Daneben der ehemalige Fruchtkasten (Kurze Straße 27), dessen Quaderbemalung angenehm ins Auge fällt. Die Rathausapotheke (Nr. 28) von 1643 wartet an einer Eckkonsole mit einem sogenannten Neidkopf in Gestalt einer Löwenmaske auf.
Biegt man am Ende der Kurzen in die Lange Straße ein, stößt man hier im Norden auf weitere, beachtliche Fachwerk-Bürgerhäuser aus dem 18. Jahrhundert, die, wie viele andere Gebäude, mit der Giebelseite zur Straße zeigen. Das einstige Kameralamt (Nr. 40) diente zunächst als Adelberger Hof und im 19. Jahrhundert als ersteres. Als Kuriosität können die drei Sackgassen, die von der Langen Straße abgehen, gelten, die aber ebenfalls teil-

weise von Fachwerkbauten geziert werden. Die nördliche Umrahmung gleichsam der Altstadt bildet die Weingärtner-Vorstadt, deren Hausnummer 20 bis in die Jahre 1548/49 zurückdatiert wird und nun die Funktion eines Heimatmuseums erhalten hat. Die vorgenannten Straßen enden in der Nähe des Beinsteiner Tores im Osten der Altstadt, die hier von der Rems begrenzt wird. Das Tor - in seiner jetzigen Gestalt aus dem Jahr 1491 - ist mit dem Wappen des Grafen Eberhard im Bart und dem der Stadt, nebst einem Sgrafitto aus dem Jahr 1938, geschmückt.

35. Neustadt (272 m NN)

Der Ort breitet sich in einer Höhenlage von gut 50 m über der Rems auf einem Ausläufer der Waiblinger Bucht, der sich hier von Osten nach Westen vorschiebt, aus. Sowohl im Norden als auch im Süden wird der Ort von einem Tal eingefasst. Das nördliche ist scharf ausgeprägt und fällt steil gegen die Rems ab. In ihm hat die Verbindungsstraße nach Kleinhegnach, die zur Landstraße Waiblingen-Hegnach weiterführt, Platz gefunden. Dort, wo dieses Neben- in das Haupttal einmündet, hat der einstige Bach einen Schuttkegel gegen die Rems vorgebaut und diese hierdurch etwas nach Westen abgedrängt. Der große Fluss beschreibt hier seinen ersten markanten Mäanderbogen von Nordosten nach Westen. Auf der Ostseite des Tales ist in diesem Bereich ein ausgesprochener Steilhang entstanden, dem auf der Talwestseite ein sogenannter Gleithang gegenübersteht. Letzterer weist jedoch eine ungewöhnliche Versteilung auf, die einer besonderen Erklärung bedarf. Die Schichtlagerungskarte liefert uns eine plausible Begründung hierfür. Danach ist die schildartige Aufwölbung im untersten Remstal hier am stärksten ausgeprägt. Die Schichtgrenze zwischen Muschelkalk und Keuper befindet sich auf einer Höhenlage um etwa 280 m. Diese Grenze sinkt von diesem Gebiet aus nach allen Richtungen hin ab.
Die Steilhänge im Osten des Tales werden vom Hauptmuschelkalk gebildet, der obersten der drei Hauptabteilungen dieser Kalkformationen. Während die Talaue selber von Flusssedimenten bedeckt ist, geht der Steilhang dahinter fast sofort in die vorwiegend harten, plattigen Blaukalke der sogenannten Nodosus- oder Ceratitenschichten über. Zwischen Talsohle und Nodosusschichten schieben sich aber noch die von jenen im äußeren Erscheinungsbild nur unterscheidbaren Trochitenkalke. Im allgemeinen sind aber hier die Kalke in dickeren Bänken als in den Nodosusschichten ausgebildet, außerdem liegen jene, verglichen mit den Nodosusplatten,

mehr in körniger, "kristalliner" Form vor. Dazu kommt noch der teilweise andere Fossiliengehalt. Werden doch die Funde dieser Art insbesondere durch die sogenannten Trochiten charakterisiert, mehr oder weniger große, trommelförmige Gebilde, die einst die Stiele einer Seelilie (Encrinus liliiformis) zusammensetzten.
Die Hänge westlich des Klinglestales, das von der Höhe zwischen Hirschlauf und Neustadt herabkommt, sind überaus steil ausgebildet. Dies trifft vor allem auf das Gewann Haufler zu. Auf ihm wurde einst Weinbau betrieben, dessen Qualität in der alten Oberamtsbeschreibung von Waiblingen aus dem Jahre 1850 als "sehr gutes Erzeugnis" gerühmt wird, allerdings mit der zusätzlichen Bemerkung versehen, dass ihn der Kleinheppacher Wein "durch Zartheit und Annehmlichkeit des Bouquets" noch übertreffe. Reste von einst hier angelegten Weinbergmauern weisen noch jetzt auf diese ehedem ausgedehnte Wirtschaftsform hin.
Die Mauern sind freilich inzwischen fast verschwunden - neuerdings jedoch wieder in Bearbeitung gekommen. Auf den ehemaligen Weinbergen breiten sich weithin Hecken mit eingestreuten Obstbaumwiesen aus, die sich zwar nebeneinander, aber kaum im Durcheinander miteinander vertragen. Die Mauern haben einst auch die Funktion erfüllt, die steilen Hänge vor allzu starker Abtragung zu bewahren.
Nun, da sie diese ihre Aufgabe verloren haben, ist die Vegetation selbst an ihre Stelle getreten. Die Büsche, die Bäume und, wo möglich, auch die Kräuter. Dadurch dass sie vereint - mal die einen, mal mehr die andern im Vorteil - die Steilhänge mit ihren weit verzweigten Wurzeln im Boden und mit ihrem grünen Blätterdach über diesem Boden diesen gleichsam unter ihre Fittiche genommen haben, wird dieser nun gerade vor jener für ihn so gefährlichen Abtragung - Erosion und Denudation genannt - geschützt. An derart steilen Hängen, die übrigens noch genau nach Süden weisen - womit nicht zuletzt die Güte des einst hier angebauten Weines zusammenhing - ist naturgemäß die Austrocknung des Bodens, zumal in der wärmeren Jahreszeit, besonders groß. Das auf dem Hang niedergehende Regenwasser trifft zwar auf der Gesamtfläche ziemlich gleichmäßig auf und trägt dementsprechend in gleicher Weise ab. Dieser Vorgang der flächenhaften Abtragung wird Denudation genannt.
Andererseits rinnt aber das Wasser nicht ebenso gleichmäßig ab. Auch ein gleichförmig gestalteter Hang zeigt bei näherem Zusehen mehr oder weniger große Unebenheiten, und genau in diesen fängt das Regenwasser an sich zu sammeln. Es entstehen kleine Rinnen, die aber das lebhafte Bestre-

ben an den Tag legen, bei ihrem Abwärtslauf sich nun ihrerseits zusammen zu tun, um so immer größere Rinnen zu bilden, die alsbald den ganzen Hang überziehen. Solche Rinnenbildung wäre im eigentlichen Sinne als Erosion zu bezeichnen, da über sie nicht nur Wasser, sondern auch Erde transportiert wird. Abtragung vollzieht sich also im wesentlichen in diesen beiden Schritten.

Der Untergrund des hier betrachteten Steilhangs besteht - wie wir bereits gesehen haben - in der Hauptsache aus Kalkgestein. Dieses liegt jedoch, genau genommen, nicht in reiner Form vor. Ihm ist praktisch immer ein mehr oder weniger hoher Anteil an Ton beigegeben. Je nach Anteil des letzteren im Gestein spricht man von Kalken, wenn die Tonkomponente sehr niedrig liegt und das Gestein deshalb sehr hart ist; von Kalkmergeln, wenn der Kalk zwar noch den Ton angibt, der Ton aber bereits dabei ist, was sich im weicheren Charakter des Gesteins und demzufolge auch in seiner leichteren Verwitterbarkeit kundtut; und schließlich von Mergeln, wenn sich beide Gesteinskomponenten in etwa die Waage halten, so dass das Gestein schon von vornherein nur mäßig hart wird.

Durch die Verwitterung, die vor allem durch das Klima mit seinen verschiedenartigen Auswirkungen herbeigeführt wird, wird das Ausgangsgestein über einige Schritte hinweg gewissermaßen abgebaut, zunächst mechanisch in immer kleinere Stücke zerlegt. Diese werden zuletzt förmlich aufgelöst, so dass als Endprodukt schließlich der eigentliche Boden entsteht. Unmittelbar über dem Gestein entwickelt sich eine Verwitterungserde, die, je nach Vorwiegen von Kalk, als lockere Braunerde und bei Zunahme des Tonanteils in zähplastischen Braunlehm übergeht. Die vorwiegend braune Farbe des Bodens ist im übrigen auf das in den Verwitterungsprodukten stark mobilisierte Eisen zurückzuführen, das sich insbesondere in Gestalt seiner Oxydhydrate kundgibt. Das durch den Luftsauerstoff oxydierte Eisen verbindet sich außerdem mit Wasser, wodurch sich dieses braune Bodenbeiprodukt ergibt.

Durch Wirkung des Regenwassers wird in der Folge der Boden freilich weiter ausgewaschen und hierdurch sowohl Kalk als auch Ton in tiefere Bodenschichten weggeführt. Der Boden beginnt zu altern. Während der Kalk zum Teil in das Grundwasser übergeht und in Quellen in gelöster Form wieder zutage tritt, bewirkt das zunehmende Übergewicht des Tones eine noch stärkere Verdichtung des Bodens, die bis zur Staunässe, zum sogenannten Stagnogleyboden - einem sauren und nährstoffarmen Boden - weiterführen kann.

Zur pflanzengeographischen Lage in unserem Bereich ist anzumerken, dass an der Rems sich Erlen und Weiden breit machen: Gegen den Hang hin treten Eschen, Ahorn und Hainbuche in den Vordergrund, Eiche und Buche verlieren sich dazwischen, obgleich erstere auf den trockenen Steillagen durchaus ihr Fortkommen findet. Die Büsche sind bunt gemischt: Schwarzdorn, Schlehen, Holunder, Hartriegel, Heckenrosen u.a. mehr. Im ganzen ein günstiges Refugium auch für Vögel und Kleintiere.
Wenn man sich am Fuße des "Haufler" auf der schmalen,asphaltierten Straße nach Westen wendet, passiert man bald einen der mächtigen Pfeiler, die das Eisenbahnviadukt über das Remstal, Teil der Bahnlinie Waiblingen-Backnang, tragen. Die Pfeiler ruhen auf den harten Trochitenkalken, die eine feste Grundlage für das schwere Bauwerk darüber abgeben. Eine ähnliche Lage ist auf der gegenüber liegenden Talseite etwas unterhalb von Kleinhegnach gegeben, wo die Pfeiler den Lösslehm durchstoßen und auf den festen Kalkbänken sicheren Stand haben. Die Rems entfernt sich hinter dem Viadukt von der Straße nach Südwesten, so dass hier nun wieder Steil- und Gleithang miteinander abwechseln. Ersterer baut sich auf der Talsüdseite, letzterer auf der Nordseite auf. Der Gleithang ist allerdings auch hier relativ steil ausgebildet und zwar deshalb, weil die harten Kalke der Trochiten- und Nodosusschichten dem Erosionsbestreben des Flusses erheblichen Widerstand entgegensetzen. Dies spiegelt sich auch in dem deutlichen Ansteigen des Sträßleins, das auf die unterlagernden Kalke hinweist, die einst in diesem Bereich in Gestalt eines Steinbruches abgetragen wurden. Die Straße wendet sich nun nach Norden, passiert ein Laubwaldstück und führt dann über ein flaches Bachbett, durch das der Erbach der Rems zustrebt.
Der Erbach zieht nach Osten hinüber bis in die Gegend des Erbachhofes. Verschiedene Talungen, die ihrerseits in sein Tal einmünden, sind nur schwach muldenförmig in die Hochfläche eingegraben, die am Ostrand der Markung an den interessanten Sörenberg stößt. Man hielt diese isoliert aus ihrer Umgebung aufragende Bergkuppe früher für einen sogenannten Zeugenberg. Man nahm nämlich an, dass im Zuge der Rückverlegung der Keupersteilstufe nach Osten der Berg gewissermaßen als Härtling aus seiner weicheren Umgebung herauspräpariert und auf diese Weise einsam auf weiter Ebene stehen geblieben sei. Da man auf der Südseite wenig unter der Bergspitze auf Blockschutt des grünlichen Schilfsandsteins gestoßen war, schien die Lage insofern recht klar zu sein, als die Zeugenberg-Hypothese eine plausible Erklärung für die Entstehung der eigenartigen Bergge-

stalt darbot. Genauere Untersuchungen haben freilich inzwischen zur Revision jener zuerst so einleuchtenden Annahme geführt, danach ergibt sich jetzt ein neues Bild. Der Sörenberg stellt keinen Zeugenberg dar, sondern ein Relikt aus der Zeit da die Keupersteilstufe noch weiter nach Westen reichte, sich einst ein Stück von dem Steilrand löste und als Bergrutsch sich bis zum Fuß der Keuperstufe absetzte.
Es handelt sich also bei dieser Auffassung hinsichtlich des Sörenbergs gleichsam um einen Schuttberg, der allerdings auch als eine Art Zeugenberg stehen geblieben ist - nur mit dem Unterschied, dass er sich ursprünglich nicht an dieser Stelle befand. Der Berg ist ansonsten im wesentlichen aus den grauweißen bis rötlichen Schichten des Gipskeupers aufgebaut. Diese enthalten bisweilen nennenswerte Lager von Gips, der hier einst am Südfuß des Berges unterhalb der Weinberge in mehreren Gipsgruben - die Oberamtsbeschreibung aus dem Jahr 1850 nennt deren 8 bis 10 - abgebaut wurden.
Nach Einstellung der Arbeiten in den Gruben wurden diese zugeschüttet, so dass jetzt keine besonderen Spuren mehr darauf hinweisen.
Nordwestlich des Sörenbergs geht das Klinglestal nach Westen ab. Zwischen ihm und dem Erbachtal dehnt sich gutes Ackerland aus, dessen Boden teilweise noch Lösscharakter aufweist. Das Getreide, das hier angebaut wurde und wird, wird in der alten Oberamtsbeschreibung nicht umsonst als vorzüglich bezeichnet. Nicht überall freilich steht Löss an. Er ist im Laufe der Zeit durch Entkalkung vielfach schon in den ertragsärmeren Lösslehm übergegangen. Als Lössgebiete werden ausgewiesen: Der südliche Bereich des Gewanns Pfarräcker, das Gelände östlich der Straße zwischen Erbach- und Klinglestal, wo sich jetzt vor allem Industrie angesiedelt hat und schließlich die Erhebung "Höhe" (304 m) im Osten des Ortes, die jetzt teilweise sowohl vom Neuen Friedhof eingenommen als auch weiter westlich inzwischen überbaut worden ist.
Das alte Neustadt steht fest gegründet im Nordosten auf Trigomodus-Dolomit, im Südwesten, wo sich einst die Burg erhob, sind auch Nodosuskalke erschlossen. Im Süden wird Alt-Neustadt von einem Tal begrenzt, das in neuerer Zeit teilweise überbaut wurde, so dass dieses im östlichen Abschnitt einigermaßen verwischt erscheint. Durch das Tal floss einst ein Bach, gespeist vor allem durch die Quellen im "Ganswasen", die inzwischen ebenfalls durch Überbauung überdeckt worden sind. Das Tal senkt sich nach Westen ziemlich gleichmäßig zur Rems hinab, die beim " Bad" über einen flachen Schuttkegel hinweg erreicht wird. Dort, wo die Straße

die durch das beschriebene Tal herabkommt und auf die rechtsseitige Remstalstraße auftrifft, erheben sich mehrere Gebäude, als "Bad" bezeichnet. Das sogenannte Badhaus wurde im Jahr 1819 errichtet, als der Badebetrieb aufgenommen wurde und dieser im ersten Drittel des 19. Jahrhunderts eine gewisse Bedeutung erlangte.

Die Quelle war übrigens bereits im Jahr 1684 entdeckt und als Heilquelle erkannt worden. Die chemische Analyse von 1817 - die späteren Untersuchungen weichen nicht sonderlich mehr davon ab - führte als gelöste Stoffe neben dem gewohnten kohlensauren Kalk (Calciumkarbonat) vor allem die Sulfate des Calciums und Magnesiums sowie Eisenkarbonat auf. Diese und andere gelöste Stoffe machen insgesamt weniger als 1 Gramm pro Liter Wasser aus, so dass von einer eigentlichen Mineralquelle nicht gesprochen werden kann. Der Badebetrieb stagnierte aber offenbar bereits im l9. Jahrhundert, woraufhin die Quelle schon vor dem l. Weltkrieg zugeschüttet wurde. Ihre genaue Lage ist in der Geologischen Karte 1:25000 aufgeführt. Neustadt ist ab dem Jahr 1298 als "daz staetel, das Niuwe Waibelingen haizzet" nachgewiesen.

Zunächst freilich wohl staufisch, dann württembergisch, fiel es vorübergehend an das Reich unter Rudolf von Habsburg. Unter dessen Landvogt erlangte der Ort 1287 die Stadtwürde, die die Anlage einer Burg sowie eine Stadtbefestigung nach sich zog.

Dies war als bewußte Konkurrenzgründung zu Waiblingen gedacht, daher die Namensgebung. Schon ein Jahr später, l298, sehen wir die "Neue Stadt" im Besitz der Württemberger, doch führt sie von da ab nur ein Schattendasein in der Nachbarschaft von Waiblingen, dessen Stadtverband sie heute zugehört.

Von der einstigen Stadtbefestigung sind nur noch Reste erhalten, beziehungsweise renoviert worden. Die Burg, die ganz im Westen auf der Bergspitze gelegen ist, ist inzwischen völlig abgegangen. Die Evangelische Bernhardskirche blickt auf die Jahre um 1380 als Gründungszeit zurück, doch wurde sie zwischen 1420 und 1430 gründlich umgebaut.

Vom ersten Bau ist der Chor mit seinen Wandbildern - geschaffen um das Jahr 1380 bis etwa um 1390 herum - erhalten geblieben. Diese sollen einen Marienzyklus darstellen, der außerdem um mehrere Bildfolgen im Schiff erweitert wurde. Bemerkenswert ist außerdem das Altarkreuz (es wurde ungefähr um das Jahr 1300 herum geschaffen) vor dem östlichen Chorfenster.

36. Hohenacker (278 m NN)

Die Waiblinger Bucht geht im Nordosten in die Backnang-Winnender Bucht über. Beide trennt, wenn auch nicht vollständig, die Buocher Höhe, die im Nordwesten am Korber Kopf und seinen Vorhöhen endet. Zwischen Zipfelbach im Norden und der Rems im Süden neigt sich die Landschaft langsam nach Nordwesten. In ihrem inneren Bau ist freilich eher eine Neigung der Gesteinsschichten nach Nordosten festzustellen. Dieser Schichtabfall ist auf den Bereich zwischen Bittenfeld und Schwaikheim ausgerichtet, wo eine Mulde ausgebildet ist. Umgekehrt steigen die Schichten nach Südwesten bis zur Aufwölbung nördlich von Neustadt an, die sich nach Südwesten bis zum Neckar fortsetzt.
Sie wird allerdings nordwestlich von Waiblingen vom Remstalgraben unterbrochen, der mindestens von Großheppach bis Aldingen reicht. Die schildförmige Aufwölbung im Norden von Neustadt spiegelt sich auch im Gefälle der Rems wider. Vom Klinglestal bei Neustadt bis zur Einmündung des Erbachs ist das Flussgefälle reduziert. Auf 2 km Laufstrecke geht dies nur um 10 cm zurück! Es empfiehlt sich, den Flusslauf in diesem Gebiet unmittelbar zu beobachten, ja dieses in Augenschein zu nehmen und auf die ganze Strecke zwischen Waiblingen und Neckarrems auszudehnen, wodurch ganz unübersehbar die unterschiedlichen Fließgeschwindigkeiten der Rems in diesem Abschnitt deutlich werden.
Dabei fällt auch auf, dass dies in den Bereichen größerer Geschwindigkeiten auch auf die Mühlen zutrifft, die im untersten Bereich des Remstals angesiedelt worden sind. Zwischen Erbach und Gewann Burghalde südwestlich unseres Ortes verstärkt sich das Flussgefälle erheblich. Auf die Strecke von 1800 m verändert es sich von 214,1 auf 210,9 m NN, beträgt also das fast 30fache gegenüber dem genannten Abschnitt flussaufwärts! Die Rems durchfließt ab Waiblingen außerhalb des Remstalgrabens den vorwiegend harten Muschelkalk in Gestalt stark ausgeprägter Mäander bis hin zu ihrer Einmündung in den Neckar bei Neckarrems. Den größten Bogen der Rems treffen wir westlich von Hohnacker bzw. von Hegnach an.
Der Steilhang ist hier ungewöhnlich lang. Er beginnt bereits bei der Remsmühle, zieht sich über den Geißberg bis zum Südende der Lützelhalde. Die zweite große Remsschleife hat ihren Scheitelpunkt etwas nördlich der Hegnachmühle. Um sie legen sich wie ein Kragen die Hänge nördlich des Erbachs und die sehr hohe Neigungswinkel aufweisende Burghalde, auf der, laut Ausweis der alten Oberamtsbeschreibung, der beste Wein auf Ho-

henacker-Gebiet gewachsen sein soll. Karten aus der Zeit vor dem 1. Weltkrieg führen noch Weinbau auf all den genannten Talhängen auf. Jetzt ist auch dieser praktisch gänzlich aufgegeben, doch erinnern noch unterschiedlich erhaltene Mauern an die einst hier betriebene Art von Wirtschaft. Auf den Hängen wuchern mehr oder weniger dicht allerlei Gebüschformationen, die von einzelnen Bäumen durchsetzt sind, welche sich im Erbachgebiet und im Bereich der Remsmühle zu kleinen Wäldern verdichten. Die Südost- bis Südwesthänge sind von warm-trockenem Charakter, auf dem sich ein artenreicher Mischwald mit Stiel- und Traubeneichen, Hain- und Rotbuchen, Feld- und Spitzahorn, Winterlinden, Elsbeeren und Vogelkirschen wohlfühlt. Da die Bäume vielerorts noch nicht sonderlich dicht stehen, hat unter ihnen meist auch noch eine Strauchflora Platz. Die neue Beschreibung des Rems-Murr-Kreises von 1980, der diese Angaben entnommen sind, nennt an Sträuchern: Haselnuss, Liguster, Schlehe, Hartriegel, Weißdorn, Wildrose und andere. Dazu gesellt sich als einzige Lianenart die Waldrebe (Clementia vitalba) und an Kräutern der Blaurote Steinsame (Lithospermum purpureocoeruleum), Stinkende Nieswurz, Doldenmargerite, sowie die Pfirsichblättrige Glockenblume und die Duftende Schlüsselblume, bekannt als Primula veris. Auch der rechtzeitig im Frühjahr aufblühende Blaustern (Scilla bifolia) hat hier ein Refugium neben anderen Frühblühern wie Bärlauch, Lerchensporn, Bingelkraut, Aronstab, gelbe Anemone, Lungenkraut und andere gefunden.
Die mittleren Jahrestemperaturen des Gebietes liegen bei 9 Grad C, werden deshalb dem Wein- bzw. Weinobstklima zugerechnet. Dazu kommen im Jahresdurchschnitt gegen 650 mm Niederschlag - nicht gerade hoch genug, um eindeutig von einem feucht-gemäßigtem Klima sprechen zu können. Ebenso gut träfe hier der Ausdruck trocken-gemäßigt zu.
Wichtig aber ist das Zusammenwirken von Klima und Boden, dessen Untergrund eingerechnet. Hier ist davon auszugehen, dass an den bereits beschriebenen Steilhängen, die von Südosten bis Westen orientiert sind, der Untergrund aus verhältnismäßig hartem Kalkgestein besteht, dem allerdings auch Mergel- und Tonlagen zwischengeschaltet sind.
Deren Verwitterungsprodukte nähern sich einem Kalkstein-Braunlehm. Nun sind aber die Steilhänge von einem beachtlichem Vegetationsgürtel überzogen, der weithin sich selbst überlassen bleibt.
Die Pflanzen sorgen in einem nicht zu unterschätzendem Ausmaß für die Bereitstellung von Humus, der ziemlich schnell aus dem Anfangsstadium des Rohhumus zum eigentlichen Humus überleitet. Die, freilich verschie-

den hohe und dicht stehende, Vegetation schützt den abschüssigen Steilhang sowohl vor zu starker Abtragung als auch intensiver Austrocknung. Aus diesem Grunde kann die relativ geringe Niederschlagsmenge trotzdem und im allgemeinen gut in den Boden eindringen. Allerdings erfährt die Vegetation dadurch selber eine gewisse Verschiebung. Trockenheits- und wärmeliebende Pflanzenarten werden in den Hintergrund gedrängt bzw. sogar verdrängt. Eine Aufstellung der Pflanzenarten, die vor ca. 50 Jahren unter damals teilweise anderen Umweltvoraussetzungen im Steilhangbereich angesiedelt waren, im Vergleich mit einer Auflistung jener in unseren Tagen, würde gewiss diesen Wandel deutlich herausstellen. Vegetation und Boden stehen in enger Wechselbeziehung zueinander.

Durch die Nichtbearbeitung des Bodens schreitet zwar im Zuge der Verwitterung die Braunlehmbildung im Boden, verbunden mit dessen Verdichtung und Vernässung voran, doch wirkt dem andererseits auch wieder die Humusauflage entgegen, die dem Boden ein erdiges, lockeres Gefüge verleiht und ihm auch erforderliche Nährstoffe zuführt. Wie sich hier allerdings auf Länge der Zeit die Verhältnisse unter solchen Umständen weiter gestalten werden, bzw. welche Bodenprozesse schließlich die Oberhand behalten, bleibt abzuwarten. Der in den Boden eindringende Niederschlag wird von diesem nur teilweise festgehalten. Ein gewisser Teil verfällt der Verdunstung - abhängig von Temperatur und Pflanzenkleid über dem Erdboden. Ein nicht geringer Teil sickert durch den Boden ins unterlagernde Gestein, das im Muschelkalk meist stark zerklüftet ist. Die Kluftbildung ist zu einem guten Teil auf die Auflösung des Kalkes durch das Regenwasser zurückzuführen. Letzteres ist bei seinem Fall zur Erde in der Luft durch Kohlendioxyd angereichert worden, das seinerseits mit dem Wasser chemisch reagiert und Kohlensäure bildet. Diese greift nun ihrerseits das Kalkgestein an und löst dieses auf, indem es das unlösliche Calciumkarbonat in das lösliche Calciumhydrogenkarbonat umwandelt.

Die Umsetzung des einen in das andere Karbonat vollzieht sich unter der Erdoberfläche bei erhöhten Druckverhältnissen, außerdem ist hieran die verminderte Temperatur beteiligt. Diese chemische Reaktion ist natürlich auch umkehrbar, wodurch aus dem gelösten Hydrogenkarbonat wieder das gewöhnliche Karbonat wird, doch müssen hierbei die physikalischen Voraussetzungen ebenfalls umgekehrt werden, also Druckverminderung und Temperaturerhöhung eintreten. Dies ist sowohl in Höhlen der Fall, wo der Kalk in Form von Tropfstein ausgeschieden wird, als auch bei Quellen gegeben, in denen das unterirdisch zirkulierende Wasser an die Erdoberflä-

che heraustritt, wo die genannten Voraussetzungen wirksam werden. Hier kommt es dann ebenfalls zur Ausscheidung von nun - fast - unlöslichem Kalk, der im allgemeinen nun als Kalksinter bezeichnet wird.
Wenn wir auf dem Fahrweg nördlich des Erbachs über das gleichnamige Gewann zur Höhe hinaufsteigen, bewegen wir uns über die graublauen, harten Nodosusschichten hinweg, die mit den weiter oben einsetzenden Trigonodus-Dolomiten im wesentlichen die Gestalt des Steilhangs bestimmen. Dort, wo sich der Hang deutlich abzuflachen beginnt, setzen die abwechslungsreichen Schichten des Unteren oder Lettenkeupers ein. In dessen tiefsten Lagen herrschen Tone, Mergel und Dolomite vor. In Mittellage stellen sich teilweise recht hart ausgebildete bankige Sandsteine ein, Hauptsandstein genannt.
Weiter oben werden die Einzelschichten wieder dünner und stellen sich erneut als Tone, Mergel und Dolomite dar. Die letzteren bekommen noch weiter oben die Oberhand, bis sie schließlich von den eigenartigen Grünen Mergeln abgelöst werden. In ihnen herrschen äußerst feinkörnige Tone vor von graugrünem Aussehen, die früher dem gesamten Schichtenstoß des Unteren Keupers den Namen gegeben haben. Diese Tone haben die Eigenschaft, in feuchtem Zustand in eine überaus plastische Konsistenz bzw. Zustandsform überzugehen, deren Fähigkeit Wasser zu stauen wohl von keiner anderen Erdschicht übertroffen wird. Trocknen diese Tone jedoch aus, reißen dünne Schichten ihn auf, und die vorher so zähe Masse zerbröckelt in kleine bis kleinste Teilchen. Der chemisch-physikalische Vorgang dabei ist, kurz gesagt, dieser: Die Tonminerale des Bodens sind in der Lage Wasser fest zu binden und dieses in ihre Moleküle einzubauen. Dadurch dehnen jene sich aus, ihr Zusammenhalt untereinander aber wird so intensiv, dass weiteres hinzukommendes Wasser nur noch schwer in der Lage ist den Ton zu durchdringen. Trocknet dieser nun allerdings aus, verliert er wieder mehr oder weniger von dem zuvor gebundenen Wasser. Er schrumpft zusammen und löst dadurch den Zerbröckelungsprozess aus.
Die Unteren Keuperschichten, die wir im Süden des Orts durchschreiten, sind jetzt weithin überbaut, der Ausweis neuen Baugeländes setzt sich, wie in vielen anderen Orten, ständig weiter fort. Die Überbauung erstreckt sich auch auf das Lösslehmgebiet, das im Südwesten, im Gewann Zwickleshalde, anzutreffen ist. Hier stoßen wir auch auf hochgelegene, pleistozäne Schotter der Rems, die immerhin gegen 70 m über dem Fluss in den Lösslehm eingebettet sind. Sie zeigen die hohe Lage an, die die Rems einst im frühen Pleistozän eingenommen hat. Gleichaltrige Ablagerungen des Flus-

ses treffen wir auch auf dem gegenüber liegenden Gleithang nördlich von Hegnach im Bereich der Höhenmarke 260 m über Meereshöhe an - hier nur wenig niedriger als bei Hohenacker gelegen.
Weitere Remsschotter in einem noch tieferem Niveau - 245 über Meereshöhe - breiten sich im Norden des Gewanns Ruitäcker südöstlich von Neckarrems aus. Die Zuordnung dieser Schottervorkommen zu bestimmten Eiszeiten ist noch nicht gelungen, doch spiegelt deren verschiedene Höhenlage nicht nur den Einfluss des gehobenen Neustädter Schildes, sondern auch die zu verschiedenen Zeiten erfolgte Ablagerung der Flussfracht der Rems wider.
Östlich des Ortes treffen wir auf der Hochfläche der Gewanne Bütteläcker und Hummelberg noch gut erhaltenen Löss neben Lösslehm, dem weiteren Stadium des Bodenbildungsprozesses an. Im Ort selber ist der Untere Keuper in der Bodenwerdung bemerkenswert weit vorangekommen. Entsprechend dem unterlagernden Gestein ist jener in einen relativ schweren Tonboden, Pelosol genannt, übergegangen, der aber in verschiedener Hinsicht ertragsreich ist, wie schon die alte Oberamtsbeschreibung zu vermelden weiß, wobei hier sicherlich mehr auf die Lössgebiete Bezug genommen wird. Im Nordwesten des Ortes geht der Lösslehm gegen die Steilhänge zur Rems wieder in den Unteren Keuper über, der seinerseits zum Hauptmuschelkalk überleitet. Ähnlich ist die Situation im Nordosten um den Zillhardtshof, wo der Untere Keuper wie durch ein Fenster durch den umgebenden Lösslehm blickt. Allgemein bleibt aber noch anzumerken, dass diese beiden Ablagerungen - zum einen durch das Wasser, zum andern durch den Wind - manchmal in Farbe und Körnung einander ziemlich ähneln, besonders dort, wo die Dolomite des Keupers und der Löss sich derart intensiv miteinander vermengen, dass ihre saubere Trennung voneinander schwer fällt.
Auffallend im ganzen ist die erstaunlich gleichmäßige Verebnung des Markungsbereichs der früheren Gemeinde Hohnacker, die heute Waiblingen zugehört. Die Ortsgeschichte weiß zu vermelden, dass unser Ort gleichsam als Ableger von Waiblingen entstand. Urkundliche Erwähnung findet Hohenacker im Jahre 1350 in Zusammenhang mit einer Burg, an die noch der Flurname Burghalde erinnert. Verschiedene Klöster, wie die zu Esslingen, Steinheim, Anhausen und Adelberg hatten hier Besitzrechte, auch mehrere weltliche Herrschaften machten solche im Ort geltend, neben und über diesen natürlich auch Württemberg. An der Karl Zieglerstraße steht mit Nr. 31 die Evangelische Kirche Sankt Katharina und Erhard.

Ihr Ursprung datiert auf die Jahre 1488/89, doch erhob sich hier zu Beginn jenes Jahrhunderts bereits ein Vorgängerbau. Eine gründliche Erneuerung gab es an Turm und Innenraum im Jahre 174O. Noch durchgreifender war die Gesamtrenovierung, die u.a. Malereien aus dem l5.Jahrhundert ans Tageslicht brachte.
Bemerkenswerte Hofanlagen - einst als "Lehenhöfe" bezeichnet - stehen unweit der Kirche an derselben Straße mit den Hausnummern 38+39, ferner verdient die alte Kelter von 1757 (Bergstraße 23) hervorgehoben zu werden - insgesamt wenige Bauwerke von historischem Wert und insofern Zeichen dafür, wie gründlich das einstige Bauerndorf in seinem Charakter umgestaltet wurde.

37. Hegnach (279 m NN)

Der Ort breitet sich auf einer Hochfläche aus, die sich aus dem Schmidener Feld, aber auch aus der Waiblinger Bucht nach Norden gegen Neckar und Rems vorschiebt. Durch den Zusammenfluss beider wird auch diese Hochfläche mehr und mehr eingeengt, so dass sie schließlich westlich von Neckarrems gegen jene beiden Gewässer ziemlich schroff abbricht. Die Landschaft um Hegnach ist vor allem von den eiszeitlichen Ablagerungen bestimmt und geformt. Vor der letzten Eiszeit, die den oberen Löss geliefert hat, dürfte das Relief dieser Landschaft etwas weniger ausgeglichen gewirkt haben. Darauf weisen auch die Inseln des Unteren Keupers, die aus den Lössflächen hervorstechen, sowie ausgesprochene Erhebungen wie etwa die Bergkuppe des Hartes im Westen, die deutlich über ihre Umgebung hinausragt, obwohl sie eigentlich im Remstalgraben liegt, der von Waiblingen herüberkommt und sich erst im Neckargebiet bei Aldingen verliert.
Die Hart ist zwar auf ihrer Nordseite ebenfalls von Lösslehm, dem Folgeprodukt in der Weiterentwicklung des Lösses, bedeckt, doch zeigt die Kuppe auf ihrer Südseite ihren eigentlichen inneren Aufbau. Über den flachen Ruckgraben, der mit dem Finkenbach weit nach Osten reicht, erheben sich die Nodosuskalke, darüber der Trigonodus-Dolomit. Sie sorgen nach Westen zum Neckar hin im Weidachtal für regelrechte Steilhänge. Wenn wir weiter zu unserer Höhe hinansteigen und zwar zunächst über die Landstraße Öffingen-Neckarrems, passieren wir auf der Höhe Tennhof den Unteren Keuper und treten bei der Straßenkreuzung östlich von dieser über die südliche Störung des Remstalgrabens in den Gipskeuper über. Dort, wo

der Wald am weitesten nach Westen vorspringt, leitet ein Weg nach Osten ab, der zu unserer Höhe hinaufbringt.
Der Anstieg ist zunächst recht spürbar. Auf der Höhe angekommen, befinden wir uns sogar im Schilfsandstein, der weit im Graben abgesunken ist und der, wie auch andernorts, hier eine Verebnung bildet, eine Schichtstufe, die sich nach Osten zu langsam auflöst und flacherem Hang Platz macht, in dem das Reich des Lösses beginnt. Westlich und südlich des Turmes erheben sich mehrere frühgeschichtliche Grabhügel. Der größte hiervon befindet sich ca. 50 m südlich jenes Baues und zwar auf dem höchsten Punkt des Hartes insgesamt. Im Bereich südlich unseres Weges fallen regelrechte Gräben ins Auge, die teilweise am Waldrand entlang und weiter im Westen hangabwärts ziehen. Es handelt sich hierbei wohl um Gipsauslaugungen und nachfolgende Sackungen in den Schichten, die dieser Keuper-Stufe den Namen gegeben haben. Vor allem in den unteren Partien des Gipskeupers liegt das helle, weiche Sedimentgestein in verschiedener Form vor, im unteren Teil in mehr geschlossener Folge.
Es ist in höheren Horizonten zunehmend von bunten Ton- und Mergelschichten durchsetzt, deren Farben von grau und grün ins bräunlich-rötliche hinüberspielen: Hinweis auf die wechselvolle Geschichte jener in den Farben so verschiedenartigen Ablagerungen, die mit dem graugrün auf Wasserbedeckung, mit dem braunrot jedoch auf festländische Verhältnisse im ganzen hinweisen. Die genannten Auslaugungen des Gesteins vollziehen sich unterirdisch, indem dort jenes langsam durch den in den Erdboden eindringenden Niederschlag aufgelöst und dem Grundwasser zugeführt wird. Dadurch entstehen im Erdreich Hohlräume, die ein mehr oder weniger schnelles Absacken der überlagernden Erd- und Bodenschichten bewerkstelligen. Die lineare Form der Einsenkungen ist allerdings nicht selbstverständlich, sie könnte aber mit der Oberflächenentwässerung zusammenhängen, die nach Süden zum Ruckgraben weist. Das abrinnende Niederschlagswasser hätte dann die unterirdische Auslaugung in seinem Sinne, d. h. eben in linearer Form verstärkt und so unterirdische mit oberirdischer Prägung in Übereinstimmung gebracht.
Es empfiehlt sich, nicht auf dem Fahrweg der nach Hegnach hineinführt zu bleiben, sondern vor Austritt aus dem Wald - vorwiegend Laubbaumbestand - scharf links nach Nordwesten abzubiegen und dem Weg hinunter zur Landstraße Hegnach-Neckarrems weit zu folgen. Das schmale Tal nach Norden, in das wir nun einbiegen, ist überaus interessant und lehrreich zu nennen und zwar deshalb, weil sich hier durch die erosive Tätig-

keit des Baches eine Art von geologischem "Fenster" gebildet hat. Zwar führt der Bach nur gelegentlich Wasser, da bachwärts verschiedene dolinenförmige Vertiefungen auftreten, in denen das abfließende Wasser in den Untergrund versinkt, man könnte auch sagen von diesem verschluckt wird. Der Untergrund geht nämlich, was das Gestein anbelangt, von Süden nach Norden aus dem Unteren Keuper in den Trigonodus-Dolomit und den Nodosuskalk über.

Während wir nun auf dem Südhang der Hart unterirdische Gipsauslaugungen beobachtet haben, stehen wir hier nun derselben Erscheinung, aber jetzt in Gestalt von Kalkauflösung gegenüber. Der Bach hat offensichtlich die aufgeführten Gesteinsschichten im Untergrund angeschnitten, damit aber auch Spalten aufgedeckt, durch die das Wasser wie durch Zauberhand gezogen in der Tiefe verschwindet. Natürlich trägt auch hier dieses so versickernde Wasser zur Erweiterung der unterirdischen Spalten bei, so dass sich der Bachlauf nur kurzfristig "konstituieren" d.h. oberirdisch in Erscheinung treten kann. Wir haben hier also - und zwar beispielhaft ausgebildet - ein Karstgerinne vor uns, bei dem die Oberflächenform mit der Untergrundprägung übereinstimmt. Wenn wir in unserem Kerbtal nach Norden weitergehen, treten wir aus diesem heraus in in eine andere, eine Muldentalform, über. Wir können das Tal über die Landstraße hinweg nach Norden verfolgen, wo wir über den Gleithang "Furt" zur Rems absteigen können. Aus dem Westen und Osten grüßt der Hangwald zu uns herüber, während wir uns zwischen den Streuobstwiesen und einer offenen Ackerbau-Landschaft dem Talboden zubewegen.

Auf diesem wenden wir uns remsaufwärts, wo wir alsbald auf den Hangwald der Wenhalde treffen. Wenig südlich der Stelle, wo wir den Waldrand der Wenhalde passieren, tritt eine Talerweiterung zwischen dem Fluss und dem Steilhang ein, die unmittelbar am Fuße des letzteren von einem schmalen, jedoch parallel zur Rems fließenden Gewässer begrenzt wird. Wir befinden uns hier im ehemaligen Naturschutzgebiet "Schwarze Rems", jetzt freilich aufgegangen im größeren Schutzgebiet "Unteres Remstal". Diese Schwarze Rems stellt nicht einfach nur einen Altwasserarm der ehedem hier vorbeifließenden Rems dar, obwohl diese den südlicheren Weg einst genommen haben dürfte, sondern der schmale Wasserlauf wird von mehreren Karstquellen gespeist, die die Schwarze Rems gewissermaßen "inszenieren“. Das Wasser der Quellen entstammt dem Bereich westlich von Hegnach, wo der Remstalgraben den Gesteinsuntergrund zerbrochen und dadurch beträchtliche Spalten in diesem erzeugt hat.

Das einsickernde Niederschlagswasser benützt natürlich die Spalten und Klüfte, erweitert sie durch Lösungsvorgänge und arbeitet sich auf diese Weise rasch in die Tiefe, wo Stauung und Sammlung auf entsprechenden Ton- und Mergelschichten stattfindet. Solche Schichten sind auch innerhalb der sonst harten Nodosus- und Trochitenkalke gegeben, doch wirken hier Wasserstauer und Spalten in der Weise zusammen, dass erstere vor allem die in der Tiefe ankommenden Gewässer sammeln, während der Abfluss zur Erdoberfläche sich über die Klüfte und Spalten vollzieht.
Man spricht in einem solchen Falle von einer Schichtquelle, im Unterschied zu einer eigentlichen Talquelle, die ihren Ursprung dem bis zu ihr angestiegenen Grundwasserspiegel verdankt. Im letzteren Fall entströmt die Quelle den Flussaufschüttungen, also Lockersedimenten, im Gegensatz zur beschriebenen Schichtquelle.
Die Rems wird in unserem Bereich, wie auch vielfach im gesamten Naturschutzgebiet, der in seinen oberen Horizonten zwar normal als Braunlehm bis Braunerde ausgebildet ist, in tieferen Horizonten durch die Einwirkung des Grundwassers mittels gelöster Eisenverbindungen jedoch einen eigenartig buntfarbigen Charakter bekommen hat, von Galerienwald begleitet.
Die Fauna des "Unteren Remstales" war nicht zuletzt ebenfalls Anlass zur Unterschutzstellung dieses Gebietes. Nach Angaben der Broschüre "Biotope im Rems-Murr-Kreis" sollen hier immerhin 13 seltene und gefährdete Vogelarten wie Eisvogel, Flussuferläufer, Neuntöter, Nachtigall u.a. anzutreffen sein. In Zusammenhang mit dem Vogelflug stellen sich hier sogar Weißstorch, Wiedehopf, Fischadler, Blaukehlchen und Großer Brachvogel ein. An besonderen Reptilien werden Schlingnatter und Mauereidechse genannt. Der Gleitmäander Gleitwiesen, der größte seiner Art im untersten Remstal, senkt sich relativ flach zur Rems hinunter.
Auf der Ostseite wurde er deshalb stark von "Neuhegnach" überbaut, auf der Westseite reiht sich jedoch noch Acker an Acker, die den Hang aus Bearbeitungsgründen quer und nicht längs überziehen. Dort, wo die Neubausiedlung im Westen endet, trifft man ca. 50 bis 55 Meter über der Rems Schotter derselben an, die sich, wie es scheint, weiter hangabwärts ziehen, jedenfalls 20 bis 25 Meter tiefer erneut in Erscheinung treten. Immerhin kann man an der Anordnung der Schotter ablesen, dass der Fluss im Laufe eines längeren Zeitabschnitts langsam über die Gleithänge bis zu den Orten seines jetzigen Verlaufes hinab gewandert ist, wobei man wohl konstatieren muss, dass diese Abwärtsbewegungen nicht gleichmäßig, sondern ruckweise vor sich gegangen sind.

Wenn wir an dem Gleithang Langwiesen entlang wandern, haben wir einen schönen Blick hinüber über den Fluss auf den Steilhang, der sich dort in den Gewannen Geißberg und Lützelhalde hoch hinaufbaut. Vor allem unter dem Geißberg, wo der Fluss an seinem Außenrand gegen den Hang stößt, bleibt kaum Raum für einen Weg zwischen beiden. Der Steilhang wird nicht überall in gleichem Maße von dem Fluss bearbeitet. Seine Wirkung ist am größten am Scheitelpunkt des Mäanderbogens, wo die Erosionsleistung am bedeutendsten ist. Hier ist auch der sogenannte Stromstrich am Werk,der von der Mitte des Flusses gerade beim Mäander nach außen verlegt wird.
Nach Überschreiten des Mäanderscheitels pendelt der Fluss mehr und mehr auf die gegenüber liegende Seite, wo er nun erneut einen Steilhang aufbaut, dem ein Gleithang auf der andern Flussseite entspricht. Dort, wo der Gleithang in den Talboden übergeht, zeigt sich dieser meist deutlich verbreitert. Der Fluss erodiert nicht nur am Steilhang, sondern lädt auf der Gleithangseite, wo er langsamer und mit weniger Wasser fließt, abgetragenes Material wieder ab, so dass hier eine größer werdende Aue entsteht, die bei Hochwasser oft überschwemmt wird. Die beschriebenen Vorgänge kann man an den Mäandern zwischen Neustadt und Neckarrems studieren.
Die Hochebene um unseren Ort ist weithin von Lösslehm bedeckt, der an nicht wenigen Stellen sogar noch relativ ursprünglichen Lösscharakter aufweist. Ein Zeichen dafür, dass wir uns bei nur etwa 600 - 650 mm jährlichem Niederschlag in einer nicht gerade regenreichen Zone befinden, wodurch nur eine langsame Umwandlung des Lösses in Lehm sich ergibt. Die Hochebene fällt insgesamt sowohl von Süden nach Norden, als auch von Westen nach Osten. Dieses allgemeine Gefälle der Oberfläche geht mit der Schichtlagerung außerhalb des Remstalgrabens konform.
Die Kulturgeschichte Hegnachs reicht bis in die Jungstein-, die Kelten- und Römerzeit zurück, wie verschiedene Bodenfunde aus diesen Zeiträumen dartun. Die mittelalterliche Ansiedlung - von Waiblingen aus - wird mit dem Jahr 1282 als "Großhegnach“ greifbar, welche Bezeichnung bis ins 18. Jahrhundert in Gebrauch war. Nach Ausweis der alten Oberamtsbeschreibung von Waiblingen bestand der Ort ursprünglich aus mehreren Höfen, die über einen Weg, der von Hecken gesäumt war, zu erreichen waren. Dies hat sich in den Ausdrücken "dem Haag" oder "den Hecken nach" niedergeschlagen, woraus sich dann der Ortsname ableitete. Verschiedene Herrschaften hatten hier nach- und nebeneinander ihre Lehen.
Die wirtschaftsgeschichtliche Betrachtung des Ortes zeigt Obst- und

Ackerbau auf. Ersterer soll den Einwohnern Hegnachs besonders am Herzen gelegen haben und dessen Ertrag recht ansehnlich gewesen sein. Der Weinbau trat demgegenüber deutlich zurück, auch wenn er im ganzen nicht fehlte; jedoch ergaben die zumeist nach Südosten geneigten Hänge kaum einen Wein nennenswerter Qualität. Im Ackerbau scheint man bisweilen experimentiert zu haben. Zwar war das angebaute Getreide auch außerhalb des Ortes geschätzt, doch weiß die Oberamtsbeschreibung u. a. zu berichten, dass es hier auch nennenswerten Hopfen- und Luzernanbau gegeben hat und in neuerer Zeit hat - allerdings vorübergehend - sogar die Pfefferminze einen bedeutenden Bekanntheitsgrad erlangt.
Im Ortskern - der inzwischen freilich stark umgestaltet worden ist - steht die Evangelische Nikolauskirche (Kirchstraße 5), deren Erbauungszeit in die Jahre 1487/88 fällt. Ein Netzrippengewölbe ziert den Chor, in dem Schlusssteinreliefs und das Meisterschild Peter von Laus, des Kirchenerbauers, in Gestalt einer Konsolleiste bemerkenswert sind. Das Jahr 1719 brachte eine bedeutende Innenerneuerung, sowie die Aufführung des Glockenturms mit Fachwerk mit sich. 1866 wurde eine Gipsdecke anstelle der bisherigen Täferdecke eingebracht. 1910 erfolgte eine neuerliche Renovierung im Sinne des Jugendstils, der sich in Malereien des Chorgewölbes niederschlug.
Weingärtnerhäuser im Stil des 18. Jahrhunderts trifft man noch im Haldenholz Nr. 4 und Kirchstraße Nr. 3 an. Das sogenannte Jägerhaus (in der Hauptstraße 1+2), das aus den Jahren von 1738 bis 1740 stammt, steht am nördlichen Ortseingang, von dem aus einst eine vorzügliche Rundsicht weit ins Land hinein möglich gewesen sein soll, die jetzt jedoch durch Siedlungen erheblich gestört worden ist.

38. Neckarrems (212 m NN)

Der Ort breitet sich auf dem deutlich ansteigenden Hang, der sich gegen die letzte Remsschleife herabsenkt, aus. Nach Nordosten steigt das Gelände bis zum Rand des Hochberger Waldes ständig an, wo es die 300 m Marke nur um ganze 80 cm verfehlt. Interessant ist der Weg dorthin insofern, als der aufgeführte Hang von den harten Schichten des Nodosuskalkes unterlagert wird, die wohl wesentlich die Steilheit des Gleithanges mitbedingen. Wenn wir als Wanderweg zunächst die Straße, die zum Gewann Rötelbrunnen führt, nehmen, durchqueren wir kurz vor Erreichen der Landstraße Neckarrems-Hohenacker ein Lösslehmgebiet, das nach Osten

zu weithin die Hochfläche einnimmt und das teilweise sogar noch Böden aufliegen hat, die deutlich ursprünglichen Lösscharakter an sich tragen. Wir passieren jedoch zunächst die wichtige Brunnenstube des ehemaligen Rötelbrunnens, die einiges Gebrauchswasser in unseren Ort einbringt. Das Niederschlagswasser sammelt sich auf der Hochfläche unter dem halbdurchlässigen Lösslehm und zwar auf den tonig-mergeligen Schichten des Unteren Keupers, der vor allem in seinen oberen Partien von den außerordentlich dichten, graugrünen sogenannten Letten repräsentiert wird. Diese stellen geradazu ideale Wasserstauer dar, da sie aber meist nur eine geringe horizontale Ausdehnung besitzen, können sie keinen durchgehenden Grundwasserhorizont bilden. Der vorwiegend von Tonen und Mergeln geprägte Untere Keuper bringt jedoch einen solchen im ganzen zuwege, so dass gerade diesem Schichtbereich eine beachtliche Anzahl von Quellen entspringt. Einst lieferten sie - nach Ausweis früherer Untersuchungen - im allgemeinen gutes Trinkwasser, was natürlich eng mit der guten Filtrierfähigkeit dieser Keuperschichten zusammenhängt. In neuerer Zeit hat aber gerade der Nitrat- und Chlorgehalt dieses Wassers deutlich zugenommen, sicherlich eine Folge der starken Überdüngung der an sich ertragreichen Äcker, die die Hochfläche weithin bedecken.
Das Gelände westlich des Rötelbrunnens fällt spürbar zum Neckar ab, das von hier bis über Hochberg hinaus einen Steilhang ausbildet und der sich in üblicher Weise von unten nach oben aus den Schichten des Hauptmuschelkalkes - Trochitenkalk, Nodosusschichten und Trigonodus-Dolomit - aufbaut. Mit der oben einsetzenden Verflachung des Terrains übernimmt der weichere Untere Keuper die Vorherrschaft. Wenn wir vom Rötelbrunnen nach Osten blicken, fällt uns auf, dass dieser in einem flachen Tal entspringt, das sich weit nach Osten hinüberzieht, dort aber nur noch als Talung bezeichnet werden kann und sich schließlich gänzlich im Gelände verliert. Auf dem Weg in der Talung nach Nordosten passieren wir eine weitere Brunnenstube, die den Hummelbrunnen markiert, der, wie der Rötelbrunnen, im Übergangsbereich von Trigonodus-Dolomit zum Unteren Keuper entspringt. Die nach Süden weisenden Hänge werden hier von Streuobstwiesen eingenommen, die auch den Hummelberg im Osten sowie das Gewann Hesenbühl in vollem Umfang bedecken. Der Untergrund gerade dieser Gegend gehört bereits dem Gipskeuper mit seinen graugrünen bis rötlichen, stellenweise in erhöhtem Maße gipsführenden Schichten zu - eine Seltenheit übrigens in diesem Bereich zwischen Zipfelbach im Norden und der Rems im Süden. Der Gipskeuper tritt eigentlich erst weiter im

Osten gegen die Steilstufe der Buocher Höhe hin flächen- und auch hangbildend in Erscheinung. Im Norden des Hesenbühls stehen wir beim Remser Weg unweit der Südspitze des Hochberger Walds auf dem höchsten Punkt der Gegend, der eine Panoramasicht vor allem nach Süden gewährt. Wenn wir uns von unserem Aussichtspunkt nach Süden wenden, überqueren wir nördlich der Straße Neckarrems-Hohenacker im Gewann Aspach ein ausgedehntes Lössgebiet, bevor das Gelände zur Storrenklinge abfällt. Wir kommen zunächst in ein flaches Muldental, durch das allerdings nur gelegentlich Wasser fließt und das sich, wie so manch andere Bachtäler, gegen seinen Ursprung hin langsam in der Hochfläche verliert. Solche kleine Täler beginnen im allgemeinen in unscheinbaren Eintiefungen, "Dellen" genannt. In diesen sammelt sich offenbar das Niederschlagswasser zunächst einmal von allen Seiten her an, bevor es sich einen bestimmten Abflussweg sucht. Ist eine bestimmte Richtung gefunden - und sie wird üblicherweise dem allgemeinen Gefälle der Erdoberfläche folgen - rinnt der Bach zu einem tiefer angelegten Gewässer als der nächsten Erosionsbasis ab.
In unserem Falle hier ist diese mit der Rems gegeben. Der Storrenklingenbach - wie wir ihn hier einfach nennen wollen - hat nun aber in seinem Drang zur Rems hin auf die kurze Entfernung von ca. 1 km einen Höhenunterschied von gut 60 m zu überwinden. Dies bedeutet für ihn eine erhebliche Versteilung seines Gefälles und demzufolge ein starkes Einschneiden, wodurch unser bisher breites und flaches Muldental schnell diesen seinen Charakter verliert und in ein schmales, aber tiefes Kerb- oder V-Tal übergeht.
Die Form eines solchen Kerbtales weist nun, im einzelnen betrachtet, allerdings gewisse Unterschiede auf, wenn man verschiedene derartige Täler miteinander vergleicht. Wir haben schon im Keupergebiet der unteren bis oberen Rems diese Kerbtäler als charakteristisch für diese Landschaft kennen gelernt. Wenn wir nun aber im Muschelkalkgebiet, in dem wir uns jetzt eindeutig befinden, genauer hinsehen, stellen wir fest, dass hier unser Kerbtal sich gar einer Schlucht annähert. Letztere hat die Eigenschaft, senkrechte Seitenwände im Tal auszubilden. Wenn der Bach hier etwa die teilweise recht harten Kalkschichten der Nodosus- und Trochitenbänke zu durchsägen hat, zeigen diese besonders hohe Standfestigkeit, gepaart mit einer in diesen Gesteinsformationen nur langsam vordringenden Verwitterung, an. Im Keupergebiet kommt es dagegen zur Wandbildung nur dort, wo harte Sandsteinschichten vom Bach an- und durchschnitten werden.

Das ungleichmäßige Abfallen des Bachbettes zur Rems - im Lössgebiet flaches, im Kerb- bis Schluchttal steiles Gefälle - hat freilich nicht nur mit der Eintiefung in verhältnismäßig hartes Gestein zu tun, sondern ist auch eine Folge der meist geringen Wasserführung des Storrenklingenbaches. Zwar erhält der Bach ständig Zufluss von Seiten des Schwillbrunnens, der am Südhang zwischen Unterem Keuper und Trigonodus-Dolomit entspringt und von da ab ständig mit Wasser versehen ist, aber oberhalb dieses Punktes sind die Quellen buchstäblich versiegt, da hier anfallendes Quellwasser in einer Brunnenstube gesammelt und als Trinkwasser nach Hohenacker geht.
Das Quellwasser sammelt sich im dichten Lösslehm und im darunter liegenden Unteren Keuper und strömt dann der Storrenklinge zu, ohne diese freilich - wegen des menschlichen Eingriffs - zu erreichen. Auch die Wasserschüttung des Schwillbrunnens ist nicht besonders reichlich, zumal sie jahreszeitlich deutlich schwankt.
Wir verlassen nun die Storrenklinge, die im übrigen auf dem Nordhang von einem Eichen-Hainbuchen-Rotbuchen-Mischwald geprägt ist, in tieferen Lagen, die kühler und feuchter sind, neben den Eichen vorwiegend mit Bergahorn, Eschen, Sommerlinden und einer ansehnlichen Krautschicht aufwartet und wenden uns im Talgrund der Rems nach Westen, wo wir bald auf einen großen Steinbruch stoßen, der allerdings seit 1978 stillgelegt ist, nun aber ein recht wichtiges erdgeschichtliches Denkmal der Oberen Muschelkalkzeit darstellt.
Die Sohle des Steinbruchs lag einst einige Meter tiefer und reichte bis zu den sogenannten Haßmersheimer Schichten im Unteren Trochitenkalk. Da die Sohle jedoch unter den Grundwasserspiegel zu liegen kam, drang zunehmend Nass in den Steinbruch, so dass dessen untersten Teile unter Wasser gerieten. Danach wurde der Grund mit allerlei Schutt verfüllt und auf diese Weise einigermaßen ausgetrocknet. Trotzdem hält sich darin noch genügend Feuchtigkeit, was man an den feuchtigkeitsliebenden Pflanzen, die sich inzwischen darin ausgebreitet haben, ersehen kann.
In eindrucksvoller Weise erhebt sich darüber die mächtige Steinbruchwand bis zu einer Höhe von etwa 60 m über dem Talgrund. Verwirrend geradezu die unzähligen Kalk- und Tonmergelschichten, die sich über jenem aufbauen und erstaunlich, wie sie bis ins einzelne von den Geologen in ihrer Stratigraphie erfasst worden sind. Wir wollen uns hier freilich nicht an dieser mühseligen Arbeit der Schichtregistrierung beteiligen, sondern uns nur auf ein paar wichtige Dinge durch den Geowissenschaftler hinweisen las-

sen. Der ganze Schichtenstoß beginnt nun im Oberen Trochitenkalk und erschließt darüber die für das Auge gleichartig erscheinenden Nodosusplatten, die ihrerseits, nun schon in schwindelnder Höhe, von dem praktisch ungeschichteten, gelben Trigonodus-Dolomit abgelöst werden. Den obersten Abschluss bilden braune Lehme, die alsbald in dünnen, humosen Boden übergehen.
Der Trochitenkalk hat seinen Namen von der Seelilie Encrinus liliiformis erhalten, deren Stielglieder, 300 bis 400 an der Zahl, bis zu 1, 8 m lange Stiele bildeten, die oben mit überaus vielgliederigen Kronen versehen waren. Nach ihrem Absterben sind diese imposanten Lebewesen in ihre Einzelteile zerfallen, wurden mittels Kalkspat fossiliert und blieben so in den einzelnen Trochitenbänken in großer Anzahl erhalten.
Daneben gab es auch Seesterne und Seeigel, Korallen und Muscheln, vor allem auch Terebrateln, muschelähnliche Gebilde, aus zwei ungleich großen Schalen bestehend, mit eigentümlichem Bohrloch am oberen, spitzen Ende, aus dem armartige Fortsätze ragten. Als Gegenstück zu diesen "Armfüßern" fungierten die "Kopffüßer", kleine bis riesengroße Ammoniten, hier als Ceratiten bezeichnet, die in ihren verschiedenen Formen durch fast die ganze Trochiten- und die ganze Nodosuszeit durchhielten.
Nicht umsonst hat man deshalb auch zeitweise vom Ceratiten- statt Nodosuskalk gesprochen. Ceratites nodosus hat dem ganzen Schichtkomplex der Nodosuskalke den Namen gegeben, obgleich dieser im eigentlichen Sinne leitend nur in dessen oberstem und letztem Bereich ist. Auffallend allerdings ist die Größenzunahme dieser Meerestiere während dieser Zeit, die freilich gegen deren Ende einer erneuten Verkleinerung Platz macht.
Der Anblick der aufgeführten und beschriebenen Schichten ist auch in farblicher Hinsicht sehr bemerkenswert. Es fällt auf, dass in der Steinbruchwand zwei Farben vorherrschen, genauer gesagt ist es eigentlich nur eine Farbe: das Hellgelb. Sie überzieht die ganze Wand von unten bis nach oben und deren Anblick hat, zumal in Herbstnachmittagsonne, etwas geradezu Zauberhaftes an sich. Wenn man der Wand näher tritt, entdeckt man allerdings zu seiner Überraschung, dass da und dort von der Wand Gesteinsstücke abgesprungen sind: Auswirkungen der Verwitterung, die überall hier, freilich oft nicht immer sogleich erkennbar, am Werke ist. Da zeigt es sich dann, dass das Gestein an den frischen Bruchstellen von durchaus anderer Farbe, nämlich dunkel- bis schwarzgrau ist. Diese dunkle Farbe der Trochitenbänke und Nodosusplatten rührt nicht etwa, wie man meist vermutet, von einem hohen Anteil organischer Beimischungen her,

vielmehr handelt es sich hier um Eisen, oder besser Eisenoxyd, chemisch FeO, dessen Farbton in eben jener dunklen Richtung liegt. Tritt nun aber zu diesem grauschwarzen Eisenoxyd Luft hinzu, so ergibt sich hieraus das rotbraune Eisen3Oxyd, das Hämatit, doch spielt dies in unserem Fall kaum eine Rolle.

Hier kommt ein anderer Prozess in Gang, der durch das Niederschlagswasser hervorgerufen wird. Durch dessen Einwirkung geht das Eisenoxyd in eine Hydroxydform über, das Limonit (alpha FeOOH H20) und erhält auf diese Weise seine gelbbraune Farbe. Dieselbe Farbe leuchtet auch von den obersten Partien der Steinbruchwand, die aus Trigonodus-Dolomit bestehen, auf uns herab. Hier handelt es sich nun allerdings um die Originalfarbe dieses Gesteins, des Dolomits nämlich, der sich vom Normalkalk durch eine andere chemische Zusammensetzung unterscheidet.

Während Kalk die Formel CaCO3 aufweist, zeigt sich beim Dolomit ein Magnesiumatom in jenes Molekül eingelagert, so dass wir bei letzterem vor der Formel CaMg (CO3) stehen. Das Magnesium ist wohl nur zum Teil schon bei der Ablagerung des Kalkes in diesen eingegangen. Als dieser sich zu verfestigen begann, aber auch später noch fand das Magnesium im Kalk Aufnahme. Ein Blick hinüber zum Aufschluss an der Straßensteige, die von Neckarrems hinauf nach Hegnach führt. Auch hier sind die Schichten des Trochiten- und Nodosuskalkes, ähnlich wie in dem beschriebenen Steinbruch aufgeschlossen, doch Kundige können die Schrift der einstigen Ablagerungen bis hinauf zur Tonschicht beta entziffern.

Die Geschichte des Ortes Neckarrems reicht urkundlich bis zum Jahr 1264 zurück und zwar in Zusammenhang mit einem gewissen "Wolframus advocatus de Reemse", der allerdings bereits Lehensträger der Württemberger - damals Graf Ulrich II. - war. Letzterer soll hier gelegentlich, wie die alte Oberamtsbeschreibung von Waiblingen zu berichten weiß, Hoflager gehalten haben. Der Ort besaß insofern geradezu strategische Bedeutung, als hier, wohl schon seit alters her, zwei Brücken, zum einen über den Neckar und zum andern gleich nahebei über die Rems, führten.

Die Neckarbrücke war aus starkem Holzbalkenwerk hergestellt und stand bis nach dem 2. Weltkrieg an dieser Stelle, als der Neckarschifffahrtsverkehr etappenweise von Heilbronn bis Plochingen durchgezogen wurde.

Die Remsbrücke hingegen scheint schon früh aus Stein errichtet worden zu sein. In der Tat ist sie schon mehr als 200 Jahre alt. „Massig gedrungen, mauerstark mit schön gewölbten vier Bögen geschmückt, scheint sie noch weitere Jahrhunderte über dauern zu wollen", schreibt Aichele im Jahr

1957. Inzwischen ist sie einer neuen, vornehmlich dem Verkehr angepassten Betonbrücke gewichen. Zu erwähnen ist auch, dass Neckarrems einst den Endpunkt der Remsflößerei darstellte, die ihr Holz aus Schurwald und Welzheimer Wald bezog. Im aufragenden Dreieck, das durch den Zusammenfluss von Rems und Neckar entstanden ist, die wohl von Westen als auch Osten her hier Steilhänge ausgebildet haben, steht die Burg Remseck, die immerhin dem größeren Gemeinwesen den Namen verliehen hat.
1268 wird sie erstmals genannt, doch mussten die Württemberger sie 1287 zeitweilig als Pfand an Rudolf von Habsburg abgeben. Bereits 1298 war sie jedoch wieder in der Hand der ersteren. Bestand hatte die Burg, nach vorübergehender Zerstörung und Wiederaufbau bis zum Jahr 1576, der Turm sogar bis 1792. Um das Jahr 1850 entstand ein kleines Schlösschen im damals üblichen neugotischen Stil.
Die Evangelische Kirche Sankt Michael und Sebastian bildet mit dem benachbarten Pfarrhaus und der alten Schule ein eindrucksvolles Bauensemble. Die Erbauungszeit der Kirche liegt um das Jahr 1500. Geschmückt ist sie im Chor und in der Sakristei mit spätgotischen Sterngewölben und beachtenswerten Schlusssteinen. Die Emporenbilder werden um das Jahr 1700 angesetzt und einem gewissen Johann Christoph Katzenstein zugeschrieben. An weiteren bemerkenswerten Gebäuden seien hier noch angeführt: Die ehemalige Zehntscheuer (Hintere Straße 13), sowie das alte Rathaus aus dem 17. Jahrhundert in der Dorfstraße, das mit einem reichen Zierfachwerk versehen ist, wurden offenbar in den Jahren 1913 bis 1915 neu gestaltet.

Blick von Kloster Lorch in Richtung Hohenstaufen

DIE STAUFER

Es hat fast schon eine komische Note: das ganze Remstal entlang und weit darüber hinaus wollen sie alle „Stauferstädte“ sein, verweisen auf Stauferwurzeln und scheinen alle irgendwann und irgendwie mit den Staufern in Berührung gekommen. Edle Bürger stellen ihre privat gestifteten Stelen auf Marktplätzen auf, Mehrzweck-, Sport- und Stadthallen aller Art sind gerne mal nach den Staufern benannt. Allüberall betonen sie ihre althergebrachte Verbundenheiten mit dem Sizilianischen und feiern Mittelaltermärkte, die über Tage hinweg als Ritter oder Burgfräulein verkleidete Bankkauffrauen und Softwarebleichgesichter zusammenführen können. Schwertkämpfe, Bogenschiesen, Spielleut' und Sängerwettstreit, Marketenderstände und vieles andere ist geboten. Das damit verbundene Geschäft darf ja im Schwäbischen ohnehin nie fehlen. Genau so stellen wir uns das Mittelalter vor, so feiern wir eine edle Rittersause und machen richtig etwas her! Krankheit, Siechen, Seuche, dunkle Gefahren aller Art, - ach, lass fahren dahin! Hier kommt das Sport- und andere - Streitwagen fahrende Volk in der Rüstung dunkler Romantik daher und schert sich einen mittelalterlichen Teufel um die beinharten Realitäten früherer Zeiten. Sind wir nicht alle ein bisschen Staufer? Doch woher kommt dieser Stauferkult? Die Staufer waren ein Adelsgeschlecht, das vom 11. bis zum 13. Jahrhundert etliche Römisch-deutsche Könige und Kaiser hervorbrachte. Burg Hohenstaufen in der Nähe Göppingens diente dem Geschlecht als Stammsitz. In Lorch fällt der Blick bis hinüber zu dieser Stauferburg, deren wohl bedeutendste Sprösslinge Friedrich I. (Barbarossa), Heinrich VI. und Friedrich II. waren. Remstalstädte nutzen heute die Verwicklungen der Geschichte nur allzu gerne, um ihre nicht nur räumliche Nähe zu diesen Staufern zu betonen. Doch nicht nur Hohenstaufens Männer dominieren: Wer das malerisch im Remstal gelegene Kloster Lorch betritt, sieht sich sofort mit Irene von Byzanz als rosa Statue konfrontiert. Sie war immerhin die Ehefrau des römisch-deutschen Königs Philipp von Schwaben und Barbarossas Schwiegertochter. In Konstantinopel, dem heutigen Istanbul als Tochter des byzantinischen Kaisers Isaak II. geboren, war ihrer erste Ehe nicht viel Glück beschieden: bald nach der Hochzeit im Jahr 1193 verstarb der Gatte Roger III. von Sizilien. Von den sieben Kindern mit Barbarossas Sohn überlebten vier, die ihr blaues Blut in Vermählungen einbrachten. Aber auch Gatte Philipp fiel 1208 einer Ermordung zum Opfer, worüber sie sich so grämte, dass sie selbst 1208 während der Geburt einer weiteren Tochter auf Hohenstaufen verstarb und im staufischen Hauskloster Lorch ihre letzte Ruhestätte fand. Grablege der Staufer war das von Friedrich I. um 1100 gestiftete Kloster Lorch. Hier wirkt die Verbundenheit mit den Staufern nicht gesucht. Hier drängt sie sich geradezu auf. Von der nicht allzu fernen Stauferburg sind zwar kaum noch Ruinenreste übrig, dafür aber hat Lorch eine Anlage mit Kirche, Klausur, Wirtschaftsgebäuden und einer gut erhalten Ringmauer zu bieten. Um 1070 ließ der Stauferherzog Friedrich I. von Schwaben die Burg Hohenstaufen errichten. Im Jahr 1152 wurde mit Friedrich I. (1122-1190), genannt Barbarossa, ein König gewählt, dem man den Ausgleich zwischen den Welfen, mit denen er mütterlicherseits verwandt war, und den Staufern zutraute. Tatsächlich kam es 1156 zu einer Einigung mit Heinrich dem Löwen, der nun Herzog von Sachsen und Bayern war. Es ging, wie eigentlich üblich in der Politik, hoch her zwischen den Mächten: Krieg, Konflikt, Verdikt, Schisma. Der Papst mischte mit, auch die lombardischen Städte und selbst Freund Heinrich der Löwe erwies sich nicht so recht als ein solcher, als er sich 1176 weigerte, dem Kaiser beizustehen. Dem Zeitgeist entsprechend stand auch ein Kreuzzug an: von

1147 bis 1149 hatte Barbarossa am Kreuzzug seines Onkels Konrad III. teilgenommen. Er bereitete sogar einen weiteren Kreuzzug vor, zu dem er 1189 schließlich aufbrach. Doch er kam nicht zum Ziel und ertrank dreizehn Monate später.
Der Staufer Heinrich VI.war von 1169 an römisch-deutscher Kaiser und von 1191 an Kaiser des sogenannten „Heiligen römischen Reiches". Von 1194 bis zu seinem Tod war er zugleich König von Sizilien. Er war der zweite Sohn aus der Ehe von Friedrich Barbarossa mit Beatrix von Burgund. 1186 heiratete er Konstanze, die als Tochter des Normannenkönigs Roger II. von Sizilien Tante und Erbin des Normannenkönigs Wilhelm II. war.
Kaiser Friedrich II. lebte von 1194 bis 1250. Der Mann ließ sich 1215 zum deutschen König und 1220 gar zum deutschen Kaiser krönen. In Sizilien, wo er seit 1208 regierte, gestaltete Friedrich einen zentralistisch gelenkten Beamtenstaat, gründete in Neapel die erste abendländische Staatsuniversität und baute eine Kriegs- und Handelsflotte auf. Ab 1239 begann ein Kampf mit dem Papst um die Macht in Italien, der bis zu seinem Tod nicht beendet war. Friedrich wurde für seine Bildung und sein Denken frei von religiösen Grenzen bewundert, aber auch bedroht.

DER LIMES

Der Limes ist im Herzen des Remstals ein großes Thema. Schulen und Hallen sind nach ihm benannt, Ausgrabungsstätten sowieso. Kastelle, Badeanlagen und viele andere Installationen in jeder Form wurden ausgegraben, zu Tage gefördert und werden es mit immer moderneren Methoden noch. Die alten Römer wollten durch den Grenzwall ihr Reich abgrenzen. Aber sie taten das so, dass der stellenweise als Pallisadenzaun aufgerichtete Zaun stets einigermaßen durchlässig blieb und die Lebensstile hüben und drüben sich durchmischten. Rund 100 Jahre lang, etwa von 160 n. Chr. Bis 260 n. Chr. galt das Remstal als äußerste Begrenzung des Römischen Reiches. Auf den Höhen des Remstals verlief der Limes, von dem in seiner eigentlichen Gestalt nicht mehr viel übrig ist. Doch gibt es recht glaubhafte Rekonstruktionen, die uns auch heute noch einen Eindruck vom Treiben und Wirken der Kohorten verschaffen können. Am Westhang des Rotenbachtals zwischen den römischen Provinzen Obergermanien (Germania Superior) und Rhätien wechselt die Konstruktion des Limes. Die sogenannte Rhätische Mauer und der Wall

mit den Palisadenzäunen des Obergermanischen Limes begegnen sich hier. Im Limes-Informationszentrum am Eingang des Rotenbachtals bei Schwäbisch Gmünd kann sich der Besucher heute dazu genauere Auskünfte verschaffen, ein Parkplatz dazu ist vorhanden. Zudem gibt es einen archäologischen Rundwanderweg, auf dem der Besucher in etwa drei Stunden auf den Spuren der Römer wandeln und die Denkmäler beim westlichen rhätischen Kohortenkastell am Schirenhof und im Rotenbachtal erkunden kann. Das Zeichen mit dem Römerhelm mag dabei Orientierung geben.
Ein wichtiger und sehr schön gelegener Wanderweg mit vielen Informationstafeln dem Remstal-Limes entlang beginnt in Mögglingen auf dem Wanderparkplatz im Gebiet „Grubenholz“ auf dem Weg nach Heuchlingen. Der Weg mit zahlreichen Informationstafeln verläuft etwa 1,5 Kilometer an der ehemaligen Grenze entlang vom „Grubenholz“, dem Wald zwischen Mögglingen und Heuchlingen, zum „Kolbenberg“ und bietet viele Inspirationen. Der Besucher erfährt hier, dass der Wall etwa 2,50 Meter hoch und einen Meter breit war, dass Patrouillen und Wachtürme die Grenze markierten. Die Wachtürme waren von vier oder fünf Soldaten besetzt, die bei Gefahr die Truppen der benachbarten Kastelle in Böbingen oder Aalen alarmierten. Zuerst gab es „nur“ hölzerne Befestigungen, die etwa ab 211 zum „Rhätischen Limes“, einer drei Meter hohen gemörtelten Steinmauer mit Steintürmen im engen Abstand verstärkt wurden. Harmlos war das nicht, aber auch nicht völlig unüberwindbar. So manche behende Germanen zeigten dies auf freche Weise. Der Weg führt auch an keltischen Grabhügeln vorbei, die vor jeglichen Eingriffen geschützt und bis zu 40 Meter hoch sind. Schon 1833 wurden zwei der Hügel geöffnet. Die Funde darin gingen auf die nach einem Gebiet im österreichischen Salzkammergut benannte „Hallstattzeit“, also 800 bis 600 v. Chr. zurück.
Ein weiterer Rundwanderweg führt von Lorch ausgehend an der wild-romantischen Waldschlucht Schelmenklinge vorbei. Auf etwa 14,2 Kilometern sind unter anderem die Reste des Walls und einiger Wachtürme zu sehen. Auch steinbegrenzte Wachtposten sind gut zu erkennen. Der Wanderweg führt auf dem noch erkennbaren Wall des Obergermanischen Limes, neben dem ein Graben verläuft. Neben dem Pallisadenzaun verlief nämlich der bis zu 9 Meter breite und 2 bis 2,5 Meter tiefe Graben. Entlang der dem Feind abgewandten Seite gab es außerdem noch einen Postenweg. Beginnen kann jeder diesen Wanderweg an einem re-

konstruierten Wachturm oberhalb des Klosters Lorch, der an einem sehr wichtigen Punkt des Obergermanisch-Rhätischen Limes liegt, dem „Limesknie“. Etwa 200 Meter entfernt davon befindet sich Richtung Alfdorf ein Wanderplatz. Am Bahnhof Lorch beginnt dann der Rundwanderweg, der über das Götzental, den Limes im Pfahlbronner Wald, über Pfahlbronn und das Walkersbachertal schließlich zurück zum Bahnhof in Lorch führt.